"十四五"职业教育国家规划教材

高职高专计算机类专业教材·网络开发系列

网页设计与制作微课教程
（第4版）

李　敏　主编

刘建超　刘春艳　参编

电子工业出版社

Publishing House of Electronics Industry

北京·BEIJING

内 容 简 介

本书由从事"网页设计与制作"课程教学的优秀教师和经验丰富的企业网页设计师合作共同编写而成。全书共 14 个单元：单元 1、2 介绍了网页类型、网站建设流程、HTML5 基础语法、网页版式与色彩搭配等基础知识；单元 3～13 系统地介绍了 Dreamweaver CC 软件的功能和使用、CSS3 样式的定义和应用、设计制作网页的方法技巧、运用 JavaScript 实现网页交互效果等内容；单元 14 是两个网站设计制作的案例，通过学习可以提高读者设计制作综合类网站的能力，本单元也可作为实训周的实训参考内容。

本书配有丰富的教学资源，书中重要知识点和操作技能难点可以通过配套的微课视频进行学习。通过由简到繁、由易到难、承前启后的阶梯式系列单元任务，读者能够轻松地掌握综合运用 HTML、CSS 和 JavaScript 设计制作网页的方法和技能，并起到举一反三的效果。本书内容组织形式新颖、学习任务明确、操作步骤讲解详尽、重点突出，非常符合高职高专学生的认知规律。

本书可作为高职高专计算机网络技术、软件技术、电子商务、计算机应用技术、数字媒体技术、动漫设计、会展策划与管理，以及相关专业的教材或教学辅导书，也可作为 Web 前端开发 X 证书（职业技能等级证书）配套教材和社会各类培训机构的培训教材，以及广大网页设计爱好者的自学参考书。

图书在版编目（CIP）数据

网页设计与制作微课教程 / 李敏主编. —4 版. —北京：电子工业出版社, 2019.10（2024.6 重印）
ISBN 978-7-121-37506-4

Ⅰ. ①网…　Ⅱ. ①李…　Ⅲ. ①网页制作工具－高等学校－教材　Ⅳ. ①TP393.092.2

中国版本图书馆 CIP 数据核字（2019）第 216454 号

责任编辑：左　雅
印　　刷：山东华立印务有限公司
装　　订：山东华立印务有限公司
出版发行：电子工业出版社
　　　　　北京市海淀区万寿路 173 信箱　　邮编　100036
开　　本：787×1 092　1/16　印张：18.5　字数：474 千字
版　　次：2009 年 8 月第 1 版
　　　　　2019 年 10 月第 4 版
印　　次：2024 年 6 月第 14 次印刷
定　　价：55.00 元

凡所购买电子工业出版社图书有缺损问题，请向购买书店调换。若书店售缺，请与本社发行部联系，联系及邮购电话：（010）88254888，88258888。

质量投诉请发邮件至 zlts@phei.com.cn，盗版侵权举报请发邮件至 dbqq@phei.com.cn。

本书咨询联系方式：（010）88254580，zuoya@phei.com.cn。

　　本书第 1 版自 2009 年 8 月问世以来，以其新颖的编写体例和丰富的案例、实训内容，赢得了广大读者的普遍欢迎，2010 年本书被教育部高等学校高职高专计算机类专业教学指导委员会评为优秀教材。2012 年 11 月，结合读者的反馈信息和编写人员的反复斟酌，编者对本书第 1 版进行了修订，修订后的第 2 版体系结构更加合理，学习任务更加明确，案例和实训更加实用，内容更加通俗易懂，深受广大读者的欢迎。2013 年 8 月，本书被教育部立项为"'十二五'职业教育国家规划教材"。随着网页设计制作软件版本的更新和新功能的出现，2015 年 9 月，编者对本书第 2 版进行了修订，增加了设计制作网页的新功能和新方法，更新了部分学习案例，修订后的第 3 版教材进一步保证了教材内容和职业标准与岗位要求相衔接，教材配置了优质丰富的动画、微课、教学视频、案例、图片、教案、题库、教学文件等资源，增强了学习的时效性和检验学习效果的功能，充分体现出教材的职业性、实用性和创新性。

　　修订后的《网页设计与制作微课教程》（第 4 版）具有以下特点。

- 教材突出职业性。本书由多年从事"网页设计与制作"课程教学的优秀教师和经验丰富的企业网页设计师共同编写，教材内容和职业标准与岗位要求相衔接，充分体现了职业性。

- 任务驱动教学。本书包含一系列"由简到繁、由易到难、承前启后"的阶梯式学习任务，每个单元中的任务目标明确，操作步骤详尽，具有代表性。围绕学习任务，以学习者为中心，以职业能力为本位，循序渐进地介绍了设计制作网页的基础知识和操作技能，明确了"学什么""怎么学"，注重实践技能和职业能力的培养，并起到举一反三的作用。每个单元均安排了实训任务和课后习题，目的是增强学习的时效性和检验学习效果。

- 编写体系合理。编者对本书的编写体系做了精心设计。全书共 14 个单元：单元 1、2 介绍了网页类型、网站建设流程、HTML5 基础语法、网页版式与色彩搭配等基础知识；单元 3～13 系统地介绍了 Dreamweaver CC 软件的功能和使用、CSS3 样式的定义和应用、设计制作网页的方法技巧、运用 JavaScript 实现网页交互效果等内容；单元 14 是两个网站设计制作的案例，通过学习可以提高读者设计制作综合类网站的能力，本单元也可作为实训周的实训参考内容。

- 教学资源丰富。本书是电子工业出版社"网页设计与制作"课程多媒体教学资源库的配套教材，配置了优质丰富的动画、微课、教学视频、案例、图片、教案、题库、教学文件等资源，学习者可以实现不受时间和空间限制的全天候学习。其中，微课视频涵盖了全书重要知识点和操作技能难点，请扫描书中二维码浏览。教案、课件、素材等资源请登录华信教育资源网（www.hxedu.com.cn），注册后免费下载。想获得更多《网页设计与制作》网络课程教学资源，请前往：http://mooc1.chaoxing.com/course/88022020.html。

● 思政育人凸显。党的二十大报告围绕"实施科教兴国战略，强化现代化建设人才支撑"作出了重要部署，指出"教育、科技、人才是全面建设社会主义现代化国家的基础性、战略性支撑"。同时特别强调了教育是国之大计、党之大计。本教材贯彻党的教育方针，落实立德树人根本任务，将党的二十大精神融入教材，并在教材各单元的思政点滴版块，设计了弘扬劳模精神、劳动精神、工匠精神的相关内容，强化职业精神和职业规范，增强学习者的职业责任感。

本书非常适合高职高专院校学生学习，也可作为 Web 前端开发 X 证书（职业技能等级证书）配套教材和社会各类培训机构的培训教材，或广大网页设计爱好者的自学参考书。

本书由李敏统稿和定稿。全书编写分工如下：第 1、7、10、11、12 单元由李敏编写，第 2、4、8、13 单元由刘建超编写，第 3、5、6 单元由刘春艳编写，第 9 单元由企业的高级工程师孙绪江编写，第 14 单元由李敏、刘建超和企业的网页设计师王洵共同编写。

本书是编者长期教学和实践经验的积累和总结，但书中难免存在疏漏和不妥之处，恳请广大读者提出宝贵意见和建议，以便修订时加以完善，谢谢。联系邮箱：lmbook@126.com。

编　者

单元1 网页设计与制作基础

互联网是数字经济的重要载体，围绕互联网实现的生产和生活需求必将进一步增加。互联网的迅速发展与普及，为人们提供了更方便、快捷的信息交流平台和数字经济活动。上网已经成为很多人工作、生活中必不可少的一部分，这主要是由于网页承载了其他任何一种媒介都无法比拟的丰富资源。

本单元学习要点：

- ❏ 网页及网页类型；
- ❏ 网页基本元素；
- ❏ 网页制作常用软件和技术；
- ❏ 网站与域名；
- ❏ 网站建设的一般流程；
- ❏ HTML 基础知识。

任务 1.1　认识网页与网站

 任务陈述

党的二十大报告在说明我国经济社会发展所取得的非凡成就时指出：互联网上网人数达十亿三千万人。这不仅表明我国网络技术进步和人民群众获得感提升，同时也体现了互联网经济快速的发展。电商网购、直播经济为代表的互联网经济，推动了中国上网人数的不断提升。

互联网蕴藏着无穷的资源，在资源共享和信息交互方面具有得天独厚的优势，网页正是传递这些资源和信息的重要载体。网页不但可以用于浏览文字、图片、多媒体信息，而且在娱乐、商务等领域都有重要应用（如电子邮件、聊天室、搜索引擎、网上购物、电子政务等）。网站由一个或者多个网页组成，是提供各种信息和服务的平台。对于初学者来说，学习网页设计与制作，首先要了解与网页和网站相关的基本知识。

任务目标：

（1）认识什么是网页，熟悉网页类型和网页基本构成元素；
（2）了解设计制作网页常用的软件和技术；
（3）认识什么是网站，理解网站的网址与域名；

微课视频

（4）掌握网站建设的一般流程。

相关知识与技能

1.1.1　什么是网页

网页（Web Page）是一个包含 HTML 标签的纯文本文件，它可以在互联网上传输，能被浏览器识别并翻译成页面显示出来，是构成网站的基本元素。在联网的计算机上打开浏览器，在浏览器的地址栏中输入诸如 http://cy.ncss.org.cn 网址，即可在浏览器中打开网站的主页，如图 1-1 所示。该网页是全国大学生创业服务网站的主页（即 Homepage），具有呈现整个网站主题及页面导航的门户功能。

图 1-1　全国大学生创业服务网主页

一般网页上都会有文本和图片等信息，复杂一些的网页上还会有声音、视频、动画等多媒体内容。在网页上单击鼠标右键，选择"查看源文件"命令，可以查看网页的代码结构。用户可以使用记事本对网页中的文字、图片、多媒体等页面内容进行编辑，并通过超文本标记语言 HTML 对这些元素进行描述和控制，最后由浏览器对这些标签进行解释并生成最终呈现给用户的丰富多彩的网页。

网页比报纸、广播、电视等传统媒介在信息传递上更加迅速、多样化，交互能力更强。掌握一定的网页设计理念和网站开发技术，将有助于用户更好地利用网络资源。

1.1.2　网页类型

网页分为静态网页和动态网页两种类型。

1．静态网页

在网站设计中，使用纯 HTML 格式的网页通常称为静态网页，它运行于客户端。静态网页扩展名通常为.htm 或.html。静态网页的内容仅仅是标准的 HTML 代码，但静态网页上也可以呈现各种动态效果，如 GIF 格式的动画、Flash 动画等，只不过这些"动态效果"只是视觉上的，与下面将要介绍的动态网页是不同的概念。

静态网页的基本特点归纳如下。

● 每个静态网页都有一个固定的 URL，并且网页 URL 的扩展名通常为.htm 或.html。

- 每个网页都是一个独立的文件，当网页内容发布到网站服务器上之后，每个静态网页的内容均保存在网站服务器上。
- 静态网页的内容相对稳定，因此容易被搜索引擎检索。
- 静态网页没有数据库的支持，在网站制作和维护方面工作量较大，因此当网站信息量很大时，完全依靠静态网页的制作方式是比较困难的。
- 静态网页的交互性较差，在功能方面有较大的限制。

2. 动态网页

动态网页是指使用 ASP、PHP、JSP、ASP.NET 等程序生成的网页，动态网页会根据编写的程序访问连接的数据库，可以与浏览者进行交互，也称为交互式网页。动态网页的优点是效率高、更新快、移植性强，可以根据先前制定好的程序页面，根据用户的不同请求返回相应的数据，从而达到资源的最大利用和节省服务器的物理资源。

动态网页的基本特点归纳如下。

- 动态网页以数据库技术为基础，可以大大降低网站维护的工作量。
- 采用动态网页技术的网站可以实现更多的功能，如用户注册、用户登录、在线调查、用户管理、订单管理等。
- 动态网页实际上并不是存在于服务器上的独立的网页文件，只有当用户请求时，服务器才生成并返回一个完整的网页。
- 动态网页中 URL 的字符"?"对搜索引擎检索存在一定的问题。搜索引擎一般不可能从一个网站的数据库中检索全部网页，或者出于技术方面的考虑，搜索引擎不会去抓取网址中"?"后面的内容，因此，采用动态网页的网站在进行搜索引擎检索设计时，需要做一定的技术处理才能适应搜索引擎的要求。

由此可见，静态网页和动态网页各有特点，网站采用动态网页还是静态网页主要取决于网站的功能需求和网站内容的多少。如果网站功能比较简单，内容更新量不是很大，采用纯静态网页的方式会更简单，反之，一般要采用动态网页技术来实现。

在静态网页的基础上，结合动态网页技术是目前常用的网站建设方法。网页固定不变的内容可以使用静态方法设计，而特殊的功能以及日常更新部分使用动态网页技术来实现，如用户注册、用户登录、新闻发布等。由于动态网页以数据库技术为基础，数据库的存储方式存在搜索引擎的检索问题。另外，如何最大程度保证数据库的安全也是动态网页技术中的核心问题。

1.1.3 网页基本元素

设计网页时要组织好页面的基本元素，同时再配合一些特效，这样才能构成一个图文并茂、绚丽多彩的网页。网页包括文本、图像、音频、视频、动画和超链接等基本元素。

1. 文本

文本是网页传递信息的主要载体，如图 1-2 所示。文本传输速度快，而且网页中的文本可以设置其大小、颜色、段落、样式等属性，风格独特的网页文本设置会给浏览者以赏心悦目的感觉。

图 1-2　网页中的文本

提示：在网页中应用了某种字体样式后，如果浏览者的计算机中没有安装该种样式的字体，文本会以计算机系统默认的字体显示出来，此时就无法显示出网页应有的效果了。

2. 图像

图像给人的视觉效果要比文字强烈得多，在网页中灵活运用图像可以起到点缀的效果，如图 1-3 所示。

图 1-3　网页中的图像

网页上的图像文件大部分是 JPEG 格式或 GIF 格式，因为它们除了具有压缩比例高的特点外，还具有跨平台特性。图像在网页中的应用主要有以下几种形式。

- 图像标题：在网页中一般都有标题，应用图像标题可以使网页更加美观。
- 网页背景：图像的另一个重要应用是作为网页背景，特别是一些个人网站，应用图像背景比较多。
- 网页主图：在网页上，除了用小的图片美化网页外，有时还会用一些大的图片来突出网页主题，特别是网站主页中用主图的比较多。

● 超链接：有时可以用图片取代文字作为超链接按钮，使网页更加美观。

提示：一般情况下，图像在网页中不可缺少，但也不能太多，网页上放置过多的图片会显得很乱，也影响网页的下载速度。

3．动画

动画是网页最活跃的元素，有创意的动画是吸引浏览者的有效方法。网页中的动画不宜太多，否则会使浏览者眼花缭乱，无心细看。在网页中加入的动画一般是 GIF 格式或者 SWF 格式的动画。

4．超链接

超链接是最为有趣的网页元素。在网页中单击超链接对象，即可实现在不同页面之间跳转、访问其他网站、下载文件、发送电子邮件等操作。无论是文本还是图像都可以加上超链接标签，当鼠标移至超链接对象上时，鼠标会变成小手形状，单击即可跳转到相应地址（URL）的网页。在一个完整的网站中，至少要包括站内链接和站外链接。

● 站内链接：如果网站规划了多个主题版块，必须给网站的首页加入超链接，让浏览者可以快速地转到感兴趣的页面。在各个子页面之间也要有超链接，并有能够回到主页的超链接。通过超链接，浏览者可以迅速找到自己需要的信息。

● 站外链接：在制作的网站上放置一些与网站主题有关的对外链接，不但可以把好的网站介绍给浏览者，而且能使浏览者乐意再度光临该网站。如果对外链接信息很多，可以进行分类。

5．音频和视频

通过音频进行人机交流逐步成为网页交互的重要手段。浏览网页时，一些网页设置了背景音乐，伴随着优美的乐曲，浏览者在网上冲浪会更加惬意。但是加入音乐后，网页文件会变大，下载时间会增加。

在网页中加入视频，会使网页具有较强的吸引力。常见的网络视频有视频短片、远程教学、视频聊天、视频点播和 DV 播放等。但是，在应用视频时要考虑网速问题，如果视频播放不流畅也会影响浏览效果。

1.1.4　网页的构成

网页是由一些基本版块组成的，主要包括 Logo 图标、导航条、Banner、内容版块、版尾版块等，如图 1-4 所示。

Logo 图标是企业或网站的标志，通过形象的 Logo 可以让消费者记住公司主体和品牌文化。

导航条是网站的重要组成部分，通过网站页面中的导航条，可以帮助浏览者迅速查找到需要的信息和内容。

Banner 中文直译为旗帜、网幅或横幅，意译为网页中的广告。一些网站页面的 Banner 是用 JavaScript 技术或 Flash 技术制作的动画效果，通过动画效果可以展示更多的内容，也能吸引用户。

图 1-4　网页的基本构成

内容版块是网页的主体部分，包含文本、图像、动画、视频、超链接等内容。

版尾版块是网站页面最底端的版块，通常放置网站的联系方式、友情链接和版权信息等内容。

1.1.5　网页设计常用基本语言

HTML、CSS、JavaScript 是网页设计制作最核心也是最基本的应用技术，也是本书学习的重点内容。

1. 网页标签语言 HTML

HTML 是用来制作网页的标签语言。HTML 是 Hyper Text Markup Language 的缩写，即超文本标签语言。用 HTML 编写的超文本文档称为 HTML 文档，该文档以 .html 或 .htm 为文件扩展名，它不需要编译工具，可直接在浏览器中执行。HTML 是网页技术的核心与基础，不管是制作静态网页，还是编辑动态交互网页，都离不开 HTML 语言。所以，要灵活地实现想要的网页效果，必须了解 HTML 语言。

2. 层叠样式表 CSS

CSS 通过被称为 CSS 样式或样式表，它是 Cascading Style Sheets 的缩写，即层叠样式表。CSS 样式主要用于设置 HTML 页面的外观，也就是定义网页的编排、文本内容显示效果、图片的外形以及特殊效果等。CSS 不仅可以静态地修饰网页，还可以配合各种脚本语言动态地对网页元素进行格式化。

3. 网页脚本语言 JavaScript

JavaScript 是 Web 页面中的一种脚本语言，通过 JavaScript 可以将静态页面转变成支持用户交互并响应事件的动态页面。JavaScript 不需要事先进行编译，而是嵌入到 HTML 文本中，由客户端浏览器对其进行解释执行。JavaScript 是动态特效网页设计的最佳选择，它的作用在于控制网页中的对象元素，实现网页浏览者与网页内容之间的动态交互。JavaScript 代码可以嵌入在 HTML 中，也可以创建.js 外部文件，通过 JavaScript 可以实现网页中常见的下拉菜单、TAB 栏、焦点图轮播等动态效果。

1.1.6　什么是网站

网站是提供各种信息和服务的平台，例如，用户熟悉的新浪、搜狐、京东网、当当网等都是典型网站。网站由许多网页组成，也可以通俗地理解成网站是存储在某个服务器上的，包含了网页、图片、数据库和多媒体信息等资源的一个文件夹。

网站包含多个网页，网页彼此之间由超链接关联在一起。用户浏览一个网站时看到的第一个页面是主页，从主页出发，通过站内超链接可以访问到该网站的每个页面，也可以通过站外链接，登录到其他网站，方便地共享网站资源。

提示：在 Dreamweaver 中，网页设计都是以一个完整的 Web 站点为基本对象的，所有的资源和网页的编辑都在此站点中进行，建议不要脱离站点环境，初学者要养成良好的习惯。

1.1.7　网址与域名

每个网站都拥有一个 Internet 地址。浏览者要访问 Internet 上的一个站点就必须通过访问这个网站的地址来实现。域名是 Internet 上网站的名称，是一个服务器或网络系统的名字，是解决 IP 地址对应问题的一种方法。

1．网址

浏览网页时，在浏览器地址栏中输入的诸如 http://www.sohu.com 这样的字符串就是一个网址，访问网页是通过统一资源定位器（Uniform Resource Locator，URL）的方式来实现的。这里所说的网址实际上有两个内涵，即 IP 地址和域名地址。

每台计算机都必须标有唯一的地址，就像打电话必须知道对方的电话号码，且这个号码必须是唯一的一样。计算机的地址通常用 4 个十进制数表示，中间用小数点"."隔开，称为 IP（Internet Protocol）地址，如 192.168.59.221。

对于用户来说，记忆如此众多的网站的 IP 地址是件很困难的事，为了解决这一问题，Internet 规定了一套命名机制，称为域名系统。采用域名系统命名的网址，即域名地址。域名地址采用了人们善于识记的名字来表示。

2．域名

域名就是网站的名称，企业在注册域名时一般都会申请一个符合网站特点的域名，甚至会把域名看作企业的网上商标。在 Internet 中，域名与 IP 地址之间是一一对应的，它们之间的转换工作称为域名解析，这项工作专门由域名系统（Domain Name System，DNS）来完成。域名系统是一个分布式数据库系统，为 Internet 上的主机分配域名地址和 IP 地址。用户输入域名地址，DNS 就会根据数据库中域名与 IP 地址的映射关系自动把域名地址转换为 IP 地址，然后通过计算机的 IP 地址访问站点。

此外，使用域名也便于网址的分层管理和分配。一个完整的域名通常由几个层次组成，不同层次之间用"."隔开，例如，新浪中国的网址是 http://www.sina.com.cn，其中 sina.com.cn 为域名，sina 是第三层次域名，com 是第二层次域名，cn 是国家顶级域名。

目前互联网中有两类顶级域名：一类是地理顶级域名，如 cn 代表中国，jp 代表日本，uk 代表英国等；另一类是类别顶级域名，如 com 代表商业公司，net 代表网络机构，org 代表组织机构，edu 代表教育机构，gov 代表政府部门等。随着互联网的不断发展，会有越来

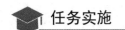
越多的顶级域名不断被扩充到现有的域名体系中来。

微课视频

任务实施

1.1.8 网站建设的一般流程

从开始计划创建网站到最后网站的广为人知包含了一个完整的工作流程，作为一名网页设计师或者网页设计爱好者，应当熟悉一个网站从无到有的创建流程。

1．网站策划

网站策划是网站建设的第一阶段，总的目的是根据调查分析，明确建设网站的目的与内容。网站策划包含确定要策划的网站所属行业、明确网站的主题、用户定位与用户需求分析、确定网站的配色方案、规划网站结构等。其中，规划网站结构可以用树状结构把每个页面的内容大纲列出来，要考虑每个页面之间的链接关系，这是评价一个网站优劣的重要标志。此外，也要考虑到可扩充性，免得做好以后又要一改再改，带来不必要的麻烦。

2．收集网站的素材和内容

网站建设过程中常常需要大量的素材，包括文字、图片、音频、视频和动画等。素材可以从图书、报刊、移动磁盘以及多媒体上收集，也可以自己制作或从网上搜集。作为文本内容素材，可以作为文字文档保存在指定的文件夹中，通过导入的方式，直接添加到网页中。

提示：搜集的素材最好放置在一个总的文件夹中，如 D:\mysite，然后根据素材类别在这个目录下建立需要的子目录，如 images、text 等。放入目录的文件名最好全部用英文小写，因为有些主机不支持大写英文和中文。

3．设计制作网站

网站的主题和风格明确后，就应该围绕网站主题制作网页内容、设计题材栏目等。网站是由多个网页组成的，设计制作网页是一个复杂而细致的过程，一定要按照先大后小、先简单后复杂的次序来进行制作。也就是说在制作网页时，先把大的结构设计好，然后再逐步完善小的结构设计；先设计出简单的内容，然后再设计复杂的内容，以便出现问题时好修改。

在制作网页时应该灵活运用模板和库，这样可以大大提高制作效率。如果很多网页都使用相同的版面布局，就把这个版面设计定义成一个模板，然后创建基于该模板的其他多个网页。

页面设计制作完成后，如果需要动态功能，就需要开发动态功能模块。网站中常用的动态功能模块有新闻发布系统、在线搜索、产品展示管理系统、在线调查系统、在线购物、会员注册、管理系统、招聘系统、统计系统、留言系统、论坛及聊天室等。

4．网站测试与发布

在网站发布之前，通常要检查网页在不同版本浏览器中的显示情况，尤其是制作大型的或访问量高的网站，这个步骤十分重要。由于各种版本浏览器支持 HTML 语言的版本不同，所以要让网页能够在大多数浏览器中正常显示，需要仔细地检查，必要时可以对网站的特殊效果做舍弃处理。

网站的发布是指将制作的网站上传到指定的主机服务器上。在网站测试无误后，就可以通过 Dreamweaver 或 FTP 软件发布网站了。有关网站测试与发布的详细内容，请参见单元 13。

5．网站推广与维护

互联网的应用和繁荣为用户提供了广阔的电子商务市场和商机，但是互联网上大大小小的各种网站不计其数，如何让更多的浏览者迅速访问到网站呢？这就需要对网站进行宣传推广。

网站推广的目的在于让尽可能多的潜在用户了解并访问网站，通过网站获得有关产品和服务等信息，为最终形成购买决策提供支持。网站推广需要借助一定的网络工具和资源，常用的网站推广工具和资料包括搜索引擎、分类目录、电子邮件、网站链接、在线黄页和分类广告、电子书、免费软件、网络广告媒体、传统推广渠道等。

网站发布完成后，还要进行管理和维护，就像一栋房子或者一部汽车，如果长期搁置无人维护，必然变成朽木或者废铁。网站也是一样，只有不断地更新、管理和维护，才能留住已有的浏览者并且吸引新的浏览者。

💡 任务拓展

1.1.9　实践演练——京东官网页面体验

在 IE 浏览器的地址栏中输入 http://www.jd.com 打开京东官网，在搜索栏中输入诸如女装、男装、办公用品、家具等内容，体验网站的浏览效果。

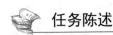

任务 **1.2**　使用 HTML 制作简单的网页

📖 任务陈述

HTML 是一种用来制作超文本文档的简单标记语言，用 HTML 编写的超文本文档称为HTML 文档。自 1990 年以来，HTML 就一直被用作万维网的信息表示语言，使用 HTML语言描述的文件，需要通过 Web 浏览器显示出效果。

任务目标：

（1）认识 HTML5 及显示原理；

（2）掌握 HTML5 的基本语法和文档结构；

（3）理解 HTML5 常用的标签及标签主要属性；

（4）能够通过 HTML 制作简单的网页。

⏱ 相关知识与技能

1.2.1　HTML5 简介

1．初识 HTML5

HTML5 是超文本标记语言（HTML）的第 5 次重大修改，这次修改制定了规范的标准，实现了桌面系统和移动平台的完美衔接。HTML5 和以前的版本不同，它并非仅仅用来表示 Web 内容，而是将 Web 带入一个成熟的应用平台，在这个平台上，视频、音频、图像、动画以及同计算机的交互都被标准化。

HTML5 具有很好的兼容性，在其中纳入了所有合理的扩展功能，具有良好的跨平台性能。HTML5 增加的新特点如下。

- 提高了可用性和改进用户的友好体验；
- 新增加了几个标签，如 header、nav、section、article、footer 等，这些有助于开发人员定义重要的内容；
- 新增加了用于媒体播放的 video 和 audio 元素；
- 新增加了表单控件，如 calendar、date、time、email、url、search 等；
- 当涉及网站的抓取和索引的时候，对于 SEO 很友好；
- 更好地支持了本地离线存储；
- 支持地理位置、拖曳、摄像头等 API；
- 可移植性好。

一个完整的网站前端页面可由 HTML5、CSS3 和 JavaScript 来实现。页面的实体内容由 HTML5 组成，页面的样式、布局及少部分过渡和动画通过 CSS3 完成，数据的处理（请求、运算、存储等）、页面内容样式的动态变化等可以通过 JavaScript 实现。

2．HTML5 开发工具及显示原理

HTML5 语言由文本和标签构成，能够用来输入文本的编辑工具都可以用来编写 HTML5，常用的工具有 Notepad++、HTML-Kit、UltralEdit、HBuilder 等，也可以使用所见即所得的 Dreamweaver 软件工具，它会根据用户的操作自动生成 HTML5 代码，大大提高了制作网页的效率。

由于 HTML5 代码是纯文本的，也可以使用文本编辑器作为 HTML5 的编辑器，在诸如写字板、记事本这些文本编辑器中，要求手工输入 HTML5 代码。建议初学者通过文本编辑器编写简单的网页，便于学习 HTML5 代码。

Web 浏览器用来浏览 HTML5 文档，HTML5 文档显示原理可概括为：HTML5 使用一组约定的标签符号，对 Web 上的各种信息进行标记，浏览器会解释这些标记符号并以它们指定的格式把相应的内容显示在屏幕上，而标记符号本身不会在屏幕上显示出来。

图 1-5 所示内容是在记事本中编辑的一个最基本的 HTML5 文档，文档的保存格式是.html；图 1-6 所示是该 HTML5 文档在浏览器中的显示效果。

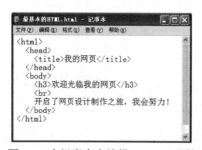

图 1-5　在记事本中编辑 HTML5 文档

图 1-6　HTML5 文档在浏览器中的显示效果

简单的几行代码就能完成一个网页的制作。在图 1-5 的 HTML5 代码中，用尖括号括起来的是 HTML5 标签，如<html>、<head>等。标签往往成对出现，分别是起始标签和结束标签，起始标签与结束标签之间的部分是标签的内容。例如，<title>为起始标签，</title>为结束标签，"我的网页"是<title>标签的内容，显示在浏览器的标题栏上。

提示：HTML5 文档的最终显示效果是由浏览器决定的，所以，同样的文档在不同的浏览器中（如 IE 和 Netscape）显示的效果可能会有所差别。另外，浏览器如果没有正常显示网页文件，说明文件代码有错误，这时可以重新切换到 HTML5 编辑器窗口，对代码进行修改并保存，然后再切换到浏览器窗口并刷新，即可看到修改后的页面。

微课视频

1.2.2 HTML5 基本语法与结构

1. HTML5 基本语法

HTML5 的语法主要由标签（tag）和属性（attribute）组成。所有标签都由一对尖括号"<"和">"括起来。

（1）双标签。双标签是指由开始和结束两个标签符号组成的标签，其语法格式为：

```
<x>受控内容</x>
```

"x"代表标签名称，其中，<x>为起始标签，</x>为结束标签，结束标签中要有一个斜杠。例如，常用的网页主体标签<body>…</body>，再如，设置指定文本内容为一级标题的标签<h1>…</h1>等，它们都是成对出现的一般标签。

根据需要，可以在起始标签中增加一些属性，用来设置指定内容的特殊效果。如果在一个起始标签中需要增加多个属性，属性之间要用空格隔开，其语法形式为：

```
<标签名称 属性1 属性2 属性3 …>受控内容</标签名称>
```

也可以写为：

```
<x a₁="v₁" a₂="v₂" … aₙ="vₙ">受控内容</x>
```

其中，$a_1, a_2, \cdots, a_n$ 为属性名称，$v_1, v_2, \cdots, v_n$ 为属性名称对应的属性值。

提示：HTML5 中属性值两边既可以使用双引号，也可以使用单引号，当属性值不包括空字符串、<、>、=、单引号、双引号等字符时，属性值两边的引号也可以省略。

（2）单标签。单标签也称空标签，指用一个标签符号即可完整的描述某个功能的标签。其语法格式：

```
<x>
```

"x"代表标签名称。最常见的空标签有<hr>、
等。其中，<hr>标签表示要在页面上加一条水平线，常用来分割页面的不同部分。空标签也可以附加一些属性，用来完成某些特殊效果或功能，一般形式为：

```
<x a₁="v₁" a₂="v₂" … aₙ="vₙ">
```

例如，<hr align="center" width="80%" size="2">，<hr>标签含有 3 个属性 align、size和 width，其中，align 属性表示水平线的对齐方式，属性值可取 left（左对齐）、center（居中）、right（右对齐）；width 属性定义水平线的长度，属性值可以取相对值（由一对引号括起来的百分数，表示相对于充满整个窗口的百分比），也可以取绝对值（用整数表示屏幕像素点的个数，如 width="300"），默认值为 100%；size 属性定义水平线的粗细，属性值取整数，默认为 1px。

提示：一个标签可以拥有多个属性，必须写在开始标签中，位于标签名后面，属性之间不分先后顺序，标签名与属性、属性与属性之间均以空格分开。任何标签的属性都有默认值，省略该属性则取默认值。

2. 网页的 HTML 结构

HTML 文件的主体结构由<html>、<head>和<body>3 对标签组成。下面是一个典型的 HTML 文档结构。

```
<html>
  <head>
    头部信息：如<title>、<meta>等
  </head>
  <body>
    文档主体
  </body>
</html>
```

（1）<html>与</html>标签在最外层，包含了整个文档的内容，分别表示 HTML 文档的开始与结束。

（2）<head>…</head>标签之间是网页的头部信息，这部分主要定义了一些浏览器用于显示文档的参数，如网页的标题、meta 信息、CSS 样式定义等。其中，<title>与</title>标签之间指定了网页的标题；<meta>标签是单标签，一般用来定义页面信息的名称、关键字、作者等。

（3）<body>…</body> 标签定义文档的主体，包含文档的所有内容，比如文本、超链接、图像、动画、表格等。可以通过设置 <body> 标签的属性或样式来设置网页的风格，包括边距、背景、字体、颜色等，这些风格决定了网页的整体效果。

在 HTML 文档结构中还包含了大量的标签，规定了 Web 文档的逻辑结构，并且控制文档的显示格式，也就是说，设计者用标签定义 Web 文档的逻辑结构，但是文档的实际显示则由浏览器来负责解释。

书写 HTML 代码时应注意以下几点。

- HTML 标签及属性中字母不区分大小写，如<html>与<HTML>对浏览器来说是完全相同的。
- 标签名与左尖括号之间不能留有空格，如<␣body>是错误的。
- 属性要写在开始标签的尖括号中，放在标签名之后，并且与标签名之间要有空格；多个属性之间也要有空格；属性值最好用单引号或双引号括起来，且引号一定要是英文的引号，不能是中文的引号。
- 结束标签要书写正确，不能忘掉斜杠。

1.2.3 常用 HTML5 标签

1. 文本与段落标签

为了对网页中的文本元素进行修饰、排版，使网页丰富多彩，往往要使用大量的文本标签，文本标签分为文本的基本设置与文本的修饰设置。

（1）标题标签<hn>…</hn>。<hn>标签用于设置网页中各个层次的标题文字，被设置的文字将以黑体显示，并自成段落。<hn>标签是成对出现的，共分为 6 级，n 取 1~6 之间

的正整数。其中<h1>…</h1>表示最大的标题，<h6>…</h6>表示最小的标题。语法格式举例：

```
<h3 align="center">标题部分</h3>
```

属性说明：align 属性用于设置标题的对齐方式，其参数为 left、center、right。

（2）段落标签<p>…</p>。<p>是 HTML 基本标签之一，使用<p>标签可实现分段，即在段落开始时用<p>，在段落结束时用</p>。语法格式举例：

```
<p align="center"> 段落内容 </p>
```

属性说明：align（对齐）是<p>标签的可选属性，其属性值有 3 个参数：left（默认）、center 和 right，分别代表设置段落文字居左、居中、居右对齐。

（3）换行标签
。
是换行标签，在网页设计中比较常用。使用
标签能够使文档在该标签处强制换行，这一点与<p>相同。但与<p>不同的是，换行后行与行之间不留空白行，页面看起来比较紧凑。
属于单标签，没有结束标签。

（4）水平线标签<hr>。<hr>是水平线标签，可以在页面中生成一条水平线，用于分隔文档或者修饰网页。<hr>属于单标签，没有结束标签。语法格式举例：

```
<hr align="center" size="4" width="80%" color="red" noshade>
```

<hr>标签的常用属性如表 1-1 所示。

表 1-1　<hr>标签的属性

属　性　名	功　　　能
size	设置水平线的粗细，属性值为整数，单位为像素
width	设置水平线的宽度，属性值单位为像素或%，如 width="300"
align	设置水平线的对齐方式，取值 left、center、right
color	设置水平线的颜色，默认值 black
noshade	使线段无阴影属性

（5）文本的格式化标签。在 HTML 网页中，为了让文字富有变化，或者为了着重强调某一部分，比如文字设置粗体、下画线效果等，HTML 准备了专门的文本格式化标签，常见的文本格式化标签如表 1-2 所示。

表 1-2　文本格式化标签

标　　签	功　　能	示　　例
<b>…</b>	加粗文字	**HTML 文本示例**
<i>…</i>	斜体文字	*HTML 文本示例*
<strong>…</strong>	用于强调，效果和<b>标签相同	**HTML 文本示例**
<em>…</em>	用于强调，效果和<i>标签相同	*HTML 文本示例*
<del>…</del>	删除线	~~HTML 文本示例~~
<ins>…</ins>	增加下画线	HTML 文本示例
_…	下标	X_2
[…]	上标	X^2

（6）特殊字符。由于 HTML 文档是 ASCII 文本，只支持 ASCII 字符。但是，还有一些有特殊用途的字符在 HTML 中无法直接显示成原来的样式，若要在浏览器中显示这些字符就必须输入特殊字符来代替。HTML5 常见特殊字符实体代码如表 1-3 所示。

表 1-3　HTML5 常见特殊字符实体代码

屏幕显示符号	字符实体代码	屏幕显示符号	字符实体代码
<	&lt;	"	&quot;
>	&gt;	'	&apos;
&	&amp;	空格	

2．列表标签

列表标签可以将网页中相关的信息有条不紊地组织起来。作为块级元素，在 DIV+CSS 网页设计中列表标签的使用非常普遍。列表标签可分为：无序列表、有序列表、嵌套列表和自定义列表，下面介绍前两种常用的列表。

（1）无序列表标签<ul>…</ul>。<ul>称为无序列表标签或项目列表标签，在网页中显示项目形式的列表，列表中的每一项前面会加上●、■等符号，每一项需要用<li>标签，所以<ul>标签应与<li>标签结合使用。语法格式举例：

```
<ul>
    <li type="circle">列表项 1</li>
    <li type="square">列表项 2</li>
    …
</ul>
```

<ul>的常用属性只有一个 type，用来设定列表项前面出现的符号，可取属性值如下。

● disc：列表项前面加上符号●。
● circle：列表项前面加上符号○。
● square：列表项前面加上符号■。

（2）有序列表标签<ol>…</ol>。<ol>称为有序列表标签或编号列表标签，用来在页面中显示编号形式的列表，列表中每一项的前面会加上如 A、a、i 或 I 等形式的编号，编号会根据列表项的增删自动调整。每一项需要用<li>标签，所以需要和<li>标签结合使用。语法格式举例：

```
<ol type="A" start="1">
    <li>列表项 1</li>
    <li>列表项 2</li>
    …
</ol>
```

start 属性用于设置编号的起始值，取任意整数，默认为 1。如 start="3"，则列表编号从 3 开始。type 属性用来设定列表的编号形式，可取属性值如下。

● 1：用阿拉伯数字 1、2、3、…编号。
● a：用小写英文字母 a、b、c、…编号。
● A：用大写英文字母 A、B、C、…编号。
● i：用小写罗马字母 i、ii、iii、…编号。
● I：用大写罗马字母 I、II、III、…编号。

例如，type="a"，表示列表项目用小写字母编号（a、b、c…）。另外，在列表使用中有时也会用到列表的嵌套，即将一个列表嵌入到另一个列表中，作为它的一部分。有序列表和无序列表之间也可以进行嵌套。

（3）<li>…</li>。<li>标签定义列表项，在有序列表标签<ol>和无序列表标签<ul>中都要使用<li>标签。<li>标签的属性如下。

- type：用来设定列表项的符号，如果<li>用在<ul>里，属性取值为 disc、circle 或 square；如果<li>用在<ol>里，则属性取值为 1、a、A、i 或 I。需要说明的是，在 HTML5 中，<li>标签不支持 type 属性，请使用 CSS 代替。
- value：此属性仅当<li>用在<ol>里有效，属性值为一个整数，用来设定当前项的编号，其后的项目编号将以此值为起始值递增，前面各项不受影响，如<li value="5">。

3．超链接标签

超链接是从一个网页转到另一个网页的途径，它是网页的重要组成部分。超链接把整个网站的信息有机地结合起来，使浏览者从一个页面跳转到另一个页面，实现页面互联、网站互联。

超链接标签<a>是成对标签，其最重要的属性是 href 属性，它指定了链接的目标 URL。定义的语法：

```
<a href="资源地址" target="目标窗口" title="链接提示文字">链接对象</a>
```

其中，href 属性定义要链接的目标地址，target 属性用于指定打开链接的目标窗口，title 属性指定指向链接时所提示的文字。<a>标签的属性说明如表 1-4 所示。

例如，<a href="http://www.sohu.com/" target="_blank" title="sohu">搜狐网站</a>。

表 1-4　<a>标签的属性

属　性　名	功　　能
href	链接所指的 URL 地址，即目标地址，属性值可以使用绝对路径或相对路径
target	指定打开链接的目标窗口，取值_parent（在父窗口中打开）、_blank（在新窗口打开）、_self（在原窗口中打开，默认值）、_top（在浏览器的整个窗口中打开）
name	用来设定锚点的名字，属性值为自定义字符串
title	指定指向链接时所提示的文字

4．绝对路径与相对路径

定义超链接时常常需要设置文件的路径，文件路径分为绝对路径和相对路径。

（1）绝对路径。绝对路径就是主页上的文件或者目录在硬盘上的路径。绝对路径提供文档完整的 URL 地址，并包括所使用的协议（如对于 Web 页，通常使用 http://），例如，http://www.sdcet.cn/index.htm 就是一个绝对路径，表明文件 index.htm 在域名为 www.sdcet.cn 的 Web 服务器中的根目录下。再如，要在网页中插入站点文件夹之外 D 盘 images 文件夹中的 tu1.jpg 文件，由于插入的图片在站点之外，只能使用绝对路径"file:///D/images/tu1.jpg"。需要注意的是，使用文档绝对路径，移植站点后，往往会导致引用的站外素材不能正常显示，影响网页显示效果，所以，不建议使用绝对路径。

（2）相对路径。相对路径是以当前文件所在路径为起点，进行相对文件的查找。相对路径又分为根相对路径和文档相对路径，根相对路径总是以站点根目录"/"为起始目录，写起来比较简单；文档相对路径是以当前文件所在路径为起始目录，进行相对的文件查找。在站点内，通常采用文档相对路径，便于站点的移植。相对路径的具体用法如表 1-5 所示。

5．图像标签

<img>标签定义 HTML 页面中的图像。Web 上常用的图像格式有 3 种：JPEG、GIF、

PNG。使用<img>标签在网页中加入图像的语法举例：

```
<img src="image/tu.jpg" width="300" height="240"/>
```

表 1-5 相对路径的用法

相对路径名	内　　涵
href="index.html"	index.htm 是本地当前路径下的文件
href="web/index.html"	index.htm 是本地当前路径下 web 子目录下的文件
href="../index.html"	index.htm 是本地当前目录的上一级子目录下的文件
href="../../index.html"	index.htm 是本地当前目标的上两级子目录下的文件

<img>是单标签，没有结束标签。<img>标签的常用属性如表 1-6 所示。

表 1-6 <img>标签的常用属性

属　性　名	功　　能
src	图像的 URL 路径，可以是相对路径或绝对路径
alt	用来设定只显示文本的浏览器或已设置为手动下载图像的浏览器中代替图像显示的替代文本
width、height	用来设定图像的宽度和高度
align	图像与周围文本的对齐方式，取值 top、middle、bottom（默认）、left、right
border	用来设定图像的边框宽度，属性值为整数，单位为像素

6．表格标签

表格是网页中用来定位元素的重要方法，同时表格也是网页布局结构中不可缺少的一部分。表格由一行或多行组成，每行又由一个或多个单元格组成。HTML 中一个表格通常是由<table>、<tr>、<td>3 个标签来定义的，这 3 个标签分别表示表格、表格行、单元格。在对表格进行设置时，可以设置整个表格、表格中的行或单元格的属性，它们优先顺序为：单元格优先于行，行优先于表格。例如，如果将某个单元格的背景色属性设置为红色，然后将整个表格的背景色属性设置为蓝色，则红色单元格不会变为蓝色。表格标签和功能如表 1-7 所示。

表 1-7 表格标签和功能

标　　签	功　　能
<table>…</table>	定义一个表格开始和结束
<caption>…</caption>	定义表格标题，可以使用属性 align，属性值为 top、bottom
<tr>…</tr>	定义表行，一行可以由多组<td>或<th>标签组成
<td>…</td>	定义单元格，必须放在<tr>标签内
<th>…</th>	定义表头单元格，是一种特殊的单元格标签，在表格中不是必需的

语法格式举例：

```
<table width="400" height="60" border="1" align="center" cellpadding="0" cellspacing
="0">
    <caption>表格标题</caption>
    <tr>
```

```
    <td>单元格 1</td>
    <td>单元格 2</td>
  </tr>
</table>
```

（1）<table>标签。<table>是表格标签，整个表格始于<table>，终于</table>，它是一个容器标签，用于定义一个表格，<tr>、<td>标签只能在<table>中使用。<table>标签常用属性如下。

- width：设定表格的宽度，属性值可以是相对的或绝对的，如 width="50%"。
- align：设定表格水平对齐方式，属性值可以是 left、center、right 三者之一。
- border：设定表格边框的粗度，属性值为整数，单位是像素。
- cellpadding：设定边距的大小，也就是单元格中内容与单元格边框之间留的空白大小，属性值为整数，单位是像素。
- cellspacing：设定单元格与单元格之间的距离，属性值为整数，单位是像素。
- bgcolor：设定整个表格的背景颜色。
- background：设定表格的背景图像，属性值为图像文件的相对路径或绝对路径。

（2）<tr>标签。<tr>用来标识表格行，是单元格（<td>或<th>标签）的容器，使用时要放在<table>容器里，结束标签可以省略。<tr>标签常用的属性如下。

- align：设定这一行单元格中内容的水平对齐方式，属性值为 left、center 或 right。
- bgcolor：用来设定这一行的背景颜色。
- valign：设定这一行单元格中内容的垂直对齐方式，属性值为 top（顶端对齐）、middle（中间对齐）或 bottom（底端对齐）。

（3）<td>标签。<td>在表格中表示一个单元格，是表格中具体内容的容器，使用时要放在<tr>与</tr>之间。<td>的常用属性如下。

- align：设定单元格中内容的水平对齐方式，属性值为 left、center 或 right。
- background：设定单元格的背景图像。
- bgcolor：设定单元格的背景颜色。
- colspan：在水平方向向右合并单元格，属性值为跨列的数目。
- height：设定单元格的高度，属性值可以是像素数，也可以是占整个表格高度的百分比。
- nowrap：加入 nowrap 属性可以防止单元格中内容宽度大于单元格宽度时自动换行。
- rowspan：在垂直方向向下合并单元格，属性值为跨行的数目。
- valign：设定单元格中内容的垂直对齐方式，属性值为 top、middle 或 bottom。
- width：设定单元格的宽度，属性值可以是像素数，也可以是占整个表格宽度的百分比。

（4）<th>标签。<th>在表格中也表示一个单元格（表头单元格），用法与<td>相同，不同的是，<th>标签所在的单元格中文本内容默认以粗体显示，且居中对齐。

7．表单标签

表单的作用是从访问 Web 站点的用户那里获取信息。访问者可以使用诸如文本框、列表框、复选框以及单选按钮之类的表单对象输入信息，然后单击某个按钮提交这些信息。表单在动态网站建设与 Web 应用程序开发中非常重要，它提供了用户与网站交互的接口。

（1）<form>标签。<form>用来定义一个表单区域，它是一个容器标签，其他表单标签需要放在\<form\>与\</form\>之间。\<form\>标签的常用属性如表 1-8 所示。

表 1-8　\<form\>标签的常用属性

属 性 名	功　　能
action	定义一个 URL。当点击提交按钮时，向这个 URL 发送数据
accept-charset	表单数据的可能的字符集列表（逗号分隔）
autocomplete	规定是否自动填写表单。属性值有 on、off
method	用于向 action URL 发送数据的 HTTP 方法。属性值有 get、post、put、delete，默认是 get
name	定义表单唯一的名称
target	在何处打开目标 URL。属性值有 _blank、_self、_parent、_top
enctype	用于对表单内容进行编码的 MIME 类型

（2）文本框。文本框允许用户输入单行信息，如姓名、电子邮件地址等。定义文本框的语法为：

```
<input name="textfield" type="text" id="textfield" value="李红" size="6" maxlength= "6" />
```

文本框常用属性如下。

- name：设定文本框的名称，在表单内所选名称必须唯一标识该文本框，名称字符串中不能包含空格或特殊字符，可以使用字母、数字、字符和下画线 "_" 的任意组合。表单提交到服务器后需要使用指定的名称来获取文本框的值。
- value：设定文本框的默认值，也就是用户输入信息前文本框里显示的文本。
- size：设定文本框最多可显示的字符数，也就是文本框的长度。
- maxlength：用来设定文本框中最多可输入的字符数，通过此属性可以将邮政编码限制为 6 位数，将密码限制为 10 个字符等。

（3）密码框。密码框用来输入密码，当用户在密码框中输入密码时，输入内容显示为项目符号或星号，以保护密码不被其他人看到。定义密码框的语法为：

```
<input name="textfield" type="password" id="textfield" size="8" maxlength="8" />
```

密码框的属性设置与文本框相同。

（4）单选按钮。单选按钮使用户只能从一组选项中选择一个选项，如性别的选择。单选按钮通常成组使用，在同一个组中的所有单选按钮必须具有相同的名称。定义单选按钮的语法为：

```
<input name="radio" type="radio" id="radio" value="radio" />
```

单选按钮除 type 外其他常用属性如下。

- name：设定单选按钮的名称，作用同文本框的 name 属性。同一组中的所有单选按钮的 name 属性必须设置相同的值，否则，各选项不会相互排斥。
- value：设定在单选按钮被选中时发送给服务器的值。
- checked：确定在浏览器中载入表单时，该单选按钮是否被选中。如果开始标签里加入 checked 一词，则初始被选中。

（5）复选框。复选框使用户可以从一组选项中选择多个选项。定义复选框的语法为：

```
<input name="checkbox" type="checkbox" id="checkbox" checked="checked" />
```

复选框除 type 外其他常用属性如下。

- name：设定复选框的名称，作用同文本框的 name 属性。同一组中的所有复选框的 name 属性必须设置不同的值。
- value：设定在复选框被选中时发送给服务器的值。

- checked：确定在浏览器中载入表单时，该复选框是否被选中。如果开始标签里加入 checked 一词，则初始被选中。

（6）下拉菜单。下拉菜单也称下拉列表，可使访问者从一个列表中选择一个项目。当页面空间有限，但需要显示许多菜单项时，下拉菜单非常有用。使用下拉菜单还可以对返回给服务器的值加以控制。下拉菜单与文本框不同，在文本框中用户可以随心所欲地输入任何信息，甚至包括无效的数据；对于下拉菜单而言，设置了某个菜单项返回的确切值。下拉列表在浏览器中显示时仅有一个选项可见，若要显示其他选项，用户必须单击下拉箭头。定义下拉菜单的语法为：

```
<select name="from">
    <option value="shandong">山东省</option>
    <option selected>济南市</option>
</select>
```

一个下拉菜单由<select>和<option>来定义，<select>提供容器，它的 name 属性作用与文本框的相同。<option>用来定义一个菜单项，<option>与</option>之间的文本是呈现给访问者的，而选中一项后传送的值是由 value 属性指定的，如果省略 value 属性，则 value 的值与文本相同，加入 selected 属性可以使该菜单项初始为选中状态。

（7）列表。列表的作用与下拉菜单相似，但显示的外观不同，列表在浏览器中显示时列出部分或全部选项，另外列表允许访问者选择一个或多个项目。定义列表的语法如下：

```
<select name="from" size="3" multiple>
    <option value="shandong">山东省</option>
    <option selected>济南市</option>
</select>
```

同下拉菜单相比，<select>多了两个属性：size 和 multiple。size 用来设定列表中显示的选项个数，加入 multiple 属性允许用户从列表中选择多项。

（8）文件域。文件域使用户可以选择计算机中的文件，如字处理文档或图形文件，并将该文件上传到服务器中。文件域的外观与其他文本框类似，只是文件域还包含一个"浏览"按钮。用户可以手动输入要上传的文件的路径，也可以使用"浏览"按钮定位并选择文件。

如果要上传文件，需要注意的是，<form>的 method 属性必须设置为 post，另外，<form>必须加上属性 enctype="multipart/form-data"。定义文件域的语法为：

```
<input name="fileField" type="file" id="fileField" size="20" maxlength="30" />
```

文件域除 type 属性外，其他属性与文本框的属性相同。

（9）隐藏域。隐藏域用来存储并提交非用户输入的信息，该信息对用户而言是隐藏的。隐藏域不在浏览器窗口中显示。定义隐藏域的语法为：

```
<input type="hidden" name="xingming" value="晓闻">
```

隐藏域中，name 属性用来指定名称，value 属性用来指定传输的值。

（10）文本区域。文本区域使用户可以输入多行信息，如留言、自我介绍等。定义文本区域的语法为：

```
<textarea name="textarea" id="textarea" cols="45" rows="5">春潮带雨晚来急，野渡无人舟自横。</textarea>
```

开始标签与结束标签之间的文本为初始值，可以为空，但一定要有结束标签且要正确。<textarea>的常用属性如表 1-9 所示。

表 1-9 <textarea>标签的常用属性

属 性 名	功　　能
name	用来指定文本区域的名称
rows	用来指定文本区域能够显示的行数，也就是文本区域的高度
cols	用来指定文本区域能够显示的列数，也就是文本区域的宽度
wrap	用来指定当用户在一行中输入的信息较多，无法在定义的文本区域内显示时，如何显示用户输入的内容，可取属性值为 off、physical、virtual

（11）提交、重置。【提交】按钮用来将表单数据提交到服务器，定义【提交】按钮的语法为<input type="button">；【重置】按钮用来还原表单至初始状态，定义【重置】按钮的语法为<input type="reset">。

两种按钮的属性除 type 外，value 属性用来指定按钮上显示的文本，name 属性用来指定按钮的名称。

8．其他标签

（1）<meta>标签。<meta> 标签可提供有关页面的元信息（meta-information）。<meta>标签位于文档的头部，即放在<head>与</head>之间，它不包含任何内容。新建一个网页文档，HTML5 默认的<meta>标签代码：

```
<meta charset="utf-8">
```

<meta>标签的用法比较多，比如定义针对搜索引擎的关键词，或者定义对页面的描述等。例如，定义针对搜索引擎的关键词：

```
<meta name="keywords" content="HTML, CSS, XML, XHTML, JavaScript" />
```

再如，定义对页面的描述：

```
<meta name="description" content="免费的网页设计制作教程。" />
```

<meta>常用的功能还有刷新功能，实现刷新功能的语法：

```
<meta http-equiv="refresh" content="5;url=http://www.baidu.com">
```

该语句表示：页面打开 5 秒钟后自动转到百度主页。如果把 URL 部分省略，则表示页面每 5 秒钟就自动刷新一次。

（2）<marquee>标签。<marquee>标签可以使内容产生滚动效果。<marquee>标签是成对出现的标签，只适用于 IE 浏览器。<marquee>标签的使用语法：

```
<marquee>内容产生滚动效果</marquee>
```

<marquee>常用的属性如下。

- behavior：设置移动方式，可取属性值有 scroll（重复滚动）、slide（滚动到一方后停止）、alternate（来回交替滚动）。
- bgcolor：用来设定滚动区域的背景颜色。
- direction：用来设定滚动方向，可取属性值有 left（向左滚动）、right（向右滚动）、down（向下滚动）、up（向上滚动）。
- height：用来设定滚动区域的高度。
- width：用来设定滚动区域的宽度。
- loop：用来设定滚动的次数，属性值可取正整数、–1 或 infinite，–1 和 infinite 都表示无限次。
- scrollamount：设置滚动的速度，属性值为像素数。如要加快滚动速度，可增大该属性值。

- scrolldelay：用来设定每次滚动的停顿时间，单位为毫秒。
- align：设置字幕对齐方式，可取属性值有 top（居上）、middle（居中）、bottom（居下）。

许多网页上的滚动信息公告板有这样的效果：当用户鼠标指针移入滚动区域时，滚动会停止，当鼠标指针移出滚动区域时，滚动会继续下去。如果希望实现这种效果，可在 <marquee> 中加上属性 onmouseover="this.stop()" 和 onmouseout="this.start()" 即可。例如：

```
<marquee behavior=scroll scrollamount=6 onmouseover="this.stop()" onmouseout="this.start()">
    <img src="images/tu1.jpg" width="200" height="160">
    <img src="images/tu2.jpg" width="200" height="160"></marquee>
```

下面列出 HTML5 所有的标签，供用户参考，如表 1-10 所示。

表 1-10　HTML5 标签

标　　签	描　　述	标　　签	描　　述
<!--...-->	定义注释	<kbd>	定义键盘文本
<!DOCTYPE>	定义文档类型	<label>	定义表单控件的标注
<a>	定义超链接	<legend>	定义 fieldset 中的标题
<abbr>	定义缩写	<li>	定义列表的项目
<address>	定义地址元素	<link>	定义资源引用
<area>	定义图像映射中的区域	<m>	定义带有记号的文本
<article>	定义 article	<map>	定义图像映射
<aside>	定义页面内容之外的内容	<menu>	定义菜单列表
<audio>	定义声音内容	<meta>	定义元信息
<b>	定义粗体文本	<meter>	定义预定义范围内的度量
<base>	定义页面中所有链接的基准 URL	<nav>	定义导航链接
<bdo>	定义文本显示的方向	<nest>	定义数据模板中子元素的嵌套点
<blockquote>	定义长的引用	<noscript>	定义在脚本未被执行时的替代内容（文本）
<body>	定义 body 元素	<object>	定义嵌入对象
 	插入换行符	<ol>	定义有序列表
<button>	定义按钮	<optgroup>	定义选项组
<canvas>	定义图形	<option>	定义下拉列表中的选项
<caption>	定义表格标题	<output>	定义输出的一些类型
<cite>	定义引用	<p>	定义段落
<code>	定义计算机代码文本	<param>	为对象定义参数
<col>	定义表格列的属性	<pre>	定义预格式化文本
<colgroup>	定义表格列的分组	<progress>	定义任何类型的任务的进度
<command>	定义命令按钮	<q>	定义短的引用
<datagrid>	定义可选数据的列表	<rp>	定义不支持 ruby 元素的浏览器所显示的内容
<datalist>	定义下拉列表	<rt>	定义字符（中文注音或字符）的解释或发音
<dd>	定义定义的描述	<ruby>	定义 ruby 注释
<del>	定义删除文本	<rule>	定义更新数据模板的规则

续表

标 签	描 述	标 签	描 述
<details>	定义元素的细节	<samp>	定义样本计算机代码
<dialog>	定义对话，比如交谈	<script>	定义脚本
<dfn>	定义自定义项目	<section>	定义文档中的节（section、区段）
<div>	定义文档中的一个部分	<select>	定义可选列表
<dl>	定义自定义列表	<small>	定义小号文本
<dt>	定义自定义的项目	<source>	为媒介元素（比如 <video> 和 <audio>）定义媒介资源
<em>	定义强调文本	<span>	定义文档中的 section
<embed>	定义外部交互内容或插件	<strong>	定义强调文本
<event-ource>	定义由服务器发送的事件的来源	<style>	定义样式定义
<fieldset>	定义 fieldset	<sub>	定义下标文本
<figcaption>	定义 figure 元素的标题	<summary>	定义 details 元素的标题
<figure>	定义媒介内容的分组，以及它们的标题	<sup>	定义上标文本
<footer>	定义 section 或 page 的页脚	<table>	定义表格
<form>	定义表单	<tbody>	定义表格的主体
<h1> to <h6>	定义标题 1 到标题 6	<td>	定义表格单元
<head>	定义关于文档的信息	<textarea>	定义文本区域
<header>	定义 section 或 page 的页眉	<tfoot>	定义表格的脚注
<hr>	定义水平线	<th>	定义表格内的表头单元格
<hgroup>	定义网页或区段（section）的标题进行组合	<thead>	定义表格的表头
<html>	定义 html 文档	<time>	定义日期/时间
<i>	定义斜体文本	<title>	定义文档的标题
<iframe>	定义行内的子窗口（框架）	<tr>	定义表格行
<img>	定义图像	<ul>	定义无序列表
<input>	定义输入域	<var>	定义变量
<ins>	定义插入文本	<video>	定义视频

任务实施

1.2.4　使用记事本编辑简单网页

第一步：打开记事本，在记事本中输入下面的 HTML 代码，将其以 ch01-1 为文件名、以.html 为文件扩展名进行保存。

```
<html>
  <head>
    <title>文本页面</title>
  </head>
```

```
<body>
  <p> 送灵澈上人 <br />
  刘长卿 <br />
  苍苍竹林寺，杳杳钟声晚。 <br />
  荷笠带斜阳，青山独归远。
  </p>
</body>
</html>
```

第二步：打开保存的网页文档，预览网页显示效果。

任务拓展

1.2.5 制作滚动图片链接

本任务是对前面介绍的相对路径、绝对路径相关知识的正确理解和应用。通过本任务的训练，用户能够进一步掌握 HTML 文档结构，了解制作滚动图片链接的基本方法，理解在网页中添加图像元素时，正确使用相对路径和绝对路径的重要性。

具体操作步骤如下。

（1）在记事本中输入下面的 HTML 代码，将其以 index.html 为文件名保存，文件中需要的图片可到配套资源素材包文件夹（ch01\ch01-2\images）中选用。需要注意的是，下面代码中指定的图片路径需要和选用的图片文件夹路径一致，这样才能保证代码正确运行。在浏览器中打开保存的网页文档，浏览网页显示效果。

```
<html>
<head>
<title> 滚动图片效果 </title>
</head>
<body bgcolor="#cc6600">
  <center>
  <h2>欧洲风光欣赏</h2>
  </center>
  <div align="center">
    <hr color="#ffffff" width="700" size="8" />
    <marquee width="700" height="200" behavior="scroll" scrollamount ="4"
onMouseOver=this.stop() onMouseOut=this.start()>
    <a href="images/tu1.jpg"><img src=images/tu1.jpg"border=1/></a>
    <a href="images/tu2.jpg"><img src=images/tu2.jpg"border=1/></a>
    <a href="images/tu3.jpg"><img src=images/tu3.jpg"border=1/></a>
    <a href="images/tu4.jpg"><img src=images/tu4.jpg"border=1/></a>
    </marquee>
    <hr color="#ffffff" width="700" size="8" />
  </div>
</body>
</html>
```

（2）观察网页引用的 4 个图片是否正常显示，如果不能正常显示，说明引用的图片路径有问题，请尝试着进行修改使之能够正常显示。显示效果如图 1-7 所示。

图1-7 滚动图片显示效果

单元实训 1.3 制作个人简介网页

练习使用记事本编辑 HTML5 文档的方法，熟练掌握 HTML5 文档结构和常用的 HTML5 标签功能。

1. 实训目的

● 掌握使用记事本编辑 HTML5 文档的方法。
● 掌握 HTML5 的文档结构和常用的 HTML5 标签功能。

2. 实训要求

打开记事本，在记事本中输入包含个人简介内容的 HTML5 代码，参考代码如下，将其以 ex01.html 为文件名进行保存。打开保存的浏览器文档，预览网页内容显示效果。

```html
<html>
  <head>
    <title>个人简介</title>
  </head>
  <body>
    <p><h2>个人基本信息</h2><br />
    <h4>姓名，性别，出生年月，是否团员或者预备党员，……</h4>
    </p>
    <hr>
    <p><h2>大学期间获得的主要荣誉</h2><br />
    <h4>……</h4>
    </p>
    <hr>
    <p><h2>曾参与过的社会实践活动</h2><br />
    <h4>……</h4>
    <hr>
    ………
  </body>
</html>
```

思政点滴

网页设计师是为网站页面进行设计并制作的工作人员，网页设计师既是专业的设计师，又是静态网站的开发工程师。我们无论从事什么职业，都应该干一行爱一行，爱一行钻一行，精益求精，尽职尽责，"以辛勤劳动为荣，以好逸恶劳为耻"，这是职业道德中爱岗敬业的要求。

作为一名网页设计制作的初学者，首先要热爱网页设计制作职业岗位，了解网页设计行业职业道德规范，当遇到阻碍和困难时，选择的不是逃避和放弃，而是克服重重困难，努力钻研和学习，让自己在喜欢的岗位上实现突破，并脱颖而出。

单元练习题

一、填空题

1. 网页分为_____和_____两种类型。

2. HTML5 中的所有标签符都是由一对_____围住的。

3. HTML5 网页的标题是通过_____标签显示的。

4. _____是水平线标签，可以在页面中生成一条水平线，用于分隔文档或者修饰网页。

5. HTML5 网页的列表标签分为_____、_____两种。

6. HTML5 网页图像标签是_____。

7. 在 HTML5 网页中，设置一个完整表格时，必不可少的 3 个标签是_____、_____、_____。

8. 组成 HTML5 主体结构的 3 对标签是_____、_____、_____。

二、选择题

1. 用于设置普通超链接文本颜色的属性是（　　　　）。

    A．link　　　　　　B．alink　　　　　　C．text　　　　　　D．vlink

2. 以下对动态网页的特点描述中正确的是（　　　　）。

    A．Flash、GIF 是动态网页最显著的特征

    B．动态网站比静态网站安全性更高

    C．动态网页中不需要使用 HTML 标签语言

    D．ASP、ASP.net 都是常用的动态网站技术

3. 在 HTML5 文档中，使文本内容强制换行的标签是（　　　　）。

    A．<hr>　　　　　　B．
　　　　　　C．<pre>　　　　　　D．<hn>

4. 以下哪个标签语言符合 HTML5 的语法规范？（　　　　）

    A．<img src=pic1.jpg width=150 height=200/>

    B．<p><div>文字加粗的段落</p></div>

    C．<p align=center>

    D．<hr width="400" color=" #000000" />

三、简答题

1. 什么是 HTML5？请写出 HTML5 的文档结构。

2. 编写 HTML5 网页文档有哪些方法？它们各有哪些特点？

3. 静态网页和动态网页分别具有哪些特点？

单元2

网页版式设计与色彩搭配

网页界面设计包括网页版式设计和网页色彩搭配。网页版式设计是各种网页元素进行合理组织而呈现的排列效果，从平面设计的角度来看，点、线、面的有序组合构成网页版式；网页的色彩搭配指各种网页元素的配色方案。色彩是最容易引人注目的视觉要素，然而对于初学者来说，网页配色较难把握。如何设计出赏心悦目的网页作品，网页版式设计与配色尤为重要。

本单元学习要点：

❑ 网页版式的要素；
❑ 网页版式设计的原则；
❑ 网页版式设计的步骤；
❑ 色彩基本理论；
❑ 色彩的视觉效果；
❑ 网页色彩及配色技巧。

任务 **2.1** 网页版式设计

 任务陈述

浏览网页时通常的顺序是：网页版式→网页导航→网页内容，这三个关键因素依次决定网页的艺术性、技术性和实用性。网页版式是表达主题诉求，吸引浏览者眼球的重要因素。

任务目标：

（1）掌握版式设计的概念，认识版式设计在网页设计中的重要性；
（2）掌握网页版式的尺寸和构成要素；
（3）了解网页版式设计原则；
（4）掌握网页版式设计的视觉流程；
（5）掌握网页版式设计的步骤。

相关知识与技能

2.1.1 版式设计概述

在互联网上不计其数的网页中，如何使自己的网页脱颖而出，成为浏览者的首选？很明显，仅仅有好的内容是远远不够的，网页更应该具有赏心悦目的外观，才能引起浏览者的注意。互联网经济又称为注意力经济，增强画面的视觉效果、提高整体形象，是网页界面设计的核心任务。

网页的版式设计，是指在有限的屏幕空间内，根据网页主题诉求，将网页元素按照一定的艺术规律进行组织和布局，使其形成整体视觉印象，并最终能有效传达信息的视觉设计。它以有效传达信息为目标，利用视觉艺术规律，将网页的文字、图像、动画、音频、视频等元素组织起来，表现网页整体风格。

网页的版式设计在网页设计中具有重要的作用，它决定了网页的艺术风格和个性特征。好的网页版式设计体现在信息传达的各个环节，从引起浏览者注意，到引导浏览者找到相关信息，到最终留下印象的过程中，都有着举足轻重的作用。

2.1.2 网页版式的尺寸和构成要素

和书籍报刊等一般印刷品不同，网页的尺寸是由浏览者控制的。网页版面指的是在浏览器上看到的一个完整页面。用不同种类、不同版本的浏览器浏览同一个网页，效果有可能不同，浏览器的工作环境不同，显示效果也不尽相同。

进行网页版式设计，首先应该确定网页尺寸。网页尺寸有绝对尺寸和相对尺寸两种。绝对尺寸指大小不变的尺寸格式，其大小用像素表示，如 1258 像素×900 像素。相对尺寸是网页宽度与浏览器宽度相适应的尺寸格式，其大小用百分比表示，如宽度 100%自适应。

提示：网页绝对尺寸和显示器的分辨率有关。常见显示器屏幕比例有 4:3、16:10、16:9 三种。4:3 的比例在 CRT 显示器中较为常见，主要分辨率有 800 像素×600 像素、1024 像素×768 像素；16:10 的比例在液晶显示器较为常见，分辨率通常为 1280 像素×800 像素、1440 像素×900 像素；随着信息技术的发展，16:9 的液晶显示器逐渐成为主流，其分辨率为 1280 像素×720 像素、1920 像素×1080 像素。对于网页绝对尺寸，只需将屏幕分辨率减去 22 像素（浏览器滚动条宽度），作为网页宽度即可。

即：网页绝对宽度=屏幕宽度-浏览器滚动条宽度。

网页版式的构成要素主要有网页标志、导航条、文字、图片、多媒体等。

（1）网页标志。网页的标志是 VI 系统的重要组成部分，是网页的风格和内涵的集中体现，较之其他类型的元素，通常位于网页的核心位置。

（2）导航条。网页的导航条是浏览者在网站页面间跳转的枢纽，它的样式特点及导航的条理性设计将直接影响网站的浏览效率。

（3）文字。网页文字主要用于呈现网站标题、导航栏和正文等内容，可以设置字体的样式、粗细、颜色等。字体的图形化、装饰功能可以提高浏览者的阅读兴趣，改善网页视觉效果。

（4）图片。网页中图片的运用可以增加内容的形象性，能够更直观表现或渲染主题，因此它在页面元素的编排中也是一个重要组成部分。大面积的图片布局宜表现感性诉求，有朝气和真实感；小面积的图片给人精致的感觉，使人视线集中；大小图片的搭配使用，可以产生视觉上的节奏变化和画面空间的变化。图片少则页面显得平稳，图片多则页面显得活泼。

（5）多媒体。网页借助于视频、音频、动画等多媒体表现形式，可以增强网页的动感活力，吸引浏览者的注意，比单纯图文混排的静态页面宣传效果更好。

2.1.3　网页版式设计的风格

根据网页中元素组合方式不同，可以将网页版式分为骨骼型、满版型、分割型、中轴型、曲线型、倾斜型、对称型、焦点型、三角型、自由型等十种类型。

1．骨骼型

骨骼型，又称为分栏式，是一种规范的、理性的分割方法，类似报刊的版式。常见的骨骼型版式有竖向通栏、双栏、三栏、四栏和横向通栏、双栏、三栏和四栏等，一般以竖向分栏为多，这种版式给人以和谐、理性的美。几种分栏方式结合使用，既理性、有条理，又活泼而富有弹性。典型的骨骼型网页如图 2-1 所示。

2．满版型

满版型指页面以图像充满整版，主要以图像为诉求点，也可将部分文字罗列于图像之上，效果直观而强烈。满版型给人以舒展、大方的感觉。随着宽带的普及，这种版式在网页设计中的运用越来越多。满版型网页如图 2-2 所示。

图 2-1　某互联网公司门户网站首页　　　　图 2-2　满版型版式

3．分割型

分割型指把整个页面分成上下或左右两部分，分别安排图片和文字，有图片的部分感性而具活力，文字部分则理性而平静，可以通过调整图片和文字所占的面积，来调节对比的强弱。如果图片所占比例过大，文字使用的字体过于纤细，字距、行距、段落的安排又很疏散，就会造成视觉心理的不平衡，显得生硬；倘若通过文字或图片将分割线虚化处理，就会产生自然和谐的效果。

4．中轴型

中轴型指沿浏览器窗口的中轴将图片或文字作水平或垂直方向的排列。水平排列的页面给人稳定、平静、含蓄的感觉，垂直排列的页面给人以舒畅的感觉。典型的中轴型网页如图 2-3 所示。

5．曲线型

曲线型指图片、文字在页面上形成曲线的分割或编排构成，以产生韵律与节奏，如图 2-4 所示。

图 2-3　中轴型版式

图 2-4　曲线型版式

6．倾斜型

倾斜型指页面用多幅图片、文字倾斜编排，形成不稳定感或强烈的动感，引人注目。

7．对称型

对称型的页面给人稳定、严谨、庄重、理性的心理感受，对称分为绝对对称和相对对称。一般采用相对对称型版式，以避免网页过于呆板，左右对称型的页面版式比较常见，如图 2-5 所示。

四角型也是对称型的一种，是在页面四个角安排相应的视觉元素。四个角是页面的边界点，其重要性不可低估，处理好四个角，页面就会显得均衡、稳定。控制好页面的四个角，也就控制了页面的空间，特别是越是凌乱的页面，更要注意对四个角的控制。四角对称型页面如图 2-6 所示。

图 2-5　对称型版式

图 2-6　可口可乐公司网页

8．焦点型

焦点型的网页版式通过对视线的诱导，使页面具有强烈的视觉效果。焦点型版式分三种情况。

- 中心。把对比强烈的图片或文字置于页面的视觉中心，如图 2-7 所示。
- 向心。视觉元素引导浏览者视线向页面中心聚拢，就形成了一个向心的版式。向心版式集中、稳定，是一种传统的设计手法。
- 离心。视觉元素引导浏览者视线向外辐射，则形成一个离心的网页版式。离心版式外向、活泼，更具现代感，运用时应注意避免凌乱。

9．三角型

三角形版式指网页各视觉元素呈三角型排列。正三角型（金字塔型）最具稳定性；倒三角型则产生动感；侧三角型构成一种均衡版式，既安定又有动感。倒三角型版式如图2-8所示。

图 2-7　焦点型版式

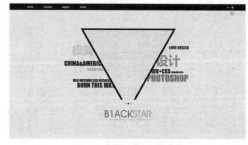

图 2-8　倒三角型版式

10．自由型

自由型的页面具有活泼、轻快的风格。

2.1.4　网页版式设计原则

微课视频

对网页中的各种页面元素进行有机组合，就是网页版式设计。所谓有机组合，通常指网页版式形式与内容的统一。

采用哪种版式并不是设计者随意决定的，不同的网站主题对网页构成元素编排方式的要求是不同的。应结合建站目的、网站内容、浏览者特点等网站需求，确定网页版式，如商务类网站版式的平易近人、娱乐类网站版式的生动活泼、科技类网站版式的规范严谨，都是由网站整体需求决定的。

网页的版式设计是设计师理性思维与感性表达的产物，一方面它需要理性地运用艺术规律和科学规律，使网页能够符合视觉习惯和审美需求；另一方面，它又是承载设计师个人风格和艺术特色的视听传达载体。在网页的版式设计中，感性和理性的互动、技术与艺术的融合尤为重要。设计师必须具有良好的设计创意能力和设计表达能力，才能根据主题的需要，将理性思维个性化地表现出来，从而使浏览者产生视觉美感和精神享受，达到准确传达信息的效果。单纯具有良好的设计创意而没有设计表达能力，或具有较高的软件应用水平但没有好的设计创意作为基础，都无法设计出令人满意的网页版式。

2.1.5　网页版式设计的视觉流程

视觉流程是网页版式设计的重要内容，可以说，视觉流程运用的好坏，是设计者水平的体现。

页面中不同的视觉区域，注目程度不同，给人心理上的感受也不同。一般而言，上部给人轻快、漂浮、积极、高昂之感；下部给人压抑、沉重、限制、稳定之感；左侧，感觉轻便、自由、舒展，富于活力；右侧，感觉局促却显得庄重。网页中最重要的信息，应安排在注目率最高的页面位置，这个位置便是页面的最佳视域。

人们阅读材料时习惯按照从左到右、从上到下的顺序进行。浏览者的眼睛首先看到的是页面的左上角，然后逐渐往下看。根据这一习惯，设计时可以把重要信息放在页面的左上角或页面顶部，如公司的标志、最新消息等，然后按重要性依次放置其他内容。

2.1.6 网页版式设计的步骤

一个优秀的网页的制作，是从网页版式设计开始的。通常，网页版式设计要经历构思、粗略布局、完善布局、深入优化等阶段。

1．构思

在构思之前要对客户的需求、网站的定位、浏览者的特点进行深入调研。了解客户需求后，绘制布局草图。这是属于构思的过程，不讲究细腻工整，也不必考虑过多细节，只需要用粗陋的线条勾画出创意的轮廓。

2．粗略布局

如果用户对构思满意，可以使用 Photoshop 等图像设计软件进行粗略布局设计。在这个阶段，只需要把重要的元素和网页结构相结合，呈现整体设计思想，在此基础上和客户进行充分交流，进一步确定网页整体构架。

3．完善布局

布局框架确定后，根据客户的要求进行进一步修改，将网页信息有条理地融入到整个框架中，对网页中的图文进行有序的编排。

4．深入优化

这个阶段主要是在完善布局的基础上，对细节进一步优化，比如图片大小、标题位置、字体大小及间距的调整等，直到客户满意。

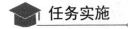 任务实施

2.1.7 欣赏与解析不同风格网页作品

Internet 上的网页不计其数，风格各异，有的网页看起来热情奔放，让人心潮澎湃；有的网页高雅华贵；有的网页沉稳庄重；有的网页轻松活泼。网页给浏览者带来的视觉感受，是由页面版式、色彩决定的。下面给出几个比较有代表性的网页，我们可以通过对它们的赏析，分析不同风格网页的特点。

1．网页作品欣赏之一：可口可乐公司主页

网页赏析：如 2.1.3 小节中图 2-6 所示为可口可乐公司的主页。该网页版面设计采用四角对称型，主色调采用红色。四角对称的版式设计稳重、大方，网页四周及底部用很多看似零散但有序的点点缀，淡化了对称的相对呆板，使网页更有活力。整体配色为红色，是可口可乐公司 VI 的主色调，具有热情澎湃、青春活力的特点。网页无论版式还是色彩搭配都符合公司的形象，彰显消费群体的个性。

2．网页作品欣赏之二：养乐多食品网站

网页赏析：如图 2-9 所示为是韩国养乐多食品网站主页。该公司销售的是以大米、小麦等为原材料的休闲食品。网站首页采用曲线型版式设计，主色调为浅褐色。作为电子商务网站，网站 Logo、主打产品、宣传标语、导航条依照曲线排列，底部配以卡通元素具有轻快、随意的视觉效果，突出公司所销售食品的主要特点。网站浅褐色色调是秋天收获的颜色，突出了食品的制作原料，彰显其自然、健康的产品特性。

3．网页作品欣赏之三：某房地产公司楼盘首页

网页赏析：如 2.1.3 小节中图 2-1 所示为某房地产公司楼盘首页。该楼盘属于高端小区，从整体上看，网页很好地体现了其所宣传产品（楼盘）高贵典雅、气质非凡以及略显神秘气息的特质，也迎合了客户的尊贵及大隐于市的心理预期。设计师是如何做到这一点的呢？首先，页面整体采用中轴对称式布局，给人以稳重、古典、严肃的感觉；其次，整体采用黑色调，配以金黄色元素作为点缀，给人安静、庄重、神秘的视觉效果。

4．网页作品欣赏之四：苹果公司网站首页

网页赏析：如图 2-10 所示为是苹果公司网站首页。网页采用四横的骨骼式设计，整体色彩采用黑白灰色调。从色彩及版式看，网站秉承了苹果创始人乔布斯的极简风格，在网页设计上并没有花费太大笔墨。骨骼式架构是公司网站通用的架构，容易被浏览者接受，黑白灰是永恒的时尚色。中间大块区域被主打商品占据，产品宣传意图明显。可见，无论从版式还是配色，无处不透露着苹果公司的文化氛围和价值理念，很容易被苹果公司的粉丝所认可。

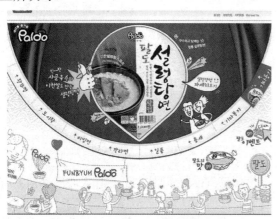

图 2-9　养乐多食品网站网页　　　　　图 2-10　苹果公司网站首页

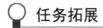 **任务拓展**

2.1.8　总结不同主题网站页面版式设计风格

站长之家网站是网站建设者经常访问的网站，该网站有大量的网站建设资源，浏览者可以下载并免费使用。访问 http://sc.chinaz.com/moban/，如图 2-11 所示，在右侧的模板分类中选择相应主题的网站，总结其页面版式设计风格。

图 2-11　站长之家网站

任务 **2.2**　网页色彩搭配

任务陈述

色彩在艺术设计中具有重要的地位。作为艺术设计，不管是数万年前的原始壁画创作，还是现代的产品设计、平面设计、室内装潢都离不开色彩，网页设计也是如此。网页中的背景、标志、导航栏、文字、图片等元素应该采用什么样的色彩，如何进行搭配才能更好地呈现网页需求，是网页设计者所应关注的问题。

任务目标：

（1）了解色彩的基本概念以及色彩的视觉效果；
（2）掌握光的三原色理论、色彩的三个基本属性；
（3）了解网页色彩的相关概念；
（4）掌握网页中色彩的数字表达方式；
（5）掌握网页的配色原理及技巧。

相关知识与技能

2.2.1　色彩基础知识

大自然为何是五颜六色的？因为光照射到物体的表面发生反射产生了色彩。

人的眼睛是根据所看见光的波长来识别颜色的，如霓虹灯，它所发出的光本身带有颜色，能直接刺激人的视觉神经而让人感觉到色彩。光谱中的大部分颜色是由三种基本色光按不同的比例混合而成的，这三种基本色光的颜色是红（Red）、绿（Green）、蓝（Blue）三原色光。这三种颜色以相同的比例混合、且达到一定的强度，就呈现白色（白光）；若三种光的强度均为零，就是黑色，这就是加色法原理。加色法原理被广泛应用于电视机、投影仪、显示器等发光产品中。

提示：根据色彩理论中的减色法原理，颜料的三原色为青（Cyan）、品红（Magenta）和黄（Yellow），这种原理多用在印刷、油漆、绘画等场合。

色彩分为无彩色和有彩色两大类。前者如黑、白、灰，后者如红、黄、蓝等颜色。有彩色具备光谱上的某种或某些色相，统称为彩调，无彩色没有彩调，只有亮度属性，表现为黑、白、灰。

有彩色可以用三组特征值来确定。其一是彩调，也就是色相；其二是饱和度，也就是纯度、彩度；其三是明暗，也就是明度。色相、饱和度、明度称为色彩的三属性。

（1）色相（Hue，简写 H），是色彩的首要特征，是区别各种不同色彩的最准确的标准，例如红、橙、黄、绿、青、蓝、紫等。

（2）饱和度（Saturation，简写 S），表示色彩的纯度。饱和度的取值范围为 0～100%，为 0 时为灰色，黑、白、灰是没有饱和度的；最大值时表示某一色相具有最纯的色光。

（3）明度（Brightness，简写 B），表示色彩的明亮度。明度的取值范围为 0～100%，为 0 时为黑色，最大值时是色彩最鲜明的状态。

HSB 模式中 S 和 B 呈现的数值越高，饱和度明度越高，页面色彩越强烈艳丽。

2.2.2　色彩的视觉效果

研究表明，色彩能给人的心理带来刺激，影响人的情绪。例如，在红色环境中，人的脉搏会加快，血压有所升高，情绪兴奋冲动。正是由于色彩对人类心理的情绪化作用，色彩在艺术设计中才具有如此重要的作用。

1. 色彩的心理感觉

不同的颜色给人带来不同的心理感受。

（1）红色。红色是所有色彩中对视觉效果作用最强烈和最有生气的色彩，它炽烈似火，壮丽似日，热情奔放如血，是生命崇高的象征。红色能使人产生冲动、愤怒、热情、有活力的感觉。这些特点主要是高纯度的红色所表现出的效果，当其明度增大，变为粉红色时，就会表现出温柔、顺从的特点和女性的特质。

（2）绿色。绿色介于冷暖色彩之间，代表新鲜，充满希望、和平、青春，显得和睦、宁静、健康。从心理上，绿色令人平静、松弛而得到休息。绿色是大自然中植物生长、生机盎然、清新宁静的生命力量和自然力量的象征，它和金黄、淡白搭配，可以产生优雅、舒适的气氛。

（3）橙色。橙色常象征活力、精神饱满和友谊。它也是一种激奋的色彩，具有轻快、欢欣、热烈、温馨、时尚的效果。

（4）黄色。黄色是明度最高的色彩，它光芒四射，轻盈明快，生机勃勃，具有温暖、愉悦、提神的效果，常作为积极向上、进步、文明、光明的象征，具有快乐、希望、智慧和轻快的个性。

（5）蓝色。蓝色是最具凉爽、清新、专业的色彩，代表深远、永恒、沉静、理智、诚实、公正、权威。它和白色混合，能体现柔顺、淡雅、浪漫的气氛。

（6）紫色。紫色是红、青色的混合，是一种冷寂和沉着的红色，它精致而富丽，高贵而迷人。偏红的紫色，华贵艳丽；偏蓝的紫色，沉着高雅，常象征尊严、孤傲或悲哀。

（7）白色。白色代表纯洁、纯真、朴素、神圣和明快，具有洁白、明快、纯真、清洁的感受。

（8）黑色。黑色给人深沉、神秘、寂静、悲哀、压抑的感受。

（9）灰色。在商业设计中，灰色给人中庸、平凡、温和、谦让、中立和高雅的感觉，是永远的流行色。在很多高科技产品中，都采用灰色表达时尚、科技的形象。使用灰色时，多用于和其他色彩搭配，以防产生过于平淡、呆板、沉闷的感觉。

2．色彩的冷暖

冷暖色彩给人的心理情感带来的变化是很丰富的。色彩本身并无冷暖的温度变化，引起冷暖变化的原因，是人的视觉对色彩引起的心理冷暖感觉联想。

（1）暖色。看到红色、橙色、黄色、紫色、橘色等颜色后，人们马上会联想到火焰、太阳、炉子、热血等，产生温暖、热烈的感觉。儿童网站采用暖色调会给人可爱温馨的感觉。

（2）冷色。看到草绿、蓝绿、天蓝、深蓝等色后，人们很容易联想到草地、太空、冰雪、海洋等物像，产生广阔、寒冷、理智、平静等感觉。蓝色和绿色是大自然赋予人类的最佳心理镇静剂。人们都有这样的体会，当心情烦躁时，到公园或海边看看，心情会很快恢复平静，这是绿色或蓝色对心理调节的结果。医学专家研究表明，人在看到冷色系列的色调时，皮肤温度会降低 1 至 2 摄氏度，脉搏跳动次数会减少 4 至 8 次，同时会降低血压、减轻心脏负担。蓝色和绿色是希望的象征，给人以宁静的感觉，可以降低眼内压力，减轻视觉疲劳，安定情绪，使人呼吸变缓，心脏负担减轻，降低血压。医院的网站一般采用平安镇静为主流的蓝色调。

（3）中性色。介于暖色系和冷色系之间的色彩是中性色，中性色给人的心理感觉相对较为柔和。色彩的冷暖分布如表 2-1 所示。

表 2-1　色彩的冷暖分布

红	橙	橙黄	黄	黄绿	绿	青绿	蓝绿	蓝	蓝紫	紫	紫红
暖色系				中性色系		冷色系				中性色系	

提示：在表 2-1 中，橙色是极暖色，蓝色是极冷色，离这两种颜色越近，相应的属性越强烈。

3．色彩的软硬

色彩的软硬感与明度有关系，明度高的色彩给人以柔软、亲切的感觉，明度低的色彩则给人坚硬、冷漠的感觉。在网页设计中，可利用色彩的软硬感来创造舒适宜人的色调。

4．色彩的进退

网页色彩的前后感觉也是不容忽视的，人眼晶状体对于距离的变化是非常精密和灵敏的，但是它总是有一定的限度，对于波长微小的差异将无法正确调节。眼睛在同一距离观察不同波长的色彩时，波长长的暖色如红色、橙色等，在视网膜上形成内侧映像；波长短的冷色如蓝色、紫色等，则在视网膜上形成外侧映像。

蓝色、紫色等色彩成像后感觉比较远，在同样距离内感觉就像后退；相反，黄色就感觉近，有前进感。凡是对比度强的色彩搭配具有前进感，对比度弱的色彩搭配就具有后退感；膨胀的色彩具有前进感，收缩的色彩具有后退感；明快的色彩具有前进感，灰暗的色彩具有后退感。

色彩的前进、后退感是色彩设计者共同感兴趣的问题，在绘画中常被用来加强画面空间层次，如画面背景可选择冷色，色彩对比度也应减弱；为了突出显示，前景色或主体应选择暖色，色彩对比度也应加强。

5．色彩的大小

很多因素可以影响色彩的对比效果，色彩的大小就是其中最重要的因素之一。

由于色彩有前后的感觉，因而暖色、高明度的色彩有扩大、膨胀感，冷色、低明度色彩有减小、收缩感。

按大小感觉划分，色彩的排列顺序为红、黄、橙、绿、蓝、青、紫。充分利用色彩的大小感觉也是常见的一种表达方法。

2.2.3 网页中色彩的作用

色彩在网页设计中占有相当重要的地位。对浏览者来说，颜色将对用户的心理和生理产生不同程度的影响，影响着浏览者对网站的整体印象。

1．烘托主旨

根据色彩的视觉效应，在进行网页配色时，可以根据主题诉求选定主色调，使网页的色彩能够更好地为内容服务，例如，蓝色有严肃、安静、权威的寓意，可以使用蓝色作为科技公司网站的主色调。

2．划分视觉区域

网页的信息可能会很多且繁杂，如何对其有效划分并使之有序，是网页设计者必须解决的问题。在网页中灵活地使用色彩，可以使纷杂的网页变得井然有序。例如，可以为网页不同区块添加不同的背景，划分不同视觉区域；也可以给标题和背景应用不同的颜色，以示区分。

3．引导主次

色彩有明暗及面积大小的区分。当两个以上色彩同时存在的时候，就会产生对比，在浏览的时候就会产生主次之分，以此安排信息，可使网页内容主次分明，条理清晰。

2.2.4 网页配色原理

网页色彩搭配不仅是一项技术性工作，更是一项艺术性很强的工作。设计师的工作是将网页主旨及情感通过色彩表达出来。网页配色时，不仅要考虑网站需求，更要尊重浏览者的浏览习惯及认知特点，才能设计出优秀的网页。

微课视频

1．色彩的适合性

色彩的适合性指色彩与网页所要表达的主题情感相适合。这和色彩所表达的情感有很大联系，例如用粉色体现女性站点的柔性，用深蓝色表现公司网站的严肃权威，用橙色表达商务网站的亲切时尚，用黑色体现游戏类网站的神秘，用浅绿色体现儿童网站的天真活泼。确定网站的主题后，网站的色调也就基本确定了。突破常规也未必不可，除非设计者具有与众不同的艺术想象力。

2. 色彩的鲜明性

网页的色彩要鲜明，这样才能引起浏览者的兴趣。一般说来，要选择一个主色调，然后再根据主色调确定其他颜色。一个网页之中虽然有很多种色彩，但是还是要突出主要的色彩。网页的主色调决定了网页风格，彰显了网页的个性。

3. 色彩的独特性

有的时候，可以在一个网页中增加一种或若干种个性鲜明的色彩。这种尝试显然是比较冒险的，但是通过合理把握色彩的大小和与其他色彩的关系，使得整个网页显得更加活泼，这样也能给浏览者留下深刻印象。

2.2.5 网页配色技巧

网页配色用彩色好还是非彩色好？专业机构研究表明：彩色的记忆效果是黑白的 3.5 倍。也就是说，在一般情况下，彩色页面较黑白页面更加吸引人。通常的做法是：主要文字内容用非彩色（黑色），边框、背景、图片用彩色。

无论使用彩色，还是用黑白色设计网页，都要遵循一定的原则和技巧。

1. 彩色搭配的技巧

（1）使用一种色彩。所谓使用一种色彩，并不是指在网页中仅仅用一种颜色。这里是指先选定一种色彩，然后通过调整色彩的透明度或者饱和度，产生新的色彩，这样的页面看起来色彩统一，并且有层次感。

（2）使用邻近色。邻近色就是在色环上相邻近的颜色，表示色彩分布的色环图如图 2-12 所示，在色环中，任何一种颜色都有两种相邻的颜色。相近的三种颜色搭配的时候，会给人舒适自然的视觉效果，因此在设计中经常使用。

（3）使用对比色。所谓对比色，就是在色环上相对的两种色彩。由于色环上相对的颜色的色彩冷暖等视觉效果是完全相反的，因此在使用时对比极为强烈。为了达到较好的效果，可以适当调整对比色的亮度。

图 2-12　色环图

2. 非彩色搭配

黑白是最基本和最简单的色彩搭配，白字黑底，黑底白字，对比强烈，简洁明了。灰色是万能色，可以和任何彩色搭配，也可以帮助两种对立的色彩和谐过渡。如果对于网页中的某个元素，实在找不出合适的色彩，不妨用灰色试试，效果不会太差。因为黑、白、灰可以搭配任何色彩，在网页中，通常用黑、白、灰等颜色作为大面积的文字或者背景颜色。

提示：在网页配色中，需要注意两点，一是不要将所有颜色都用到，尽量控制在三种色彩以内；二是背景和文字的对比尽量要大（绝对不要用花纹繁复的图案作背景），以便突出主要文字内容。

2.2.6 网页中色彩的表示

在网页设计中，常用到的色彩模式是 RGB 色彩模式。通过对红（Red）、绿（Green）、蓝（Blue）三种颜色通道的变化以及它们相互之间的叠加来得到各式各样的颜色。RGB 代表红、绿、蓝三个通道的颜色，这个标准几乎包括了人类视觉所能感知的所有颜色。

RGB 色彩模式使用 RGB 模型，为图像中每一个像素的 RGB 分量分配一个 0～255 范围内的强度值。例如，纯红色的 R 值为 255、G 值为 0、B 值为 0；灰色的 R、G、B 三个值相等（除了 0 和 255）；白色的 R、G、B 都为 255；黑色的 R、G、B 值都为 0。RGB 图像只使用三种颜色，就可以使它们按照不同的比例混合，在屏幕上呈现 16 777 216 种颜色。

静态网页设计中，颜色用十六进制的 RGB 值来表示，例如，红色的十六进制表示为 FF0000，在 HTML 语言中，"bgColor=#FF0000" 指背景色设置为红色。

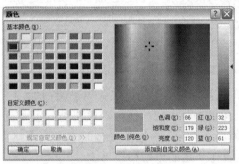

图 2-13 "颜色"面板

在如图 2-13 所示的"颜色"面板中可以看出，颜色信息可以在面板右下角用 RGB 或者 HSB 两种模式表示。

提示：Web 安全色是指能在不同操作系统和不同浏览器之中同样安全显示的 216 种颜色，实际上只有 212 种颜色能在 IE 和 Netscape 浏览器上同样正确显示。早期，在网页设计中，为了适应不同浏览器的兼容性，通常将网页的颜色控制在 Web 安全色范围之内。随着浏览器性能的提高，网页设计时已不需要考虑安全色问题。

 **任务实施**

2.2.7 总结不同主题网站的配色风格

访问 http://sc.chinaz.com/moban/，在右侧的模板分类中选择相应主题的网站，总结不同主题网站的配色风格。

任务拓展

2.2.8 网页配色练习

使用 Photoshop 打开素材文件，如图 2-14 所示。尝试按照春夏秋冬不同季节的风格对其进行配色。

图 2-14 素材文件

单元实训 **2.3** 校友网首页效果图设计

对于网页界面设计，理论知识必不可少，但实践更重要。对于没有美术功底的初学者来说，若想成为网页界面设计高手，首先要会欣赏，从优秀案例中总结经验，找寻灵感；然后要善于模仿，使用 Photoshop 等平面设计软件，模仿成功案例的版式和配色；最后能独立创作，对于任何类型的网站，都能完成版式设计和配色。

通过实训，能将网页艺术设计的理论知识和实践相结合，并掌握网页界面设计的方法。

1. 实训目的

● 掌握骨骼式网页版式设计的方法；

● 熟悉网站色彩搭配技巧；

● 掌握使用 Photoshop 设计首页效果图的操作技巧。

2. 实训要求

网页参考效果如图 2-15 所示。用给定的素材，使用 Photoshop 设计网页效果图。页面尺寸为 1418 像素×890 像素，网站标题字体和导航栏字体不做具体要求，用户可根据界面整体效果进行设计，学士帽可以使用 Photoshop 的自定义形状工具绘制。

图 2-15　页面效果图

思政点滴

随着时代的发展，网页设计已经不再是单纯的技术类工作，一件优秀的网页作品，不但承载展现内容的任务，更像是一件艺术品，需要获得浏览者在视觉上的认同。并非所有网页设计师天生就具备良好的艺术设计能力，大部分初学者并没有美术功底。

党的二十大报告指出，实践没有止境，理论创新也没有止境。成为一名优秀的网页设计师的过程，也是实践，认识，再实践，再认识，并不断突破自我，勇于创新的过程，而这个过程可能需要经历多年时间。网页设计师的成长之路，也是从模仿到创新的过程。作为初学者，平时要多欣赏优秀的网页设计案例，总结不同类型网站的版式设计和配色风格，并能够融会贯通，应用于网页设计实际工作过程中，并在工作中不断总结经验，这样才能有效提升网页设计的水平。

单元练习题

一、填空题

1．网页版式的构成要素主要有_____、网页标题、_____、_____、多媒体、色彩、字体等。

2．各种网页元素进行有机组合，就是_____。所谓有机组合，通常指网页版式_____与_____的统一。

3．可见光谱中的大部分颜色可以由三种基本色光按不同的比例混合而成，这三种基本色光的颜色就是_____、_____、_____三原色光。

4．在 HTML 语言中，色彩是用三种颜色的数值表示的。例如，蓝色是 RGB（0,0,255），十六进制的表示方法为_____。

5．在色环图中，红色的对比色是_____，红色的邻近色是_____。

二、选择题

1．浏览网页时，首先吸引浏览者的主要因素是（　　）。

　　A．版式　　　　　　B．导航　　　　　　C．网页内容　　　　　D．多媒体

2．网页版式的规格尺寸和（　　）没有很大关系。

　　A．网页承载内容的多少　　　　　　B．显示器分辨率

　　C．浏览器的类型　　　　　　　　　D．操作系统的版本

3．网页版式分为骨骼型、满版型、分割型、中轴型、曲线型、倾斜型、对称型、焦点型、三角型、自由型十种类型，分类依据是（　　）。

　　A．网页中信息的多少　　　　　　　B．网页主体思想

　　C．网页中元素组合规律　　　　　　D．网页浏览者的浏览喜好

4．决定了颜色特质的是（　　）。

　　A．饱和度　　　　B．色相　　　　　　C．色调　　　　　　D．明度

5．给人快乐、希望、智慧、轻快的心理感受的颜色是（　　）。

　　A．红色　　　　　B．绿色　　　　　　C．蓝色　　　　　　D．黄色

三、简答题

1．网页版式设计应该遵循的原则有哪些？

2．简述网页版式设计的流程。

3．简述在网页设计中如何将色彩数字化。

4．色彩的冷暖对网页设计产生什么样的作用？

单元3

Dreamweaver CC 工具的使用

开发和设计 Web 页面的工具有很多，Dreamweaver 是众多工具中的主力，占据了国内外网页编辑和开发的大部分市场。Dreamweaver CC 是一款专业的 HTML/CSS 编辑器，用于对 Web 站点、Web 页和 Web 应用程序进行编辑和开发设计。

本单元学习要点：

❏ Dreamweaver CC 的界面组成及功能；
❏ 用 Dreamweaver CC 创建并管理站点；
❏ 用 Dreamweaver CC 制作简单网页。

任务 **3.1** 认识中文版 Dreamweaver CC

 任务陈述

Adobe Dreamweaver CC 是面向 Web 设计人员和前端开发人员的最完备的工具。它将功能强大的设计界面和一流的代码编辑器与强大的站点管理工具相结合，使用户能够轻松设计、编码和管理网站。

任务目标：

（1）熟悉 Dreamweaver CC 的界面布局，了解菜单栏、文档窗口、文档工具栏、工具栏、状态栏、"属性"面板和其他面板组的功能；
（2）掌握 Dreamweaver CC 面板或者面板组的基本操作方法；
（3）掌握 Dreamweaver CC 常用初始化设置；
（4）掌握 Dreamweaver CC 中创建、保存及预览网页的方法。

相关知识与技能

3.1.1 Dreamweaver CC 界面介绍

在首次启动 Dreamweaver CC 时，将显示一个快速入门菜单，该菜单可以根据用户是否使用过 Dreamweaver CC 询问三个问题，帮助用户根据需求对 Dreamweaver 工作区进行个性化设置。在用户创建或打开了一个网页文档后，Dreamweaver CC 的工作区界面如图 3-1 所示。

Dreamweaver CC 工作区各元素介绍如下。

1. 应用程序栏

应用程序栏位于应用程序窗口顶部，包含应用程序图标、菜单栏、工作区切换器以及其他应用程序控件。菜单栏共有"文件""编辑""查看""插入""工具""查找""站点""窗口""帮助"9 个菜单项，这些菜单几乎提供了 Dreamweaver CC 中的所有操作选项。工作区切换器按钮可以供用户在"标准"与"开发人员"两种类型间进行切换，如图 3-2 所示。另外，用户可以根据自己的需要重新布局工作区，如移动、打开或关闭某些面板组，显示或者关闭某些工具栏，也可以使用"新建工作区"命令创建自己的工作区，还可以使用"管理工作区"命令对自定义的工作区进行重命名或删除。

图 3-1　Dreamweaver CC 工作区界面　　　　　　图 3-2　工作区切换器

2. 文档窗口

文档窗口是 Dreamweaver CC 操作环境的主体部分，是创建和编辑文档内容的区域。文档窗口有多种视图形式，可以通过"文档"工具栏中的视图选项或"查看"菜单进行选择，视图形式主要有以下几种。

- "设计"视图：是一个用于可视化页面布局、可视化编辑和快速应用程序开发的设计环境。在此视图中，Dreamweaver 显示文档的完全可编辑的可视化表示形式，类似于在浏览器中查看页面时看到的内容，用户即使不懂 HTML 代码，也可以直接编辑网页。
- "代码"视图：是一个用于编写和编辑 HTML、CSS、JavaScript 等代码的手动编码环境，熟悉 HTML、CSS 等代码的用户可以直接在该视图中输入代码，编辑或美化网页。
- "实时"视图：可以真实地呈现文档在浏览器中的实际样子，并且可以像在浏览器中一样与文档进行交互。还可以在"实时"视图中直接编辑 HTML 元素并即时预览更改。
- "拆分"视图：指当前视图被分为上下或左右两个视图，可以有"Code-Live""Code-Design""Code-Code"三种选择，这种方式比较适合用户随时在两种视图下编辑或修改网页。
- "实时代码"视图：显示浏览器用于执行文档的实际代码，当用户在实时视图中与该页面进行交互时，它可以动态变化。

3．文档工具栏

文档工具栏提供了快速切换文档窗口不同视图的按钮，包括【代码】视图按钮、【拆分】视图按钮、【实时/设计】视图按钮。

4．工具栏

工具栏位于应用程序窗口的左侧，包含应用于特定视图的按钮，如应用于所有文档视图的【打开文档】按钮 🗋、【文件管理】按钮 ↑↓，应用于代码视图的【扩展全部】按钮 ⚡，应用于实时视图的【实时视图选项】按钮 🖫 等。可以通过【自定义工具栏】按钮 ⋯ 打开"自定义工具栏"对话框，自定义要显示或隐藏的工具栏命令按钮。

5．状态栏

状态栏位于文档窗口的底部，提供与正在创建的文档有关的其他信息。在状态栏最左侧是"标签选择器"，它显示了当前选定内容的标签的层次结构，单击该层次结构中的标签，可以选中文档窗口中该标签所对应的内容，单击 body 可以选择整个文档的全部内容。在状态栏的右侧分别是错误检查 ⊘ （表示"无错误"）/⊗ （提示错误的个数）、文档类型 HTML ∨ 、编辑窗口大小 1256 x 371 ∨ 、INS（插入模式）/OVR（改写模式）、行列编号 10:8 、实时预览 📷 。

单击"编辑窗口大小"列表框，将弹出如图 3-3 所示的菜单。如选择其中的"414×736"尺寸选项，文档窗口将显示为图 3-4 所示。

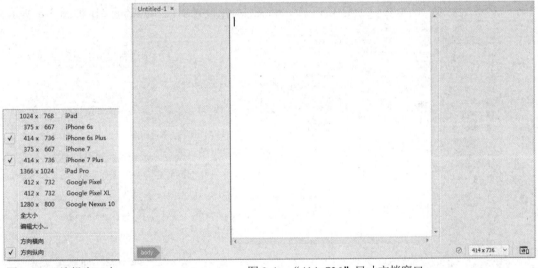

图 3-3 "编辑窗口大
小"弹出菜单

图 3-4 "414×736"尺寸文档窗口

通过单击最右侧的【实时预览】按钮 📷 ，可以选择"在浏览器中预览"或"在设备中预览"网页。

6．"属性"面板

"属性"面板是网页编辑中常用的一个面板，主要用于检查和设置当前页面选定元素的最常用属性。在 Dreamweaver CC 中"属性"面板默认是不显示的，可以通过选择"窗口"→"属性"菜单命令或<Ctrl+F3>组合键进行显示，需要注意的是，选定的元素不同，"属性"面板中的内容也不同。默认的"属性"面板显示的是文本类元素的属性，如图 3-5 所示。

图 3-5　文本类元素"属性"面板

7. 面板组

面板组是位于工作区右侧的几个面板的集合，包括各种可以折叠、移动和任意组合的功能面板，方便用户进行网页的各种编辑操作。默认显示的面板有文件、插入、CSS 设计器、DOM、资源、代码片段等。

其中"文件"面板类似于 Windows 资源管理器，用于查看和管理 Dreamweaver 站点中的文件，检查它们是否与 Dreamweaver 站点相关联，可以执行标准文件维护操作（如打开和移动文件），也可以通过"文件"面板访问本地磁盘上的全部文件，还可以管理文件并在本地和远程服务器之间传输文件，如图 3-6 所示。

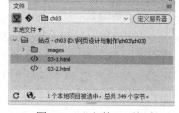

图 3-6　"文件"面板

"插入"面板包含用于将图像、表格、媒体等类型的对象插入到文档中的按钮。这些按钮按六个选项进行组织，可以通过顶端的下拉列表选择所需选项来进行切换，如图 3-7 所示。

"CSS 设计器"面板可以创建 CSS 样式和文件，并设置属性和媒体查询，如图 3-8 所示。

图 3-7　"插入"面板及其选项

图 3-8　"CSS 设计器"面板

Dreamweaver 提供了很多功能的面板，用户可以自由地对面板或面板组进行显示或隐藏、移动、调整大小、折叠与展开面板图标等操作。

（1）显示/隐藏面板。单击面板组中某面板的标签，或从"窗口"菜单中选择该面板，即可显示该面板；若要隐藏某面板或面板组，可以右击该面板标签，在弹出的快捷菜单中选择"关闭"或"关闭标签组"命令。选择"窗口"→"隐藏面板/显示面板"菜单命令，或按<F4>键可以显示或者隐藏所有面板。

（2）移动面板/面板组。若要移动某面板，可以拖动其标签到目标位置；若要移动某面板组，需要拖动其标题栏到目标位置。在移动某面板或面板组时，工作区中会出现蓝色突出显示的放置区域，可以将其放置在所需的蓝色突出区域内，否则所移动的面板或面板组将浮于工作区上方。

例如，要将"资源"面板移动到"文件"面板组中，可以拖动"资源"面板的标签至带有蓝色突出显示的"文件"面板组标题栏即可，如图 3-9 所示；要将"资源"面板移动到"文件"面板组和"DOM"面板组之间，可以拖动"资源"面板的标签至带有蓝色窄条区即可，如图 3-10 所示。

提示：在移动面板的同时按住<Ctrl>键，可防止其停放；在移动面板时按<Esc>键可取消该操作。

（3）调整面板大小。双击某面板标签，可以将该面板及其所在面板组最小化。若要调整面板或面板组大小，拖动面板或面板组的边框即可。

（4）折叠/展开面板图标。单击所有面板组顶部的双箭头按钮▶▶，可将所有面板折叠为图标，如图 3-11 所示，再次单击双箭头按钮可将折叠为图标的面板展开。单击某个面板图标可以展开该面板，再次单击该面板图标或在文档窗口任意位置单击可以隐藏该面板。

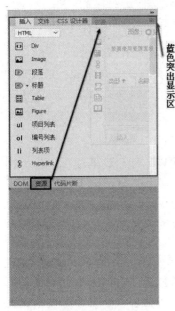

图 3-9　移动"资源"面板到
其他面板组

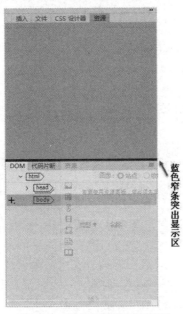

图 3-10　移动"资源"面板到
新位置

图 3-11　将面板折叠为图标

3.1.2　Dreamweaver CC 初始化设置

启动 Dreamweaver CC 后，可以根据自己的喜好及习惯，通过选择"编辑"→"首选项"菜单命令，或按<Ctrl+U>组合键打开"首选项"对话框，如图 3-12 所示，进行一些初始化设置操作，这些更改会在退出程序后再次启动时生效。进行初始化设置的项目主要包括：常规、CSS 样式、代码提示、代码格式、应用程序内更新、新建文档、界面等。

如 Dreamweaver CC 安装完成后，默认工作区界面颜色是深灰色，可以根据自己的喜好更改界面主题颜色。方法是在"首选项"对话框的"分类"列表中，选择"界面"选项，然后选择四种主题颜色中的一种，单击【应用】按钮即可进行更改应用。

图 3-12 "首选项"对话框"界面"选项卡

 任务实施

3.1.3 在 Dreamweaver CC 中创建、保存网页文件

1. 创建网页文件

在 Dreamweaver CC 中，可以创建空白 HTML 文档，还可以创建启动器模板文档、网站模板文档。下面介绍创建空白 HTML 文档的步骤。

Step01 选择"开始"→"所有程序"→"Adobe Dreamweaver CC"命令启动程序，选择"文件"→"新建"菜单命令，或者使用<Ctrl+N>组合键打开"新建文档"对话框，如图 3-13 所示。

Step02 选择左侧的"新建文档"选项，在中间的"文档类型"栏中选择"</>HTML"类别，在右侧"框架"栏中选择"无"选项，可以设置网页的标题，选择文档类型（默认为 HTML5），单击【创建】按钮即可创建一个空白网页文档。文档窗口的上方将显示该文档的默认名称，如 Untitled-1。

2. 保存网页文件

创建并编辑了网页文档后，需要进行保存。Dreamweaver CC 支持通用的"保存"和"另存为"两种操作方式，在"文件"菜单中提供相应的命令，并支持<Ctrl+S>为"保存"功能的快捷键，<Shift+Ctrl+S>为"另存为"功能的快捷键。需要注意的是，网页文档的扩展名为.html 或.htm。

Step03 保存新创建的空白网页为"03-1.html"。

在 Dreamweaver CC 中选择"文件"→"保存全部"菜单命令，还可以对多个打开的文档同时进行保存。

提示：网页文档进行修改后，在保存前，在文档窗口顶部的标签选项卡名称后会出现一个"*"号，以提示网页修改后尚未保存。

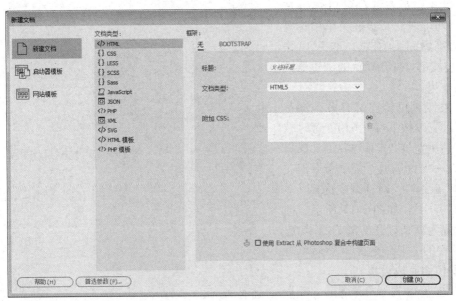

图 3-13 "新建文档"对话框

任务拓展

3.1.4 在 Dreamweaver CC 中创建简单文本页面

创建了空白网页文档后，就可以继续添加内容制作网页了。下面先添加简单的文本内容，完成第一个用 Dreamweaver CC 制作的网页文档。在新建的 03-1.html 文档中继续操作，具体步骤如下。

Step04 将光标定位在"设计"视图中，准备输入文本。

Step05 选择合适的输入法，输入文本内容，如图 3-14 所示。

Step06 继续保存网页。

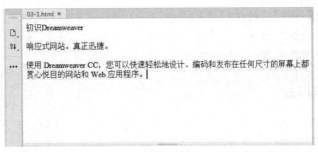

图 3-14 Dreamweaver 创建的第一个简单文本页面

3.1.5 预览网页文档

在网页文档制作过程中，不仅可以在"实时视图"中看到即时效果，还经常需要在浏览器中进行预览，以保证网页效果的精确。

在浏览器中预览网页的具体操作步骤为：选择"文件"→"实时预览"菜单命令，或者单击状态栏最右侧【实时预览】按钮，均可以在其级联菜单中选择一个浏览器进行浏览。也可以按<F12>功能键，打开默认的浏览器浏览网页效果。

如果计算机上安装有多个浏览器，可以更改按下<F12>功能键时默认打开的浏览器。操作方法是：选择"编辑"→"首选项"菜单命令，在打开的"首选项"对话框中选择"实时预览"分类，如图3-15所示，选中要设置为默认打开的浏览器，勾选"默认"中的"主浏览器"，然后单击【应用】按钮完成设置。

提示：在预览网页效果前，需要先保存网页文档。

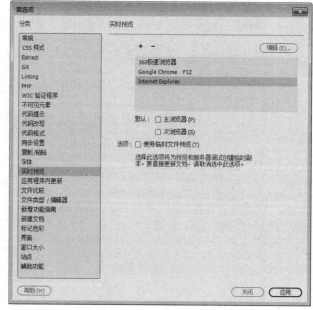

图3-15 "首选项"对话框"实时预览"选项卡

任务 3.2 规划与创建站点

任务陈述

利用 Dreamweaver CC 制作网站网页，首先应规划和创建站点，以方便对网站中的文件及站点进行管理。

任务目标：

（1）理解本地站点和远程站点的含义；
（2）掌握站点的规划原则及创建方法；
（3）掌握管理站点的方法；
（4）掌握页面属性设置的方法。

相关知识与技能

3.2.1 站点概述

所谓站点，可以看成是一系列文档的组合，这些文档通过各种链接建立逻辑关联。在设计制作网站页面之前，首先需要在本地磁盘上创建本地站点，然后使用 Dreamweaver 制作网页，并将网页及相关的文档都保存在站点文件夹中。这样，当将本地站点中的文件内容上传到远程服务器上时，服务器上的网页会与本地站点上的网页以相同的方式显示，并便于实现同步更新。

在创建站点之前，首先要明确本地站点和远程站点的含义，掌握它们的区别和联系。

1．本地站点

放置在本地磁盘上的站点称为本地站点。本地站点就是在建设网站过程中存放所有文件和资源的文件夹。建立本地站点的目的是为了在建设网站过程中，能够统一管理、即时更新站点文件夹中的所有文件内容。对于一个含有动态网页的网站，必须在建立站点的情况下，将数据库中的数据与网页中的内容绑定完成链接。

2．远程站点

位于互联网 Web 服务器上的网站被称为远程站点。网页制作者并不需要知道远程服务器的具体位置，只要知道可以上传和下载网页文件的 IP 地址、用户名和密码即可。当本地站点中所有的网页制作完成并测试无误后，就可以将本地站点文件夹中的所有文件上传到远程服务器上，供访问者随时随地浏览网页。

提示：在 Dreamweaver 中，网页设计都是以一个完整的 Web 站点为基本对象，所有资源的改变和网页的编辑都在此站点中进行，不建议脱离站点环境，初学者要养成建立站点的良好习惯。

3.2.2 规划站点

在定义站点前首先要做好站点的规划，包括站点的目录结构、链接结构等。网站的目录结构是网站组织和存放站内所有文档的目录设置情况。目录结构的好坏，直接影响站点的管理、维护、扩充和移植。

规划站点要注意以下原则。

（1）构建层次清晰的文档结构。为站点创建一个根文件夹，在其中创建多个子文件夹，将文档分门别类存储到相应的子文件夹下。例如，images 文件夹、sounds 文件夹、flash 文件夹等。如果站点较大，文件较多，可以先按栏目分类，再在栏目里进一步分类。如果将所有文件都存放在一个目录下，容易造成文件管理混乱，并且在提交时会使上传速度变慢。目录名和文件名尽量使用英文或汉语拼音，使用中文可能对地址的正确显示造成困难。同时，要使用意义明确的名称，以便于记忆。

（2）优化网站的链接结构。网站的链接结构是指页面之间的相互链接关系。应该用最少的链接，使浏览达到最高的效率。网站的链接结构包括内部链接和外部链接。内部链接主要包括首页和一级页面之间采用的星状链接结构，一级和二级页面之间采用的树状链接结构，超过三级页面的链接可在页面顶部设置导航条。对于外部链接而言，多设置一些高质量的外部链接，有利于提高网站的访问量及在搜索引擎上的排名。

（3）规划规范、统一的网页布局。规范的站点中网页布局基本是一致的，使用模板和库，可以在不同的文档中重用页面布局和页面元素，给网页的制作和维护带来方便。

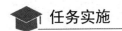 任务实施

微课视频

3.2.3 创建本地站点

本地站点实际上是位于本地计算机中指定目录下的一组页面文件及相关支持文件。创

建本地站点的根目录可以在本地硬盘上新建一个文件夹，也可以选择一个已经存在的文件夹。如果是新建的文件夹，那么此时这个站点就是空的；如果选择已经存在的文件夹，这个站点就包含了所选文件夹中已经存在的文件。

在 Dreamweave 中可以有效地建立并管理多个站点，具体操作步骤如下。

Step01 启动 Dreamweaver CC，选择"站点"→"新建站点"菜单命令打开"站点设置对象"对话框，如图 3-16 所示。

Step02 在"站点"选项中，为 Dreamweaver 站点选择本地站点文件夹、设置站点名称，如 ch03-2。其中，站点名称将显示在"文件"面板中的站点下拉列表中和"管理站点"对话框中，但不会在浏览器中显示。本地站点文件夹的选择，可以直接在文本框中输入文件夹路径和文件夹名，也可以单击文本框右侧的【浏览文件夹】按钮 📁，在打开的"选择根文件夹"对话框中选择一个文件夹。

如果需要使用 Git 管理站点文件，可以选中"将 Git 存储库与此站点关联"复选框。首次使用 Git 时，需要选择"初始化为 Git 存储库"单选按钮将创建的站点与 Git 关联；如果已具有 Git 登录名，可以选择"使用 URL 克隆现有 Git 存储库"单选按钮将要创建的站点与现有存储库关联。

Step03 单击【保存】按钮，即可完成本地站点的创建。此时，创建的本地站点出现在"文件"面板中，如图 3-17 所示。

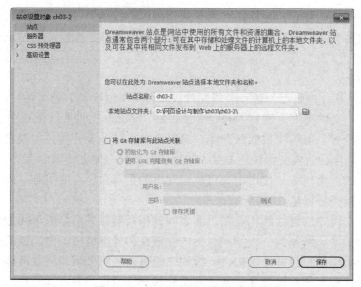

图 3-16　"站点设置对象"对话框

图 3-17　创建的站点

在"站点设置对象"对话框中，还有"服务器""CSS 预处理器""高级设置"三个选项，它们的主要功能分别如下。

（1）服务器：允许指定远程服务器和测试服务器。这个配置是可选配置，如果不需要本地测试或编辑直接上传到 Web 服务器，可以忽略该项配置。

（2）CSS 预处理器：可选设置，可将用预处理语言编写的代码编译到最熟悉的 CSS 中。预处理语言可将 CSS 提升到更接近编程语言的级别。Dreamweaver 支持最常用的 CSS 预处理器：Sass 和 Less，也支持用于编译 Sass 框架的 Compass、Bourbon、Bourbon Neat 和 Bourbon bitter。

（3）高级设置：可选设置，其中包含多个选项，默认打开"本地信息"选项，如图 3-18 所示。"默认图像文件夹"用于设置默认的存储站点图像文件的文件夹；"链接相对于"表示指向其他资源或页面的链接时，创建的链接类型默认为"文档"或者"站点根目录"；"Web URL"表示 Dreamweaver 将使用 Web URL 创建站点根目录相对链接，并在使用链接检查器时验证这些链接；勾选"区分大小写的链接检

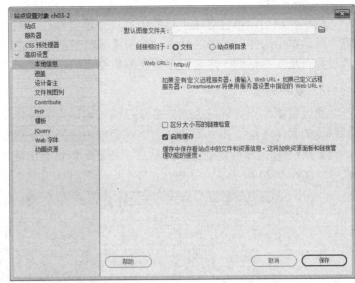

图 3-18　"站点设置对象"对话框的"高级设置-本地信息"选项卡

查"复选框表示 Dreamweaver 的检查链接时，将检查链接的大小写与文件名的大小写是否相匹配，此选项用于文件名区分大小写的 UNIX 系统；勾选"启用缓存"复选框将创建本地缓存以提高链接和站点管理任务的速度。

高级设置里还有"遮盖""设计备注""文件视图列""Contribute""PHP""模板""jQuery""Web 字体""动画资源"等选项，本书不再详细介绍，学习者可以通过官方网站进行了解。

3.2.4　管理站点

除了创建新站点，Dreamweaver 还可以对站点做进一步的编辑和多种管理操作。选择"站点"→"管理站点"菜单命令，打开"管理站点"对话框，可以对站点进行编辑、复制、删除、导入、导出等操作，如图 3-19 所示。

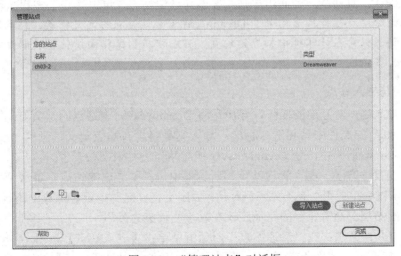

图 3-19　"管理站点"对话框

1. 编辑站点

创建站点后，可以对站点设置信息进行编辑修改。编辑站点的具体方法：在"管理站点"对话框中选择要编辑的站点，单击【编辑当前选定的站点】按钮，可再次打开"站点设置对象"对话框，然后根据需要编辑站点的相关信息，单击【保存】按钮完成设置。

2. 复制站点

通过复制站点可以减少建立多个结构相同站点的操作步骤，提高用户的工作效率。复制站点的具体方法：在"管理站点"对话框中选择要复制的站点，单击【复制当前选定的站点】按钮，即可复制选中的站点。新复制的站点出现在"管理站点"对话框的站点列表中，如图 3-20 所示。

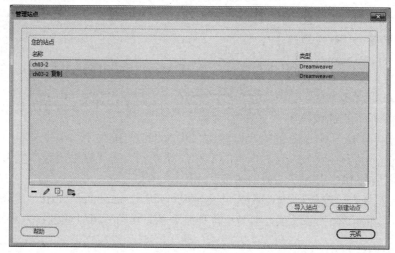

图 3-20　复制站点

3. 删除站点

如果不再需要某个站点，可以将其从站点列表中删除。删除站点的具体方法：在"管理站点"对话框的站点列表中选中需要删除的站点，单击【删除当前选定的站点】按钮，弹出"删除确认"对话框，询问用户是否要删除选中站点，单击【是】按钮执行删除。

提示：删除站点操作只是删除了 Dreamweaver 对该站点的定义信息，站点的文件夹、文档等内容仍然保存在计算机中相应的位置，可以重新创建指向该位置的新站点，对其进行管理。

4. 导出与导入站点

导出和导入是一对互逆的操作，导出是将 Dreamweaver 中站点的定义信息记录在一个扩展名为".ste"的文件中单独进行存储；导入则是将含有站点定义信息的".ste"文件重新加载到 Dreamweaver 中，使 Dreamweaver 能对站点进行识别与管理。

导出站点具体方法：在"管理站点"对话框中选择要导出的站点，单击【导出当前选定的站点】按钮，打开"导出站点"对话框，定义文件名并指定好保存的路径，单击【保存】按钮导出站点。通常保存的路径应该在站点文件夹之外。

导入站点具体方法：在"管理站点"对话框中单击【导入站点】按钮，打开"导入站点"对话框，找到所需的".ste"站点定义文件，单击【打开】按钮进行导入。

提示：可以一次进行多个站点的导出，先在"管理站点"对话框的站点列表中，按住

<Ctrl>或<Shift>键的同时选中要导出的多个站点，再单击【导出】按钮即可。

任务拓展

3.2.5 创建"欢迎光临"网页

在前面创建的本地站点 ch03-2 中继续创建"欢迎光临"网页，并设置页面属性，页面效果如图 3-21 所示。具体步骤如下。

Step01 选择"文件"→"新建"菜单命令，创建一个空白网页文档，并保存为 03-2.html。

Step02 在文档窗口的"设计"视图中输入文字"欢迎光临"，按下<Enter>键，准备在文字下面插入一幅图片。

图 3-21 "欢迎光临"网页效果

Step03 选择"插入"→"Image"菜单命令，打开"选择图像源文件"对话框，选择素材图像文件所在的目录并选中图像文件，单击【确定】按钮插入图像，效果如图 3-22 所示。

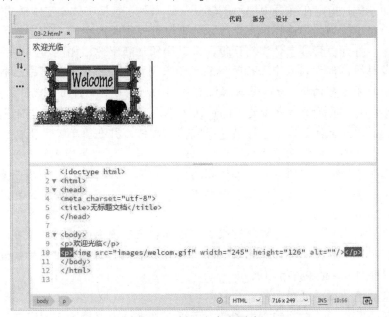

图 3-22 插入文字和图片

Step04 通过<Ctrl+A>组合键或在标签选择器选中<body>标签，全选文档中的"欢迎光临"文字和图像，然后单击"属性"面板中的 CSS 按钮，在"属性"面板"CSS"选项卡中单击【居中对齐】按钮，可使文字和图像居中对齐。相关 CSS 样式的定义将在单元 4 中详细介绍。

3.2.6 设置页面属性

页面属性用于设置当前被编辑网页文档的整体属性，包括网页的标题、背景图像、正文中各种元素的颜色等内容。选择"文件"→"页面属性"菜单命令，或单击文本"属性"面板上的【页面属性】按钮均能打开"页面属性"对话框，如图3-23所示。

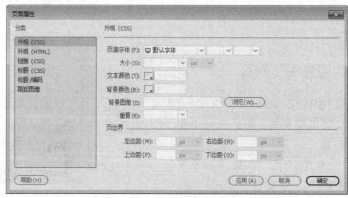

图3-23　"页面属性"对话框

1. 外观（CSS）

在"页面属性"对话框"外观（CSS）"选项卡中，可以使用CSS设置网页的一些基本属性，主要包含以下属性。

- 页面字体：指定在网页中使用的默认字体系列，包括字体、字体样式和字体粗细。可以在下拉列表中选择所需字体，如果没有找到所需字体，可以选择"管理字体"命令，打开"管理字体"对话框，向其中添加新字体，如图3-24所示。

提示：多种字体位于列表中一行时，表示如果浏览者的系统里没有第一种字体时，可以依次用后面的字体来代替，如果系统里没有列出的所有字体，将用系统默认字体来代替。

- 大小：指定页面中为文本使用的默认大小。可以选择系统的样式描述，如"small""large""x-large"等；也可以选择或输入数值，并在"单位"下拉列表中选择单位，默认的单位是像素"px"。
- 文本颜色：指定页面中为文本使用的默认颜色。可以单击█按钮在弹出的色板中选择所需颜色，或者根据颜色模型直接输入颜色的值，或者用吸管🖋直接吸取颜色，如图3-25所示。

提示：设置颜色时，不仅可以通过吸管🖋选择色板范围内的颜色，还可以选择整个显示屏幕内任何位置的颜色，对Dreamweaver外部区域选色时需要按住鼠标按键。如果要放弃选色，可以按<Esc>键来关闭色板。

- 背景颜色：指定页面的背景颜色。
- 背景图像：指定页面的背景图像。可以在文本框中直接输入图像文件的路径，也可以通过【浏览】按钮打开"选择图像源文件"对话框进行选择。
- 重复：用于指定背景图像的显示方式。在下拉列表中有四种方式可以选择："repeat"方式的效果类似于设置Windows桌面图片的"平铺"效果；"repeat-x"和"repeat-y"表示只在水平或垂直方向进行重复排列；"no-repeat"表示背景图像只显示一次，如果图像的尺寸小于页面浏览窗口，则图像之外的空间将留有空白或显示背景颜色。默认效果为"repeat"方式。
- 页边界：可以从左边距、右边距、上边距、下边距四个方向设置页面元素与页面边框的距离。

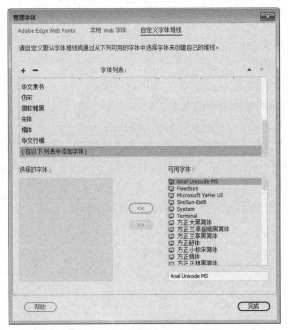

图 3-24　"管理字体"对话框

图 3-25　选色面板

2．外观（HTML）

"页面属性"对话框"外观（HTML）"选项卡如图 3-26 所示，在此可以通过 HTML 方式设置网页的背景图像、背景颜色、文本颜色、左边距和上边距，除此之外，还可以设置的属性有以下几种。

- 链接：指定页面中链接文本在链接前显示的颜色，默认为蓝色。
- 已访问链接：指定页面中链接文本被访问过后显示的颜色，默认为紫色。
- 活动链接：指定当鼠标在链接上单击时，链接文本显示的颜色，默认为红色。
- 边距宽度/边距高度：指定页面边距的宽度和高度，以像素为单位，仅适用于 Netscape Navigator 浏览器。

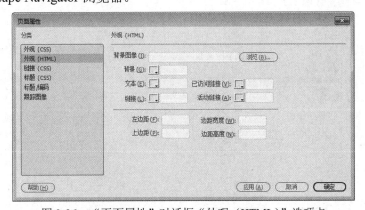

图 3-26　"页面属性"对话框"外观（HTML）"选项卡

3．链接（CSS）

在"页面属性"对话框"链接（CSS）"选项卡中，可以用 CSS 设置超链接的属性，如图 3-27 所示，可设置的属性含义如下。

- 链接字体：指定超链接文本的字体系列。默认与"外观（CSS）"中的"页面字体"相同。
- 大小：指定链接文本使用的字体大小。
- 链接颜色：指定用于链接文本的颜色。
- 变换图像链接：指定当鼠标位于链接文本上方时，文本的颜色。
- 已访问超链接：指定已访问过的超链接文本的颜色。
- 活动链接：指定当鼠标在链接上单击时，链接文本显示的颜色。
- 下画线样式：指定应用于链接文本的下画线样式。具体有"始终有下画线""始终无下画线""仅在变换图像时显示下画线""变换图像时隐藏下画线"四种样式，默认为"始终有下画线"。

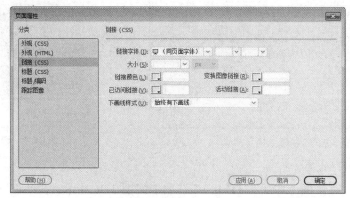

图 3-27　"页面属性"对话框"链接（CSS）"选项卡

4．标题（CSS）

在"页面属性"对话框"标题（CSS）"选项卡中，可以用 CSS 设置标题的属性，如图 3-28 所示，具体包括以下属性。

- 标题字体：指定标题使用的字体系列。默认与"外观（CSS）"中的"页面字体"相同。
- 标题 1～标题 6：分别指定<h1>～<h6>六个级别的标题所使用的字体大小和颜色。

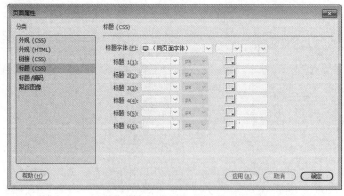

图 3-28　"页面属性"对话框"标题（CSS）"选项卡

5．标题/编码

在"页面属性"对话框"标题/编码"选项卡中，可以设置网页文档的标题、文档类型和编码等相关属性，如图 3-29 所示，具体包括以下属性。

- 标题：指定在"文档"窗口和大多数浏览器窗口的标题栏中出现的页面标题。
- 文档类型：指定文档类型的定义。可以从下拉列表中根据需要选择，如"HTML5" "HTML 4.01 Transitional" "XHTML 1.0 Transitional"等。
- 编码：指定文档中字符所用的编码。多数选择"Unicode（UTF-8）"。
- 重新载入：指在转换现有文档或者使用新编码时重新载入文档。
- Unicode 标准化表单：仅在选择 Unicode（UTF-8）作为文档编码时才启用。有四种 Unicode 范式，最重要的是范式 C，因为它是用于万维网的字符模型的最常用范式。Adobe 提供其他三种 Unicode 范式作为补充。
- 包括 Unicode 签名(BOM)：选中该复选框，表示指定在文档中包括一个字节顺序标记。

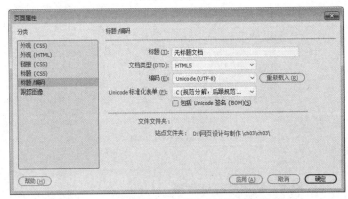

图 3-29   "页面属性"对话框"标题/编码"选项卡

6．跟踪图像

在"页面属性"对话框"跟踪图像"选项卡中，可以设置网页的跟踪图像及相关属性，如图 3-30 所示，具体包括以下属性。

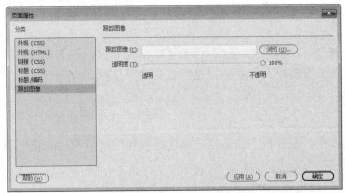

图 3-30   "页面属性"对话框"跟踪图像"选项卡

- 跟踪图像：指定网页编辑时作为参考的图像。该图像置于编辑网页的文档窗口中，只供参考，当网页在浏览器中浏览时并不出现。
- 透明度：确定跟踪图像的透明度，取值从 0～100%，表示从完全透明到完全不透明。

下面继续为"欢迎光临"网页设置页面属性，具体操作如下。

Step05 打开"页面属性"对话框，选择"外观（CSS）"选项卡，设置"页面字体"为"微软雅黑"，设置"大小"为 24，"文本颜色"为#CC0066。

Step06 单击"背景图像"右侧的【浏览】按钮，打开"选择图像源文件"对话框，选择作为背景的图像。在"重复"下拉列表中选择"repeat"选项。

Step07 选择"标题/编码"选项卡，在"标题"右侧的文本框中输入页面的标题"我的第一个网页——欢迎光临"，也可在"属性"面板中直接输入标题。

设置完成后效果如图 3-31 所示。保存并在浏览器中预览的最终效果如图 3-21 所示。

图 3-31　设置页面属性后的文档效果

单元实训 **3.3**　制作"我的网上家园"欢迎页面

通过本节实训进一步熟悉 Dreamweaver CC 的工作区，练习创建与管理本地站点、创建网页文档、设置页面属性、保存并预览网页文件等技能。

1. 实训目的

● 熟悉 Dreamweaver CC 工作区。

● 熟悉菜单栏、工具栏、状态栏、属性面板和面板组的功能及使用。

● 掌握创建本地站点的方法。

● 掌握利用 Dreamweaver CC 创建网页文档的方法。

● 掌握设置页面属性的方法。

● 掌握保存、预览网页的方法。

2. 实训要求

启动 Dreamweaver CC，熟悉 Dreamweaver CC 的工作区，熟悉菜单栏、工具栏、状态栏、属性面板和面板组的功能及使用方法。

创建一个本地站点，要求网页文档及素材文档根据内容组织在站点根目录下或不同的文件夹中，然后对站点进行各种管理操作。

在本地站点下，创建一个空白网页文档，在文档中输入文本内容，并插入一幅简单的图片，通过"页面属性"为页面添加背景图片，或者为页面设置背景颜色。保存网页，并在浏览器中浏览网页效果。网页参考效果如图3-32所示。

图 3-32 "我的网上家园"欢迎页面效果

思政点滴

网页制作操作性强，所用的软件 Dreamweaver 升级换代很快，新功能新技术不断改进更新，这就需要我们拥有良好的自主学习能力，才能与时俱进，跟上技术发展的步伐，适合时代发展的需求。

党的二十大报告指出，要建设全民终身学习的学习型社会、学习型大国。自主学习能力的培养是形成终身学习能力的核心。自主学习可以使学习者认识自我、发现自我、创造自我，在自我意识不断发展的过程中形成独立的个性，促进学习者积极性、自主性和创造性的发展。我们每个人都需要终身学习，这既是实现个体发展的需要，也是一种积极的生活态度，更是学习型社会的基本生存素质。

单元练习题

一、填空题

1. 文档窗口是 Dreamweaver CC 工作区的主体部分，主要有_____、_____、实时视图、_____、实时代码视图几种形式。

2. 在 Dreamweaver CC 中，可以通过_____菜单命令，打开"属性"面板。

3. HTML 网页文件的扩展名是_____。

4. 在_____对话框中可以设置网页的背景图像。

5. 在 Dreamweaver 中导出站点的定义信息将形成一个扩展名为_____的文件。

6. 除了可以在 Dreamweaver 中创建站点，还可以_____、_____、删除、导出和_____站点。

二、选择题

1. 要显示/隐藏 Dreamweaver 工作区中的面板组可以按下（　　）功能键。

　　A. F6　　　　　　B. F5　　　　　　C. F4　　　　　　D. F3

2. 要在 Dreamweaver CC 中创建新的网页文档，可以使用（　　）组合键。

　　A. Ctrl+M　　　　B. Ctrl+N　　　　C. Alt+M　　　　D. Alt+N

3. 按下（　　）功能键可以快速地打开浏览器预览网页效果。

　　A. F5　　　　　　B. F6　　　　　　C. F11　　　　　　D. F12

三、简答题

1. Dreamweaver CC 的工作区由哪几部分组成？各部分的作用是什么？

2. 什么是本地站点？如何创建本地站点？

单元4

CSS3 样式

CSS 目前常用的新版本是 CSS3，是能够真正做到网页表现与内容分离的一种样式设计语言。相对于传统 HTML 的表现而言，CSS 能够对网页中的对象位置排版进行像素级的精确控制，支持几乎所有的字体字号样式，拥有对网页对象和模型样式编辑的能力，并能够进行初步交互设计，是目前基于文本展示最优秀的表现设计语言。本单元主要学习 CSS3 的基本语法及使用规则。

本单元学习要点：

❑ CSS3 的基本语法；
❑ CSS3 基本选择器；
❑ 设置 CSS3 样式；
❑ CSS3 的高级特性。

任务 **4.1** 定义 CSS3 基础样式

 任务陈述

CSS 是能够实现网页形式与内容分离的一种样式设计语言。在网页中，使用 CSS3 技术可以实现更多的特效。由 CSS3 样式控制的网页，具有条理规范、布局统一、容易维护等优点。

任务目标：

（1）认识 CSS3 样式，了解 CSS 样式的发展历史；
（2）掌握 CSS3 样式的分类；
（3）掌握 CSS3 的基本语法；
（4）能够使用 CSS 样式面板管理 CSS3 样式。

⏱ **相关知识与技能**

4.1.1 CSS3 简介

CSS（Cascading Style Sheets），又称层叠样式表或级联样式表，是用于控制或增强网页

微课视频

外观样式，并且可以与网页内容相分离的一种标记性语言。使用 CSS 样式表，可以使网页更小、下载速度更快，更新和维护网页更加方便，因此 CSS 样式表在网页设计中得到了广泛应用。

早期，网页一般用于传递信息，HTML 用于描述网页结构和内容。随着 Web 的流行与发展，网页外观越来越受到重视，网页制作得也越来越复杂，HTML 代码变得越来越繁杂，大量的标签堆积起来，难以阅读和理解。CSS 的出现为上述状况提供了解决途径。CSS 还原了 HTML 语言的结构描述功能，用以设置页面元素的样式，使页面结构变得简洁合理且清晰易读。1997 年，W3C 工业合作组织首次发布 CSS1.0，用于对 HTML 语言功能的补充。1998 年又推出了 CSS2.0，进一步增强了 HTML 的语言功能。随着 CSS3 的陆续发布，将网页设计推向全新的时代。

CSS 为何会成为网页布局的主流技术呢？通过对 HTML 和 CSS 格式化网页的对比，不难发现 CSS 的优势。

在 Dreamweaver 中打开两个网页。同样的效果，一个页面使用 HTML 格式化，另一个页面使用 CSS 格式化，如图 4-1 所示。

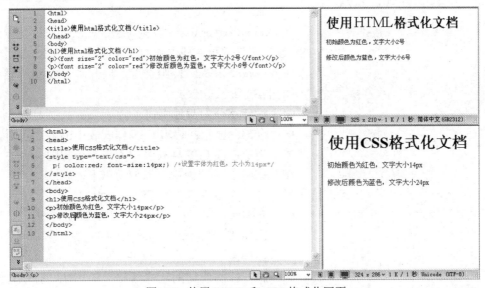

图 4-1　使用 HTML 和 CSS 格式化网页

两种方法都实现了页面中文字的格式化。通过分析代码可知，使用 HTML 控制文字样式时，段落标签<p>内文字的大小和颜色只能通过<font>标签进行格式化，而<font>标签是 W3C 明确指出的不规范和不建议使用的标签。

而使用 CSS 进行格式化时，在<p>标签中并没有任何关于样式的说明，而是在<head>中添加了如下代码。

```
<style type="text/css">
  p{color:red; font-size:14px;}
</style>
```

以上代码定义了<p>标签的样式：颜色为红色，文字大小为 14px。所有网页中的<p>标签，都将遵循所设置的样式规则。由此可见，使用 CSS 进行网页格式化时，页面的内容与形式是分离的，比 HTML 的代码量少且整洁。

现在要修改文字颜色为蓝色，文字大小为 24px，在 HTML 页面中，只能选中每一个 <font> 标签，然后修改其 size 属性和 color 属性。而对于使用 CSS 样式的页面，只需要修改 <style> 标签中 p 元素的 color 和 font-size 属性即可。

在比较基于 HTML 和基于 CSS 格式化的网页时，很容易看到 CSS 在工作量和时间上的巨大效益。也容易理解，W3C 为何摒弃 HTML 而使用 CSS 控制网页样式。

CSS 发展至今共有四个版本。

（1）CSS1。1997 年年初，W3C 发布第一代样式标准 CSS1，在这个版本中，包含了字体、颜色、背景和边框的相关属性。

（2）CSS2。1998 年 5 月，CSS2 正式推出，从这个版本开始使用了样式表结构。

（3）CSS2.1。2004 年 2 月，CSS2.1 正式推出，在 CSS2 的基础上做了简单的改动，删除了不被浏览器支持的属性。

（4）CSS3。早在 2001 年，W3C 已开始筹备开发 CSS 第三版规范。虽然完整的、规范权威的 CSS3 标准没有最终颁布，但是目前各主流浏览器已支持其中绝大部分特性。

4.1.2 CSS3 样式设置规则

微课视频

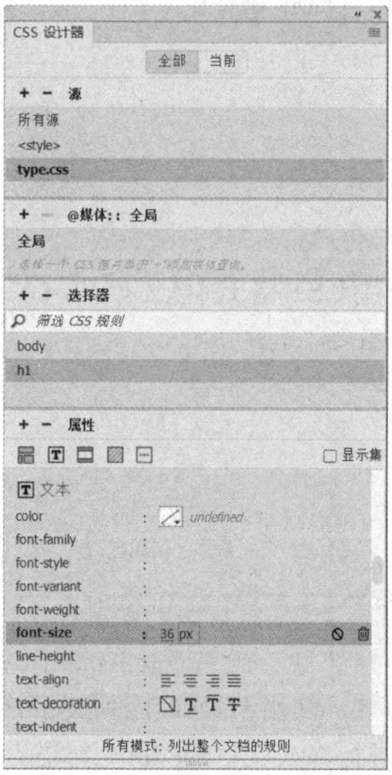

在 Dreamweaver CC 中，对 CSS3 样式的管理主要通过 "CSS 设计器" 面板完成。选择 "窗口" → "CSS 设计器" 菜单命令或按 <Shift+F11> 组合键，展开 "CSS 设计器" 面板，如图 4-2 所示。

CSS 设计器分为两种模式：

● 全部：显示并编辑 CSS 样式表中的多个规则。

● 当前：在 CSS 样式表中编辑单个规则。

在 CSS 设计器界面中可以使用以下内容：

● 源：与项目相关的 CSS 文件的集合；

● @媒体：用于控制屏幕大小的媒体查询；

● 选择器：与@媒体面板中所选媒体查询相关的选择器；

● 属性：与所选的选择器相关的属性，提供仅显示已设置属性的选项。

图 4-2 "CSS 设计器" 面板

1. 创建和附加样式表

在 "CSS 设计器" 面板的 "源" 窗格中，单击 ▣ 按钮，然后单击以下某个选项：

● 创建新的 CSS 文件：创建新 CSS 文件并将其附加到文档；

● 附加现有的 CSS 文件：将现有 CSS 文件附加到文档；

● 在页面中定义：在文档内定义 CSS。

2. 定义媒体查询

使用媒体查询，可以根据设备显示器的特性为其设定 CSS 样式。可以将媒体查询想象成对浏览器的提问。如果浏览器回答 "是"，则应用样式；如果回答 "否"，则不应用样式。定义媒体查询的步骤如下。

Step01 在"CSS 设计器"面板中，单击"源"窗格中的某个 CSS 源。

Step02 单击"@媒体"窗格中的■按钮以添加新的媒体查询。

Step03 弹出"定义媒体查询"对话框，其中列出了 Dreamweaver 支持的所有媒体查询条件。

Step04 根据需要选择条件。

3. 定义 CSS 选择器

CSS3 包括标签选择器、类别选择器、ID 选择器等多种选择器，在"CSS 设计器"面板中只能由用户手写定义，具体操作步骤如下。

Step01 在"CSS 设计器"面板中，选择"源"窗格中的某个 CSS 源或"@媒体"窗格中的某个媒体查询。

Step02 在"选择器"窗格中，单击■按钮，根据在文档中选择的元素，"CSS 设计器"会智能确定并提示使用相关选择器（最多三条规则）。

4. 设置 CSS 属性

CSS 属性设置分为布局、文本、边框、背景等类别，由"CSS 设计器"面板中"属性"窗格顶部的不同图标表示。当取消勾选"显示集"复选框时，可以选择并分别设置四种不同类别的属性。

4.1.3 CSS3 基本选择器

一般一个 CSS 样式表由若干样式规则组成，每个样式规则都可以看成一条 CSS 的基本语句，每个规则都包含一个选择器（例如 div、p 等）和写在花括号里的声明，这些声明通常是由几组用分号分隔的属性和值组成的。

1. 标签选择器

标签选择器中，CSS 的定义由三部分构成：标签（selector）、属性（property）和属性值（value），其基本格式如下：

```
selector {property: value…}
```

selector 表示 HTML 中的标签，如 h1 标签、p 标签、img 标签等。例如：

```
p{ font-size:12px; color:red; }      /*设置 p 标签大小为 12px，字体为红色*/
div{ width:300px; height:240px; border:1px;}      /*设置 div 标签宽度为 300px，高度为 240px，边框粗细为 1px */
```

使用标签选择器，网页中所有相关标签将使用其所定义的样式。

2. 类别选择器

类别选择器中，CSS 的定义由三部分构成：类别（class）、属性（property）和属性值（value），其基本格式如下：

```
.class {property: value…}
```

class 是用户自定义的类别名称，在类别名称前使用"."符号作为类别选择器标识。例如：

```
.p1{ font-size:12px; color:red; }   /*设置类别选择器 p1 大小为 12px，字体为红色*/
.div2{ width:300px; height:240px; border:1px;}   /*设置类别选择器 div2 的宽度为 300px,高度为 240px，边框粗细为 1px */
```

在网页中，所有的 HTML 标签都可以使用类别选择器所定义的样式。在网页中引用类别选择器的语法如下：

```
<selector class="class">…</selector>
```

在网页中引用类别选择器的示例如下：

```
<p class="p1">使用类别选择器 p1 设置该 p 标签的样式</p>
<div class="div2">使用类别选择器 div2 设置该 div 标签的样式</div>
```

提示： 类别名称必须以句点开头，并且可以包含任何字母和数字组合。

3. ID 选择器

ID 选择器中，CSS 的定义由三部分构成：ID（id）、属性（property）和属性值（value），其基本格式如下：

```
#id {property: value…}
```

ID 和 class 一样，是用户可以自定义的名称，所不同的是，ID 选择器使用"#"作为定义标识。ID 选择器在网页中作用的标签是唯一的，例如：

```
#p1{ font-size:12px; color:red; }    /*设置 ID 选择器 p1 的大小为 12px, 字体为红色*/
#div2{ width:300px; height:240px; border:1px;}    /*设置 ID 选择器 div2 的宽度为 300px, 高
度为 240px, 边框粗细为 1px */
```

在网页中，ID 选择器和标签是一一对应的。在网页中引用 ID 选择器的语法如下：

```
<selector id="id">…</selector>
```

在网页中引用 ID 选择器的示例如下：

```
<p id="p1">使用 ID 选择器 p1 设置该 p 标签的样式</p>
<div id="div2">使用 ID 选择器 div2 设置该 div 标签的样式</div>
```

提示： ID 选择器区别于类别选择器主要表现在，一个 ID 选择器只能作用于网页中的一个标签。在 JavaScript 中，ID 作为引用某一标签的唯一标识，如果将 ID 选择器用于多个 HTML 标签中，将导致 JavaScript 语法错误。

4. 复合选择器

若要定义同时影响两个或多个标签、类或 ID 的复合规则，可以使用复合选择器。在复合选择器中，CSS 定义由三部分构成：复合选择器名称（name）、属性（property）和属性值（value），其基本格式如下：

```
name {property: value…}
```

复合名称由标签选择器、ID 选择器、类别选择器和特殊连接字符组成。例如：

```
p,div{ font-size:12px; color:red; }/*设置 p 标签、div 标签大小为 12px, 字体为红色*/
div p{ font-size:12px; color:red; }/*设置 div 标签内的 p 标签大小为 12px, 字体为红色*/
#div2 p{ font-size:12px; color:red; }    /*设置 ID 选择器 div2 标签内的 p 标签大小为 12px,字
体为红色*/
#div1 .div2{ width:300px; height:240px; border:1px;} /*设置 ID 选择器 div1 中所有类别为
div2 的 HTML 元素宽度为 300px, 高度为 240px, 边框粗细为 1px */
```

在定义复合选择器时，需要注意以下几点：

- "，"的作用是分隔不同的选择器；
- 空格符起包含作用，通常右侧选择器在左侧选择器的约束下起作用；
- 在网页中引用复合选择器时，越接近大括号的选择器，其优先级越高。

4.1.4　CSS3 样式的调用

CSS 样式可以通过多种方式应用于网页元素，可以根据网页的实际需求确定具体方式。

1．行内样式表

行内样式表是最为直接的一种样式，通过对 HTML 标签使用 style 属性，并把 CSS 代码直接写在标签内实现，如图 4-3 所示。

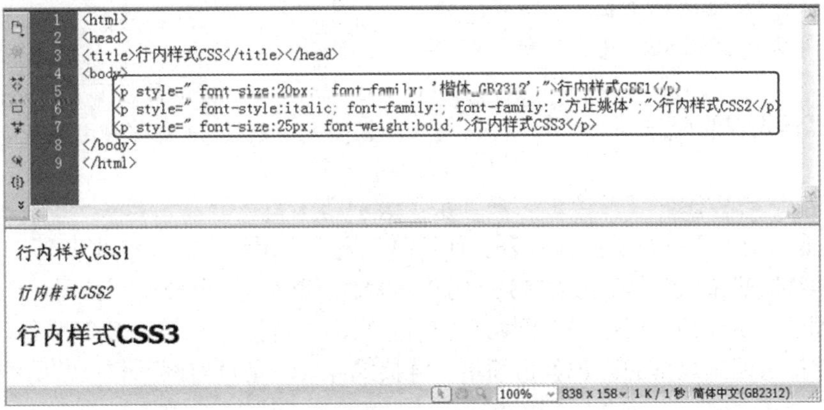

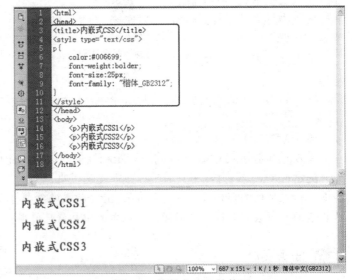

图 4-3　行内样式 CSS 的使用

行内样式表的语法格式通常为：

```
<selector style= "property: value; …">…</selector>
```

由于行内样式表需要为每一个标签设置 style 属性，后期维护工作量大、成本高，而且 HTML 代码繁杂，并未真正实现内容与形式的分离。因此，对于需要使用 CSS 样式规则较多的网页，不建议使用行内样式。

2．内部样式表

内部样式表与行内样式表有相似之处，也是把 CSS 样式编写在页面之中，但不同的是，内部样式表所有 CSS 样式的代码部分被集中在 \<head> 与 \</head>之间，并且用\<style>和 \</style>标签声明，也称为内嵌式 CSS，如图 4-4 所示。

内部样式表的语法格式通常为：

```
<style type="text/css">
    selector{property:
      value; … }
</style>
```

图 4-4　内嵌式 CSS 的使用

使用内部样式表实现了内容与形式的分离，并且可以对样式表作用的元素进行统一修改，既方便了后期的维护，也减小了页面的大小。但是，如果一个网站拥有很多页面，对于不同页面都希望采用同样的风格时，内部样式表就会略显麻烦。

3. 外部样式表

外部样式表把 CSS 样式代码单独编写在一个独立的 *.css 文件中，通过\<link\>标签调用，并将\<link\>标签写到网页的\<head\>与\</head\>标签之间，也称为链接式 CSS，如图 4-5 所示。

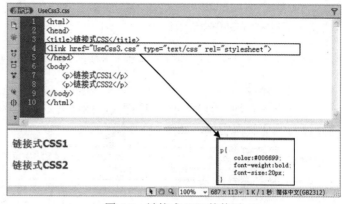

图 4-5　链接式 CSS 的使用

链接式样式表的语法格式通常为：

```
<link rel=stylesheet href="*.css" type="text/css">
```

其中，"*.css"指用户自定义的样式表文件，"*"表示由用户自定义样式表名。

链接式样式表最大优势在于 CSS 代码与 HTML 代码的完全分离，且同一个 CSS 文件可以被不同的网页使用。对于一个网站，把所有页面都链接到同一个 CSS 文件，使用同样的风格，这样对网站风格的维护就很简单。链接式样式表是目前网站建设常用的 CSS 引用形式。

4. 导入样式表

导入样式表与链接式样式表相似，也是将外部定义好的 CSS 样式文件引入到网页中，从而在网页中进行应用。但是导入样式表使用@import 在内嵌样式表中导入外部样式，如图 4-6 所示。

导入样式表的语法格式通常为：

```
<style type="text/css">
    @import
url(stylesheet);
    </style>
```

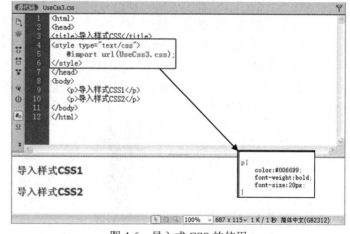

图 4-6　导入式 CSS 的使用

导入式和链接式 CSS 使用的原理是相同的，只是引用的语法不同。

提示：四种 CSS 样式在页面中存在优先级问题。行内样式优先级最高，其次是位于\<style\>和\</style\>之间的内部样式，再次是采用\<link\>标签的外部样式，最后是@import 导入样式。虽然 CSS 样式存在优先级次序问题，但在页面中最好只使用其中一种，以便于维护和管理。

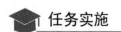 任务实施

4.1.5　布局及定义 CSS3 基础样式

可以通过"CSS 设计器"面板添加 CSS 样式，然后在"属性"面板中配置 CSS 样式的

属性。创建 CSS 样式的具体操作步骤如下。

Step01 启动 Dreamweaver，选择"窗口"→"CSS 设计器"菜单命令，展开"CSS 设计器"面板。单击"源"窗格的■按钮，在弹出的菜单中选择"在页面中定义"命令，单击"选择器"窗格的■按钮，输入"body"，定义标签选择器，如图 4-7 所示。

Step02 选中"body"标签，选择"窗口"→"属性"菜单命令，展开"属性"面板，单击"编辑规则"按钮，打开"body 的 CSS 规则定义"对话框，如图 4-8 所示，在"分类"列表框中，包含了"类型""背景""区块""方框""边框""列表""定位""扩展""过渡"九个选项。

图 4-7 "CSS 设计器"面板

1. 设置 CSS 类型属性

选中"类型"选项，可以设置网页中文本的字体、样式、颜色、行高等属性，如图 4-8 所示。"类型"选项卡中各项含义如下。

- Font-family：设置文本的字体，若设置多种字体，应以英文"，"间隔，且按照设置次序起作用。
- Font-size：设置文本大小，可以通过输入数字和选择单位（如像素 px）来设置字体的绝对大小，也可以设置字体的相对大小。
- Font-weight：设置文本粗细，可以通过输入数值（如 400）或具体属性值（如 bold）实现。
- Font-style：设置文本样式为正常（normal）、斜体（italic）或偏斜体（oblique），默认为正常。
- Font-variant：设置文本为大写字母，并缩小字体大小。
- Line-height：设置文本所在行的高度。选择"正常"选项，会自动计算字体大小的行高，也可以设置绝对值（如 20px）。
- Text-transform：将选中内容每个单词的首字母大写或将文本设置为全部大写或小写。
- Text-decoration：设置文本的显示状态，有"underline""overline""line-through""blink""none"五个复选框。通常文本默认设置为"none"，链接默认设置为"underline"。
- Color：设置文本颜色。

2. 设置 CSS 背景属性

选中"背景"选项，可以设置网页元素的背景属性，如图 4-9 所示。"背景"选项卡中各项含义如下。

- Background-color：设置网页元素的背景颜色。
- Background-image：设置网页元素的背景图像。
- Background-repeat：设置背景图像的重复方式，不重复（no-repeat）表示只在网页元素开始处显示一次图像，重复（repeat）表示在网页元素水平和垂直方向平铺图像，横向重复（repeat-x）表示在网页元素水平方向重复显示图像，纵向重复（repeat-y）表示在网页元素垂直方向重复显示图像。

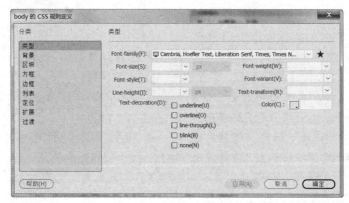

图 4-8   "类型"选项卡

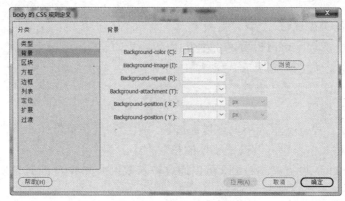

图 4-9   "背景"选项卡

- Background-attachment：用于控制背景图像是否随页面一起滚动。
- Background-position(X)：设置背景水平排列方式。
- Background-position(Y)：设置背景垂直排列方式，包括左（left）、右（right）和居中（center）。

3．设置 CSS 区块属性

"区块"选项主要用于控制网页标签中文字的间距、对齐方式和文字缩进等，如图 4-10 所示。

图 4-10   "区块"选项卡

"区块"选项卡中各项含义如下。

- Word-spacing 和 Letter-spacing：设置单词间距和字母间距。在文本框中输入特定值，并在右侧下拉列表中选择度量单位。
- Vertical-align：指定元素的垂直对齐方式，仅应用于<img>标签。
- Text-align：设置元素中文本对齐方式。
- Text-indent：设置第一行文本缩进量。
- White-space：选择如何处理元素中的空白。"normal"表示收缩空白；"pre"表示保留所有空白，类似于文本被标记在<pre>标签中一样；"nowrap"表示仅遇到
标签时文本换行。
- Display：设置是否显示及如何显示元素。

4．设置 CSS 方框属性

选中"方框"选项，可以设置元素在页面上的放置样式。可以设置元素的各个边界的属性，也可以通过选中"全部相同"复选框将相同的设置应用于所有边界，如图 4-11 所示。

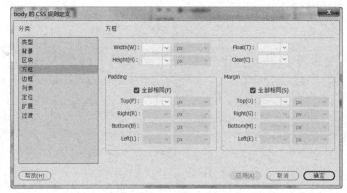

图 4-11　"方框"选项卡

"方框"选项卡中各项含义如下。

- Width、Height：设置元素的宽度和高度。
- Float：设置块级元素的浮动方向，其作用是使元素脱离正常的文档流并使其移动到其父元素的"最左边"或"最右边"。
- Clear：定义元素的哪一侧不允许有浮动元素。通常在为前面的块级元素设置 Float 属性，而不希望后续的元素受前面元素影响时使用。
- Padding：指定元素内容与元素边框的间距。取消选中"全部相同"复选框，可设置元素各个边的填充；选中"全部相同"复选框，可将相同的填充属性应用于元素的上、右、下和左侧。
- Margin：定义某个元素边框和其他元素的间距，设置同上。

5．设置 CSS 边框属性

选中"边框"选项，可以定义元素周围的边框样式、宽度和颜色属性，如图 4-12 所示。"边框"选项卡中各项含义如下。

- Style：设置边框的样式外观，样式显示方式取决于浏览器。取消选中"全部相同"复选框，可以设置元素各个边的边框样式；选中"全部相同"复选框，可将相同的边框样式设置为它应用于元素的上、右、下和左侧。

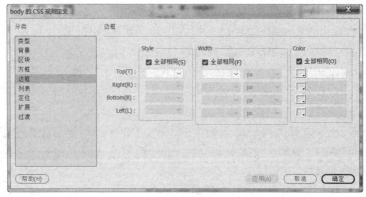

图4-12　"边框"选项卡

- Width：设置边框的粗细。
- Color：设置边框的颜色。

6. 设置 CSS 列表属性

选中"列表"选项，可以为列表标签定义项目符号类型等属性，如图4-13所示。

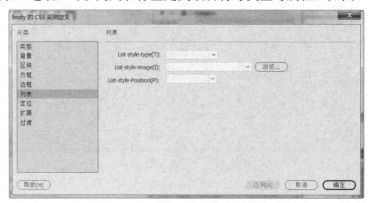

图4-13　"列表"选项卡

"列表"选项卡中各项含义如下。

- List-style-type：设置列表使用的项目符号或编号的类型。
- List-style-image：为项目符号自定义图像。单击【浏览】按钮，可以指定一幅图像，也可以直接输入图像路径。
- List-style-Position：设置列表项标记位置。

7. 设置 CSS 定位属性

选中"定位"选项，可以控制网页中元素的位置，如图4-14所示。

"定位"选项卡中各项含义如下。

- Position：设置元素的定位类型，有以下选项。
  - ➢ absolute：使用定位框中输入的、相对于最近的绝对或相对定位上级元素的坐标定位网页元素。
  - ➢ fixed：使用"定位"框中输入的坐标（相对于浏览器的左上角）定位网页元素。当用户滚动页面时，网页元素将在此位置保持固定。

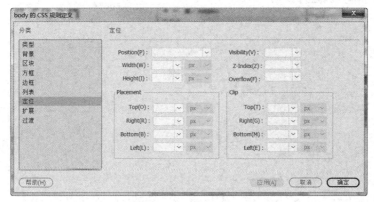

图 4-14　"定位"选项卡

➤ relative：使用"定位"框中输入的、相对于区块在文档文本流中的位置的坐标来放置网页元素。例如，若为元素指定一个相对位置，并且其上坐标和左坐标均为 20px，则将元素从其所在文本流中的正常位置向右和向下各移动 20px。

➤ static：将内容放在其文本流中的位置，是 Position 的默认属性。

● Visibility：设置内容的显示条件。如果不指定可见性属性，则默认状态元素将继承父级标签属性，有以下选项。

➤ inherit：继承父级元素的可见性属性。如果没有父级元素，则其可见。

➤ visible：显示元素，不管父级是否可见。

➤ hidden：隐藏元素，与父级无关。

● Z-index：设置元素的堆叠顺序。Z 轴值较高的元素显示在 Z 轴值较低的元素（或根本没有 Z 轴值的元素）的上方。值可以为正，也可以为负。如果已经对内容进行了绝对定位，则可以使用"AP 元素"面板来更改堆叠顺序。

● Overflow：设置当容器中的内容超出其显示范围时的处理方式，有以下选项。

➤ visible：将容器向右下方扩展，以使其所有内容都可见。

➤ hidden：保持容器大小并剪辑任何超出内容，无滚动条。

➤ scroll：在容器中添加滚动条，不论内容是否超出容器的大小。

➤ auto：仅在容器中内容超出其边界时出现滚动条。

● Placement：指定内容块的位置和大小。

● Clip：定义内容的可见部分。如果指定了剪辑区域，可以通过脚本语言（如 JavaScript）访问它，并创建特效。

8. 设置 CSS 扩展属性

选中"扩展"选项，在"扩展"选项卡中包含分页、光标、过滤器等选项，可以用来更改光标形状、设置元素的滤镜效果等，如图 4-15 所示。

"扩展"选项卡中各项含义如下。

● 分页：打印时在样式所控制的元素之前或之后强制分页。

● Cursor：当鼠标指针位于样式所控制的元素上时，改变鼠标指针的形状，有以下选项。

➤ crosshair：精确定位"+"形状。

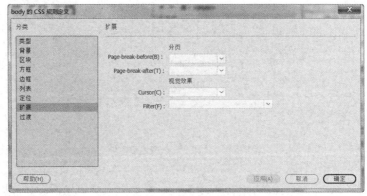

图 4-15 "扩展"选项卡

- ➤ text：文本"I"形状。
- ➤ wait：等待形状。
- ➤ default：默认光标形状。
- ➤ help：帮助"？"形状。
- ➤ e-resize：向右的箭头形状。
- ➤ ne-resize：向右上方的箭头形状。
- ➤ n-resize：向上的箭头形状。
- ➤ nw-resize：向左上方的箭头形状。
- ➤ w-resize：向左的箭头形状。
- ➤ sw-resize：向左下方的箭头形状。
- ➤ s-resize：向下的箭头形状。
- ➤ se-resize：向右下方的箭头形状。
- ➤ auto：自动，默认状态改变。
- ➤ inherit：手形形状。
- ● Filter：又称 CSS 滤镜，对样式所控制的元素应用特殊效果，从下拉列表中选择一种效果并设置其参数。

CSS 的滤镜属性的标识符是 filter，它在 CSS 样式表中的书写格式如下：

```
filter: filtername(parameters)
```

filter 是滤镜选择符，只要进行滤镜操作，就必须先定义 filter。filtername 是滤镜名称，这里包括 alpha、blur、chroma 等多种滤镜；parameters 是滤镜的参数值，通过参数设置可以定义滤镜效果。下面是典型的 CSS 滤镜及其作用。

- ➤ alpha：设置对象的透明度。
- ➤ blur：设置模糊效果。
- ➤ chroma：设置指定的颜色透明。
- ➤ dropshadow：设置元素的投影效果。
- ➤ fliph：水平翻转。
- ➤ flipv：垂直翻转。
- ➤ glow：为对象的外边界增加发光效果。
- ➤ grayscale：设置图片为灰度模式。
- ➤ invert：为元素设置底片效果。

> light：为元素设置灯光投影效果。
> mask：为元素设置透明遮罩效果。
> shadow：设置阴影效果。
> wave：利用正弦波纹打乱图片。
> xray：只显示轮廓。

9．设置 CSS 过渡属性

选中"过渡"选项，可以创建、修改和删除 CSS3 过渡效果，如图 4-16 所示。

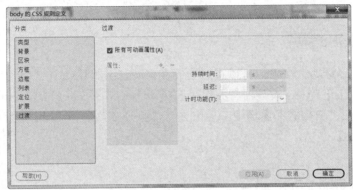

图 4-16　"过渡"选项卡

要创建 CSS3 过渡效果，可以通过为元素设置参数值并创建过渡效果类来实现。如果在创建过渡效果类之前选择元素，则过渡效果类会自动应用于选定元素。

可以选择将生成的 CSS 代码添加到当前文档中，或指定外部 CSS 文件。

"过渡"选项卡中各项含义如下。

● 所有可动画属性：选中此复选框，则为要过渡的所有 CSS 属性指定相同的"持续时间""延迟""计时功能"；否则为要过渡的每个 CSS 属性指定不同的"持续时间""延迟""计时功能"。

● 属性：取消勾选"对所有可动画属性"复选框后该选项有效。单击 按钮可以为过渡效果添加 CSS 属性，单击 按钮可以删除选中 CSS 属性。

以下属性在勾选"对所有可动画属性"复选框时有效。

● 持续时间：以秒（s）或毫秒 （ms）为单位设置过渡效果的持续时间。

● 延迟：以秒或毫秒为单位，设置过渡效果开始前延迟时间。

● 计时功能：可选择相应过渡效果样式。

4.1.6　链接或导入外部 CSS3 样式

使用"CSS 设计器"面板，可以将外部的 CSS3 样式文件应用到当前页面中。链接外部样式表的具体操作步骤如下。

Step01 在 Dreamweaver 中，打开配套资源中的"ch04-1\UseCss3.html"，选择"窗口"→"CSS 设计器"菜单命令，展开"CSS 设计器"面板。在"源"窗格单击 按钮，在弹出的快捷菜单中选择"附加现有 CSS 文件"命令，打开"使用现有的 CSS 文件"对话框，如图 4-17 所示。

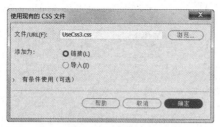

图 4-17 "使用现有的 CSS 文件"对话框

Step02 在该对话框中，单击"文件/URL"文本框右侧的【浏览】按钮，弹出"选择样式表文件"对话框，从中选择样式表文件"UseCSS3.css"，在"添加为"选项中勾选"链接"单选按钮。

Step03 单击【确定】按钮关闭对话框，就可以将外部的 CSS 样式文件链接到文档中。

提示：也可以将外部 CSS 样式表导入到当前的文档中，具体方法是在 Step02 中，在"添加为"选项中勾选"导入"单选按钮。

4.1.7　查看 CSS3 样式

通过"CSS 设计器"面板，可以查看当前文档所使用的 CSS 样式。

具体方法：打开"CSS 设计器"面板，选择"UseCSS3.css"样式，查看该文档已定义的 CSS 样式，在"选择器"窗格中，单击"p"规则，勾选"显示集"复选框，可以查看该规则的属性及值。

4.1.8　编辑与删除 CSS3 属性

通过"CSS 设计器"面板，可以对 CSS 样式进行编辑和删除等操作，如图 4-18 所示。

若要修改"p"规则的"font-weight"属性，只需展开"p"规则并进行相应设置。若要为此样式继续添加属性，单击■按钮，在已有属性值下方添加属性即可。

若要删除某个样式，将鼠标悬停在待删除的属性上，会显示【删除】按钮，单击该按钮即可删除相应的属性。

提示：也可以选中文档中设置 CSS 样式的网页元素，展开"属性"面板并切换到"CSS"选项卡，然后单击【编辑规则】按钮编辑 CSS 规则。

图 4-18 编辑 CSS 样式

4.1.9　常用 CSS3 属性含义及属性值

常用 CSS3 样式属性的含义及其属性值如表 4-1 所示。

表 4-1　CSS 属性表

类　　型	属　　性	含　　义	属　　性　　值
字体	font-family	字体类型	系统中的所有字体
	font-style	字体风格	norma；litalic；oblique；inherit
	font-variant	字体大写	normal；small-caps
	font-weight	字体粗细	normal；bold；bolder；lighter 等
	font-size	字体大小	px；pt；in；cm；mm；pc；%等
	color	定义前景色	具体颜色或 6 位十六进制数字表示的颜色值

类 型	属 性	含 义	属 性 值
字体	word-spacing	单词间距	inherit；normal
	letter-spacing	字母间距	inherit；normal
	text-decoration	文字修饰样式	none；underline；overline；linethrough；blink
	text-transform	文本转换	capitalize；uppercase；lowercase；none
	text-shadow	文本投影	inherit；none；color
背景	background-color	定义背景色	具体颜色或 6 位十六进制数字表示的颜色值
	background-image	定义背景图像	图像路径
	background-repeat	背景图片重复方式	no-repeat；repeat；repeat-x；repeat-y
	background-attachment	设置背景图片是否滚动	scroll；fixed
	background-position	背景图片初始位置	percentage；length；top；left；right；bottom 等
文本	text-align	对齐方式	left；right；center；justify
	text-indent	首行缩进方式	inherit
	line-height	文本行高	px；pt；in；cm；mm；pc；%等
	white-space	如何处理空白	normal；pre；nowrap
	display	显示方式	block；inline；list-item；none
间距	margin	一次性定义间距	px；pt；in；cm；mm；pc；%等
	margin-top	顶端间距	px；pt；in；cm；mm；pc；%等
	margin-right	右端间距	px；pt；in；cm；mm；pc；%等
	margin-bottom	底端间距	px；pt；in；cm；mm；pc；%等
	margin-left	左端间距	px；pt；in；cm；mm；pc；%等
填充	padding	一次性定义填充距	px；pt；in；cm；mm；pc；%等
	padding-top	顶端填充距	px；pt；in；cm；mm；pc；%等
	padding-right	右侧填充距	px；pt；in；cm；mm；pc；%等
	padding-bottom	底端填充距	px；pt；in；cm；mm；pc；%等
	padding-left	左侧填充距	px；pt；in；cm；mm；pc；%等
边框	boder	一次性定义边框	包括 Style、width、Color
	border-width	设置边框宽度	thin；middle；thick；具体值
	border-color	设置边框颜色	具体颜色或 6 位十六进制数字表示的颜色值
	border-style	设置边框样式	solid；dotted；double；dashed 等
	border-top	设置上边框属性	包括 Style、width、Color
	border-right	设置右边框属性	包括 Style、width、Color
	border-bottom	设置下边框属性	包括 Style、width、Color
	border-left	设置左边框属性	包括 Style、width、Color

续表

类 型	属 性	含 义	属 性 值
容器	width	定义元素宽度	length；percentage；auto
	height	定义元素高度	length；percentage；auto
	float	定义元素浮动方式	left；right；none
	clear	清除元素浮动属性	left；right；both；none
	position	定位	absolute；fixed；relative；static
	visibility	可见性	inherit；visible；hidden
	z-index	Z 值	整数
	overflow	溢出	visible；scroll；hidden；auto
列表	list-style-type	项目编号类型	disc；circle；square 等
	list-style-position	项目编号起始位置	inside；outside；inherit
	list-style	综合设置项目编号属性	type；position 等属性值

任务拓展

4.1.10 使用 CSS 美化网页

通过本任务的学习，掌握创建 CSS3 样式，并使用 CSS3 样式美化网页中的文字和图片的操作步骤。

在 Dreamweaver CC 中使用 CSS 样式美化网页的步骤如下。

Step01 打开配套资源中的网页 sucai.html（ch04/ch04-1-2/sucai.html），并将其另存为 04-1-2.html，如图 4-19 所示。

Step02 在菜单栏中选择"窗口"→"CSS 样式"菜单命令，打开"CSS 设计器"面板。单击"源"窗格的■按钮，在弹出的快捷菜单中选择"在页面中定义"命令，单击"选择器"窗格的■按钮，添加类别选择器".content"。

Step03 选择".content"类别选择器，在"属性"窗格依次设置 line-height、text-indent、font-size 属性，如图 4-20 所示。

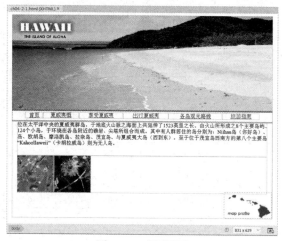

图 4-19 素材网页

图 4-20 设置类别选择器".content"的属性

Step04 切换到设计视图，将光标定位在文字内部，单击标签选择器的"p"标签，在"属性"面板中，切换到"HTML"选项卡，设置其"类"的值为"content"，如图 4-21 所示。

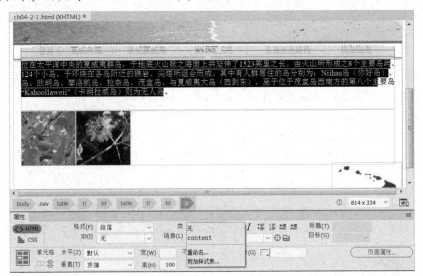

图 4-21　为选中的段落文字添加".content"类别选择器

Step05 按照上述方法，新建名称为".picture"的样式，并设置其属性如下：

```
border:1px dotted blue;
margin-right:10px;
```

Step06 切换到"拆分"视图，选中左侧两幅图片，在"属性"面板中依此设置其"类"的值为"picture"。在浏览器中浏览最终效果如图 4-22 所示。

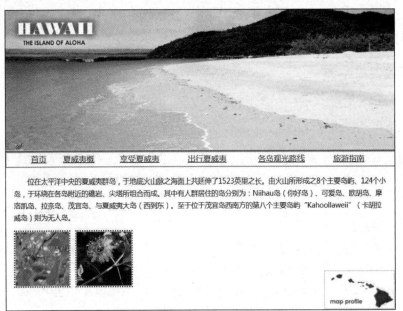

图 4-22　最终效果

Step07 切换到"代码"视图，查看网页的 HTML 代码，发现在标签<head>和</head>之间自动添加了一段代码。

```
<style type="text/css">
.content {
    line-height: 24px;
    text-indent: 2em;
    font-size: 14px;
}
.picture {
    border: 2px dotted blue;
    margin-right: 10px;
}
</style>
```

在网页中为段落文字应用类选择器"`.content`"的 HTML 代码如下：

```
<p class="content">…</p>
```

在网页中为图片应用类选择器"`.picture`"的 HTML 代码如下：

```
<img src="images/flower.gif" class="picture"/>
<img src="images/tree.gif"   class="picture"/>
```

任务 **4.2**　CSS3 高级特性及应用

 任务陈述

CSS3 新增了属性选择器、关系选择器、结构化伪类选择器等选择器，通过继承和层叠，使多个选择器的使用更加灵活。在进行继承和层叠时，应注意选择器的优先级设置。

任务目标：

（1）了解 CSS3 新增的选择器；
（2）掌握 CSS3 的基础性和层叠性；
（3）掌握 CSS3 的优先级设置规则。

相关知识与技能

4.2.1　CSS3 的新增选择器

选择器是 CSS3 的重要概念，使用选择器可以提升设计人员的编程效率。在 4.1 节中已经介绍了 CSS3 的基本选择器，通过这些选择器，能够满足基本的设计需求。通过 CSS3 新增的选择器，可以在网页设计过程中实现更复杂的效果。

1．属性选择器

属性选择器可以根据元素的属性及属性值选择元素。CSS3 中新增了三种属性选择器，分别是 E[att^=value]、E[att\$=value]、E[att*=value]。

（1）**E[att^=value]**。[attribute^=value]选择器匹配属性值以指定值开头的每个元素。E 可以省略，表示可以匹配满足条件的任意元素。例如：

```
p[id=^"first"] {color: red;}
/*表示匹配包含 id 属性，且 id 属性是以 first 字符串开头的 p 元素*/
```

（2）**E[att\$=value]**。[attribute\$=value]选择器匹配属性值以指定值结尾的每个元素。与

E[att^=value]一样，E 也可以省略，表示可以匹配满足条件的任意元素。例如：

```
p[id=^"second"] {color: red;}
/*表示匹配包含id属性，且id属性是以second字符串结尾的p元素*/
```

（3）**E[att*=value]**。[attribute*=value]选择器匹配属性值包含指定值的每个元素。E 也可以省略，表示可以匹配满足条件的任意元素。例如：

```
p[id=*"third"] {color: red;}
/*表示匹配包含id属性，且id属性包含third字符串的p元素*/
```

2．关系选择器

CSS3 的关系选择器主要包括子代选择器和兄弟选择器，其中子代选择器由符号"＞"连接，兄弟选择器由符号"＋""～"连接。

（1）**子代选择器（＞）**。子代选择器用来选择某个元素的第一级子元素。例如：

```
div>p {color: red;font-size:20px;}
/*表示定义div标签中子元素p的颜色为红色，字体大小为20px*/
```

（2）**兄弟选择器（＋、～）**。兄弟选择器用来选择与该元素位于同一个父元素中，且位于该元素之后的兄弟元素。兄弟选择器分为临近兄弟选择器和普通兄弟选择器两种。

临近兄弟选择器使用加号"＋"链接前后两个选择器，选择器中的两个元素有同一个父级元素，且第二个元素必须紧跟第一个元素。例如：

```
h1+p {color:red; font-size:20px;}
/*表示定义h1元素紧邻的第一个p元素的颜色为红色，字体大小为20px*/
```

普通兄弟选择器使用符号"～"链接前后两个选择器，选择器中的两个元素有同一个父级元素，第二个元素不必紧跟第一个元素。例如：

```
h2~p {color:red; font-size:20px;}
/*表示定义h2元素的所有兄弟元素p的颜色为红色，字体大小为20px*/
```

3．伪类选择器

伪类选择器是 CSS3 新增的选择器。同一个标签，根据其不同的状态，有不同的样式，这就叫作"伪类"。伪类用冒号来表示。

伪类选择器的基本语法为：

```
selector:pseudo-element {property:value;}
```

其中，selector 表示选择器，pseudo-element 表示选择器的状态即伪类。

CSS3 的常见伪类选择器及功能如表 4-2 所示。

表 4-2　CSS3 常见伪类选择器及功能

选 择 器	示 例	示 例 说 明
:link	a:link	选择所有未访问链接
:visited	a:visited	选择所有访问过的链接
:active	a:active	选择正在活动的链接
:hover	a:hover	把鼠标放在链接上的状态
:focus	input:focus	选择元素输入后具有焦点
:first-letter	p:first-letter	选择每个p元素的第一个字母
:first-line	p:first-line	选择每个p元素的第一行

续表

选 择 器	示 例	示 例 说 明
:first-child	p:first-child	选择属于其父元素的首个子元素的 p 元素
:before	p:before	在每个 p 元素之前插入内容
:after	p:after	在每个 p 元素之后插入内容
:lang(language)	p:lang(it)	为 p 元素的 lang 属性选择一个开始值

例如：

```
p:first-letter{color:#FF0000; font-size:20px;}
/*表示定义段落的第一个字母颜色为红色，字体大小为20px*/
a:hover{background-color:#FFFF00;}
/*表示把鼠标移到链接上时，添加特殊样式背景颜色并设置为黄色*/
```

4.2.2 CSS3 的特性

1. 继承性

所谓继承性是指定义 CSS3 样式时，子标签会继承父标签的某些样式，如文本颜色和字号等。例如，定义主体元素 body 的文本颜色为红色，那么页面中所有的文本都将显示为红色，这是因为其他标签都嵌套在<body>标签中，是<body>标签的子标签。

例如，定义 CSS3 样式为：

```
body{color:#FF0000;}
p{font-size:20px;}
```

定义以下标签：

```
<body>
    <h1>赋得古原草送别</h1>
    <p>离离原上草</p>
    <p>一岁一枯荣</p>
    <p>野火烧不尽</p>
    <p>春风吹又生</p>
</body>
```

则<h1>标签元素的颜色被设置为红色，字体大小默认；而所有<p>标签被设置为红色，字体大小 20px。

2. 层叠性

所谓层叠性是指多种 CSS 样式的叠加。例如，当使用内嵌式 CSS 样式表定义<p>标签字号大小为 24 像素，链接式定义<p>标签颜色为红色，那么段落文本将显示为 24 像素红色，即这两种样式产生了叠加。

适当的使用继承性可以简化代码，提高编程效率。但是在网页设计中，并不是所有 CSS 属性都可以继承，边框、边距、背景、定位、布局、宽高等属性就不具备继承性。

例如，定义 CSS3 样式为：

```
p{font-size:20px;}
.class1{color:#FF0000;}
```

定义以下标签：

```
<body>
    <h1>赋得古原草送别</h1>
```

```
    <p class=".class1">离离原上草</p>
    <p>一岁一枯荣</p>
    <p>野火烧不尽</p>
    <p>春风吹又生</p>
</body>
```

则所有<p>标签被设置为字体大小为 20px，具有类别选择器 ".class1" 的段落文字被单独设置为红色。

3. 优先级

设置 CSS 样式时，如果两个或更多规则应用于同一元素，就会出现优先级的问题。对于 CSS3 优先级使用的规则如下：

● 对于基本选择器，优先级权重从高到低依次为 id 选择器、类别选择器、标签选择器；

● 行内样式优先级最高，即应用 style 属性的元素，其行内样式的优先级高于选择器的优先级；

● 权重相同时，CSS 遵循就近原则，即越靠近元素的样式优先级越高；

● 通过!important 可以设置最高优先级。

例如，定义 CSS3 样式为：

```
p{color:#00FF00;}
.class1{color:#FF0000;}
```

定义以下标签：

```
<body>
    <h1>赋得古原草送别</h1>
    <p class=".class1">离离原上草</p>
    <p>一岁一枯荣</p>
    <p>野火烧不尽</p>
    <p>春风吹又生</p>
</body>
```

则具有类别选择器 ".class1" 的段落文字被单独设置为红色，其他的<p>标签的文字颜色被设置为绿色。

 任务实施

微课视频

4.2.3 使用 CSS3 设置文字特效

添加文字，并使用 CSS 选择器为文字添加不同的效果，具体操作步骤如下。

Step01 在 Dreamweaver 中，新建网页 04-2-1.html，切换到代码视图，在<body>标签中添加如下代码：

```
<h1>赋得古原草送别</h1>
<h2>唐 白居易</h2>
<p>离离原上草，一岁一枯荣。</p>
<p  id="even1"> 野火烧不尽，春风吹又生。</p>
<p> 远芳侵古道，晴翠接荒城。</p>
<p  id="even2"> 又送王孙去，萋萋满别情。</p>
```

Step02 在<head>标签中，在<title>标签后添加嵌入式 CSS 样式表，为<body>标签添加 CSS 样式规则，设置文字为居中对齐。

```
<style type="text/css">
    body{
        text-align:center;
    }
</style>
```

切换到设计视图，如图 4-23 所示，可以看出，<body>标签中的所有元素都继承了居中对齐属性。

Step03 定义标签选择器 h1，设置字体为"华文行楷"，大小为 36px，代码如下。

```
h1{
    font-family:"华文行楷";
    font-size:36px;
}
```

切换到设计视图，如图 4-24 所示，可以看出，<h1>标签的外观发生了改变。

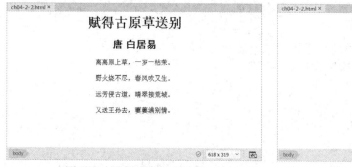

图 4-23　设置文字居中对齐　　　　　　　图 4-24　设置<h1>标签的样式

Step04 定义临近兄弟选择器 h1+h2，为<h1>标签之后的<h2>标签设置 CSS 样式，字体为"楷体"，大小为 14px。

```
h1+h2{
    font-family: "楷体";
    font-size: 14px;
}
```

切换到设计视图，如图 4-25 所示，<h2>标签被设置了相应的 CSS 样式。

Step05 定义子代选择器 body>p，为<body>标签中<p>标签设置CSS样式，字号为20px，加粗。

```
body>p{
    font-size: 20px;
    font-weight: bold;
}
```

切换到设计视图，如图 4-26 所示，<p>标签被设置了相应的 CSS 样式。

```
p[id^="even"]{
    font-family: "楷体";
}
```

Step06 定义属性选择器 p[id^="even"]，为<p>标签中 id 属性包含前缀为 even 的标签设置 CSS 样式，字体为楷体。

切换到设计视图，如图 4-27 所示，可以查看最终效果。

图 4-25　设置<h2>标签的样式　　　　　　图 4-26　设置<p>标签的样式

图 4-27　最终效果

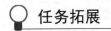

4.2.4　CSS3 浏览器兼容性设置

通过本任务的学习，了解 CSS3 浏览器兼容性的存在问题及解决方法。

浏览器是运行网页的软件，目前常用浏览器有微软公司的 Internet Explorer、Google 公司的 Chrome，苹果公司的 Safari，Mozilla 公司的 Firefox 等。

CSS3 带来的全新设计体验，深受很多网页设计者喜爱，但是在浏览网页时，会发现不同的浏览器解析的效果不同。主流浏览器对 CSS3 模块的支持情况如表 4-3 所示。

表 4-3　浏览器对 CSS3 模块的支持情况

CSS3 模块	Chrome4	Safari4	Firefox3.6	IE10
RGBA	√	√	√	√
HSLA	√	√	√	√
MultipleBackground	√	√	√	√
Border Image	√	√	√	×
Border Radius	√	√	√	√
Box Shadow	√	√	√	√
Opacity	√	√	√	√
CSSAnimations	√	√	×	√

续表

CSS3 模块	Chrome4	Safari4	Firefox3.6	IE10
CSSColumns	√	√	√	√
CSS Gradients	√	√	√	√
CSS Reflections	√	√	×	×
CSS Transforms	√	√	√	√
CSS Transforms 3D	√	√	×	√
CSS Transitions	√	√	√	√
CSS FontFace	√	√	√	√

由于各浏览器厂商对 CSS3 属性的支持情况不同，因此在标准尚未明确的情况下，在添加 CSS3 样式规则时，可以用不同的前缀加以区分，通常把这些加上私有前缀的属性称为"私有属性"。各主流浏览器都定义了自己的私有属性，以便让用户更好地体验 CSS3 的新特性，各主流浏览器的私有前缀如表 4-4 所示。

表 4-4　主流浏览器的私有前缀

内核类型	相关浏览器	私有前缀
Trident	IE8/ IE9/ IE10	-ms
Webkit	谷歌（Chrome）/Safari	-webkit
Gecko	火狐（Firefox）	-moz

在任务 4.2.3 使用 CSS3 设置文字特效的案例中，如果想设置<body>标签的不透明度为50%，可以使用 opacity 属性，但是该属性存在浏览器兼容性问题。解决方法是在网页头部<style>标签中为 body 标签添加如下 CSS 样式代码：

```
body{
......
filter:alpha(opacity=50);      /* IE 浏览器 */
-moz-opacity:0.5;              /* 老版 Firefox */
-webkit-opacity:0.5;           /* 老版 Chrome */
opacity: 0.5;                  /* 支持 opacity 的浏览器*/
}
```

请用户在不同浏览器打开网页并浏览最终效果。

浏览器兼容性设置是网页前端设计中非常复杂的问题，在后续章节内容学习中，如果遇到兼容性问题，可以查阅相关资料并寻求解决方案。

单元实训 4.3　使用 CSS3 样式设计新浪新闻网页

通过模仿设计实现新浪新闻网页，掌握创建 CSS3 样式，并将 CSS3 样式应用于常用网页元素的操作步骤。

1. 实训目的

● 掌握为网页元素设置 CSS 样式的操作步骤。

● 掌握图文混排效果的实现方法。

● 掌握网页元素间距的设置方法。

2. 实训要求

模仿新浪新闻网页，实现图文混排及新闻排行效果。新闻图片位于网页左侧，标题和新闻列表位于右侧，使用 float 属性设置图片的左浮动，使用 margin 属性设置图片和文字间距，使用<h1>标签设置标题样式，使用 line-height 属性设置段落行高。最终效果如图 4-28 所示。

图 4-28　新浪新闻网页最终结果

操作步骤提示：

Step01 以配套资源中的 ch04/ex04 为文件夹创建站点"ex04"，新建网页 ex04.html，并插入新闻图片；

Step02 输入文字，分别设置为<h1>标题和段落；

Step03 在文字左侧插入小图片；

Step04 依次定义新闻图片、<h1>标题、段落、小图标的 CSS 样式，并将其应用于相应网页元素。

网页代码如下：

```
<html>
<head>
<meta http-equiv="Content-Type" content="text/html; charset=utf-8" />
<title>新浪新闻</title>
<style type="text/css">
h1{
    font-family:黑体;
    font-size:24px;
    font-weight:normal;
    }
p {
    font-size:12px;
    line-height: 18px;
}
.news {
    float: left;
    margin-right: 10px;
}
.icon{
    margin:4px 4px 0px 0px;
}
</style>
</head>
<body>
<img src="images/1.jpg" width="260" height="190" class="news">
<h1>国内新闻</h1>
    <p><img src="images/104309.gif" width="15" height="13" class="icon">双 11 前夜快递公
司收入普降</p>
    <p><img src="images/104310.gif" width="15" height="13" class="icon">互联网产业腾飞激
发数字经济增长活力</p>
    <p> <img src="images/104311.gif" width="15" height="13" class="icon">实体店发展会员
应对网购冲击</p>
    </body>
```

思政点滴

　　网页是互联网中最重要的信息载体，网页也从最初单纯的文本文档演化成多媒体文档。得益于技术的发展，浏览网页时，很多炫丽的特效总会给浏览者不时带来惊喜，网页设计的相关技术日新月异，真正实现了没有做不到，只有想不到的境界。

　　如何在网页设计领域中保持竞争力，学习能力和创新精神显得尤为重要。学习是提升个人核心竞争力，不断突破自我的基石，创新才能把握时代、引领时代。CSS3的推出，为实现诸多效果提供了完美的解决方案，这也对网页从业人员的学习能力提出了挑战。如果固守成规，安于现状，不学习新技术，不转型升级，就会面临被行业淘汰的风险，没有创新精神就会停滞不前。若想成为优秀的网页设计师，就要做好终身学习的准备，网页设计的新技术永远在路上。

单元练习题

一、填空题

1．CSS是Cascading Style Sheets的缩写，又称_____或级联样式表，是用于控制或增强网页外观样式，并且可以与_____相分离的一种标签性语言。

2．一个CSS样式表一般由若干样式规则组成，每条样式规则都可以看作一条CSS的基本语句，每条规则都包含一个_____（例如\<body>\<p>等）和写在花括号里的声明，这些声明通常是由几组用分号分隔的_____和_____组成。

3．CSS3的属性选择器共有_____、_____、_____三种。

4．_____用于精确控制网页中标签（主要是AP Div标签）的位置。

5．外部样式表使用HTML的_____标签进行链接。

二、选择题

1．CSS可以作用于HTML的标签，下列哪个不是CSS可以作用的HTML标签？（　　　）

　　A．h1　　　　　　B．p　　　　　　　C．font　　　　　　D．br

2．CSS样式表存放于HTML文档的（　　　）区域中。

　　A．HTML　　　　B．BODY　　　　　C．HEAD　　　　　D．DIV

3．使用"CSS规则定义"对话框中的（　　　）选项，可以定义标签周围的边框样式、宽度和颜色属性。

　　A．类型　　　　　B．区块　　　　　　C．方框　　　　　　D．边框

4．（　　　）是把CSS样式定义直接放在\<style>…\</style>标签之间，然后插入到网页的头部。

　　A．行内样式　　　B．内部样式　　　　C．外部样式　　　　D．导入样式

5．字体（Font）样式的属性不包括（　　　）。

　　A．font-family　　B．font-style　　　　C．font-variant　　　D．font-italic

三、简答题

1．什么是CSS3样式表？CSS3有何优点？

2．引用CSS3样式表有哪些方法？

3．举例说明CSS3样式的特点。

单元5
网页文本和图像

文本和图像是构成网页的主体，是网页设计不可缺少的组成元素。文本可以直观地体现信息内容，图像可以使网页内容更加丰富、美观。在网页中添加文本和图像并恰当地设置其 CSS 样式是制作网页的基本技能。

本单元学习要点：

❑ 在网页中添加文本元素；
❑ 在网页中创建与设置列表；
❑ 用 CSS 设置文本样式；
❑ 在网页中添加图像元素；
❑ 用 CSS 设置图像样式；
❑ 简单图文混排设计。

任务 5.1　制作文本类网页

任务陈述

网页中多数信息是以文字形式呈现的，文本内容的可读性和易读性、文字排版对于网站和用户之间建立良好的沟通以及帮助用户获取信息起着重要的作用。

任务目标：

（1）掌握在 Dreamweaver 中为网页文档添加文本元素的方法；
（2）掌握在 Dreamweaver 中创建列表及设置列表符号或编号的方法；
（3）掌握使用 CSS 设置文本样式的方法。

相关知识与技能

微课视频

5.1.1　在网页中添加文本元素

在网页中可以通过直接输入和复制/粘贴的方式来添加文本元素。

1．输入文本

在网页文档中输入文本的操作类似于在大多数文本编辑软件中的操作，只需将光标定位在需插入文本的位置，选择所需的输入法进行文本输入即可。

需要注意的是，HTML 中空格是由" "表示的，在 Dreamweaver 设计视图中默认只能输入一个空格，要输入多个连续的空格可以通过以下方法实现。

- 选择"插入"→"HTML"→"不换行空格"菜单命令。
- 单击"插入"面板"HTML"选项卡中的【↧不换行空格】图标按钮。
- 按<Ctrl+Shift+Space>组合键。

提示：选择"编辑"→"首选项"菜单命令，或按<Ctrl+U>组合键打开"首选参数"对话框，在"常规"分类选项中选定"编辑选项"中的"允许多个连续的空格"，在文档的"设计"视图下即可直接按下空格键输入多个连续的空格。

在 Dreamweaver 设计视图中，按<Enter>键可以建立新的段落，Web 浏览器在段落之间自动插入一个空白空格行。如果希望文本间仅换行而不创建新的段落，可以执行以下操作之一实现。

- 选择"插入"→"HTML"→"字符"→"换行符"菜单命令。
- 单击"插入"面板"HTML"选项卡中最后一个图标按钮【⏎字符】。
- 按<Shift+Enter>组合键。

图 5-1　"选择性粘贴"对话框

2．复制文本

可以利用系统剪贴板将其他应用程序中的文本内容粘贴到网页文档中。Dreamweaver 支持通用的快捷键组合，<Crtl+C>是复制组合键，<Crtl+V>是粘贴组合键。Dreamweaver 还提供了"选择性粘贴"功能：选择"编辑"→"选择性粘贴"菜单命令，或者按<Crtl+Shift+V>组合键均可打开"选择性粘贴"对话框，如图 5-1 所示。

"选择性粘贴"命令允许用户以"仅文本""带结构的文本（段落、列表、表格等）""带结构的文本以及基本格式（粗体、斜体）""带结构的文本以及全部格式（粗体、斜体、样式）"四种不同的方式进行粘贴文本，并可以根据选择的方式同时指定是否"保留换行符""清理 Word 段落间距""将智能引号转换为直引号"等命令选项。

提示：组合键<Ctrl+V>功能采用的是"选择性粘贴"方式中的一种，具体采用哪一种可以通过"首选参数"设置。设置方法是单击"选择性粘贴"对话框左下角的【粘贴首选参数】按钮，或选择"编辑"→"首选参数"菜单命令，在"首选参数"对话框的"复制/粘贴"选项卡中，设置"粘贴"功能的默认方式。

5.1.2　在网页中创建与设置列表

列表是指将具有相似特性或某种顺序的文本进行有规则的排列，用列表方式进行罗列会使得文本内容层次更清晰。列表通常分为项目列表和编号列表两大类。

1. 创建列表

创建列表的具体操作步骤如下。

Step01 将光标定位到要创建列表的位置，或选中要设置列表的段落。

Step02 选择"插入"→"项目列表（或编号列表）"菜单命令；或者单击"属性"面板"HTML"选项卡中的【项目列表】图标按钮或【编号列表】图标按钮；或单击"插入"面板"HTML"选项卡中的【ul 项目列表】按钮或【ol 编号列表】按钮，均能创建一个列表，并为文本添加默认的项目符号或编号。

Step03 在某个项目之后按<Enter>键，可以添加与该项目同一层次的新列表项。

Step04 在最后一个列表项后，连续按两次<Enter>键，即可完成列表的创建。

在添加列表项时，也可以在代码视图中，选择"插入"→"列表项"菜单命令或者单击"插入"面板"HTML"选项卡中的【li 列表项】按钮，快速插入。

提示：在现有文本的基础上创建列表时，每一个段落文本将作为列表中的一项，并非网页中显示的一行。

2. 创建嵌套列表

列表可以嵌套，以表示不同的层次。创建嵌套列表的具体操作步骤如下。

Step01 选定需要嵌套的列表项，或将光标定位到该列表项处。

Step02 单击"属性"面板"HTML"选项卡中的【缩进】图标按钮，或者在右键快捷菜单中选择"列表"→"缩进"命令，均能使列表项缩进，作为嵌套的内层列表显示。

反之，选择右键快捷菜单中的"列表"→"凸出"命令；或者单击"属性"面板"HTML"选项卡中的【凸出】图标按钮可以使列表的级别提升一级。

提示：如果对最外层的列表项目执行【凸出】命令，将取消该列表项的符号或编号，使其不再作为列表中的项目。

3. 修改列表项目符号或编号

在网页文档中创建了列表后，"属性"面板中的【列表项目】按钮（列表项目...）变为可用。修改列表项目符号或编号的具体操作步骤如下。

Step01 选定需要修改的列表项，或将光标定位到该列表项处。

Step02 在右键快捷菜单中选择"列表"→"属性"命令；或单击"属性"面板中的【列表项目】按钮，打开"列表属性"对话框，如图 5-2 所示。

Step03 在该对话框中，先选择"列表类型"选项，确定列表为项目列表或编号列表，然后在"样式"选项中选择相应的列表符号或编号的样式，最后单击【确定】按钮完成设置。

"列表属性"对话框中各选项含义如下。

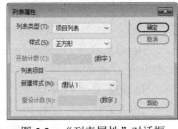

图 5-2 "列表属性"对话框

- 列表类型：该下拉列表中包含"项目列表""编号列表""目录列表""菜单列表"选项，供用户选择。
- 样式：可选择的列表符号（项目符号或正方形）或编号（数字、小写罗马字母、大写罗马字母、小写字母、大写字母）的样式，项目列表默认为项目符号，编号列表默认为数字（1，2，3...）。
- 开始计数：只用于编号列表，在其文本框中可输入一个数字，作为编号列表中第一个项目的值，其后的项目在该值基础上递增。

● 新建样式：设置选定的列表项目的符号或编号样式。

● 重设计数：只用于编号列表，表示选定的列表项目从该数值开始重新计数。

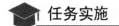任务实施

5.1.3　制作唐诗赏析网页

下面通过制作唐诗赏析网页，来介绍在网页中添加文本元素、列表及设置其 CSS 样式的具体方法。唐诗赏析网页最终效果如图 5-3 所示。

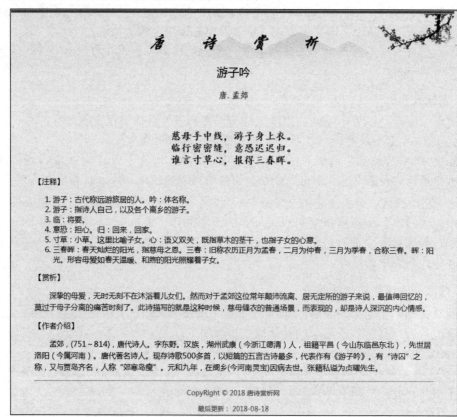

图 5-3　唐诗赏析网页效果图

Step01 启动 Dreamweaver CC，创建本地站点"ch05-1"，新建一个 HTML 文档，设置文档标题"唐诗赏析"，并以"05-1.html"为文件名保存在该站点文件夹下。

Step02 在文档窗口中，将光标定位在文档起始位置，选择输入法并输入文字"唐诗赏析"，应用前述插入空格的方法，在文字间插入多个空格分隔。

Step03 在输入的文字后按<Enter>键建立新的段落，然后输入或复制/粘贴所需文本内容至网页中，如图 5-4 所示。在粘贴其他文本内容时，如果选中"清理 Word 段落间距"复选框，在网页中将以换行符
进行设置。

Step04 选中网页中注释后面的六段文本，选择"插入"→"编号列表"菜单命令，创建编号列表，效果如图 5-5 所示。注意要确保设置为列表的文本为段落，而非换行符。

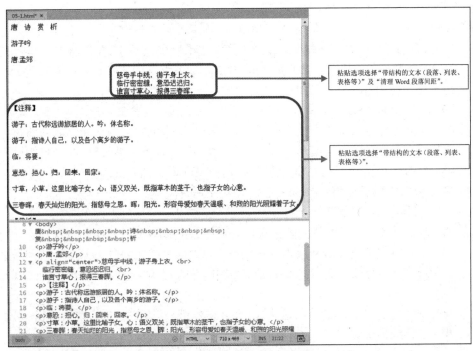

图 5-4 添加文本元素效果

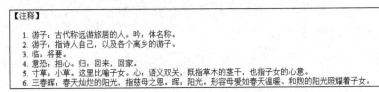

图 5-5 设置编号列表的效果

5.1.4 设置文本属性

为了使页面中的文本更加美观，需要设置文本的字体、大小、颜色及段落等样式。设置文本样式可以通过创建并应用 CSS 进行设置，也可以通过"属性"面板进行快速操作。

选定要设置的文本，其文本"属性"面板分为"HTML"和"CSS"两个选项卡，如图 5-6 和图 5-7 所示，可以分别对文本应用 HTML 格式或 CSS 样式。应用 HTML 格式时，Dreamweaver 会将 HTML 标签或属性添加到页面正文的 HTML 代码中；应用 CSS 样式时，Dreamweaver 会将 CSS 样式属性写入文本行内样式表中。

图 5-6 "属性"面板"HTML"选项卡

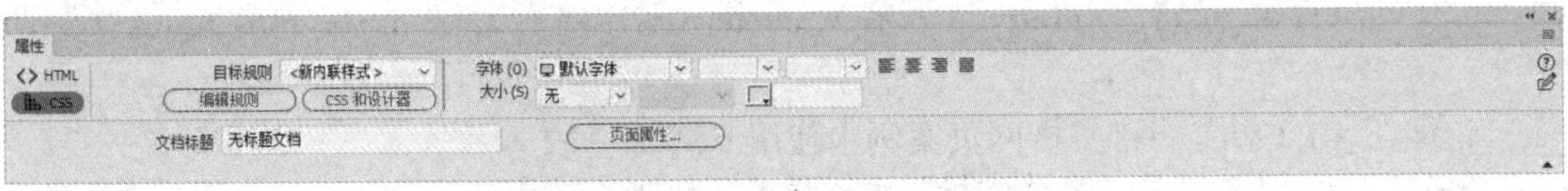

图 5-7 "属性"面板"CSS"选项卡

1. 使用 HTML 设置文本属性

图 5-6 所示的文本"属性"面板"HTML"选项卡中各项参数含义如下。

- 格式：设置选定文本的格式。选择"无"将不应用任何 HTML 标签，"段落"应用<p>标签的默认格式，"标题 *n*"应用<hn>标签默认格式（*n* 表示从 1 至 6），"预格式化"应用<pre>标签默认格式。

- ID：为所选内容指定一个 ID 名称。

- 类：显示当前应用于所选文本的类样式。在下拉菜单中可以选择已建立的类样式：选择"无"可以删除当前所选样式，"重命名"可以重命名该样式，"附加样式表"可以打开"使用现有的 CSS 文件"对话框来向本文档附加外部样式表。

- **B**：粗体按钮，可将<strong>或<b>应用于所选文本。

- *I*：斜体按钮，可将<em>或<i>应用于所选文本。

- ⋮⋮ ⋮≡：项目列表和编号列表按钮，分别将选定文本设置为项目列表或编号列表。

- ⋮≛ ⋮≛：内缩区块和删除内缩区块按钮，分别应用或删除<blockquote>标签，来缩进所选文本或删除所选文本的缩进，也用于列表中增加列表嵌套或删除列表嵌套层级。

- 链接、标题和目标：创建所选文本的超链接，以及为超链接指定文本提示和打开方式。详细内容参看单元 6。

提示：*当应用"HTML"格式中的粗体或斜体按钮时，可以在"首选项"对话框的"常规"选项卡中，设置所使用的 HTML 标签为<strong>和<em>，或是<b>和<i>。*

2. 使用 CSS 设置文本属性

虽然 Dreamweaver CC 仍支持使用 HTML 设置文本格式，但 CSS 目前已成为设置文本样式的首选方法。图 5-7 所示的文本"属性"面板"CSS"选项卡中各项参数含义如下。

- 目标规则：显示在"属性"面板中正在编辑、使用的规则。可以在下拉列表中选择"新建规则{**}"下的"<新内联样式>"选项，为所选文本设置内联 CSS 样式；或选择"应用类{**}"下的"<删除类>"选项来删除已应用的 CSS 规则。

- 编辑规则：单击【编辑规则】按钮可以打开层叠 CSS 的规则定义对话框，从中编辑正在应用的 CSS 规则；对于内联样式，可以打开"CSS 设计器"面板进一步编辑 CSS 规则。

- CSS 和设计器：单击【CSS 和设计器】按钮可以打开"CSS 设计器"面板，进而编辑 CSS 规则。

- 字体：设置目标规则的字体系列，包括字体集 font-family、字体样式 font-style、字体粗细 font-weight 属性。

- 大小：设置目标规则的字体大小，对应 font-size 属性。

- ▢ 按钮：用于设置文字的颜色，对应 color 属性，也可以在 ▢ 后面的文本框中输入十六进制 RGB 值。

- ≡ ≡ ≡ ≡ 按钮组：通过单击对齐按钮，分别向目标规则添加对齐属性，对应 text-align 属性为 left（左对齐）、center（居中对齐）、right（右对齐）、justify（两端对齐）。

继续在 5.1.3 小节唐诗赏析网页案例中使用 CSS 设置文本属性。

Step05 用 CSS 设置"唐诗赏析"文本样式。打开"CSS 设计器"面板，添加选择器为

".tssx" 的 CSS 规则，设置字体、颜色、大小等属性，对应代码如下。选中 "唐诗赏析" 文本，在 "属性" 面板 "CSS" 选项卡的 "目标规则" 列表中，选择应用 "tssx"，效果如图 5-8 所示。

```
.tssx {
    color: #660000;
    font-family: "华文行楷";
    text-align: center;
    font-size: 36px;
    font-style: italic;
}
```

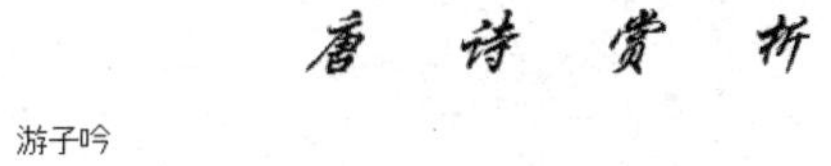

唐 诗 赏 析

游子吟

图 5-8 CSS 设置文本样式的效果

Step06 继续为其他段落文本应用 CSS 规则来进行美化。其中为 "游子吟" 应用 ".yzy" 规则，为 "唐.孟郊" 应用 ".mj" 规则，为整个诗句段落应用 ".sj" 规则，具体属性设置如下。

```
.yzy {
    font-style: normal;
    font-family: "微软雅黑";
    font-size: 24px;
    text-align: center;
}
.mj {
    color: #606060;
    font-size: 18px;
    font-weight: bold;
    font-family: '仿宋';
    text-align: center;
}
.sj {
    font-size: 22px;
    font-family: "楷体";
    font-weight: bold;
}
```

Step07 设置页面属性美化网页。选择 "文件" → "页面属性" 菜单命令，打开 "页面属性" 对话框，在 "外观（CSS）" 选项卡中，设置添加背景图像（images/bg1.gif）、"重复" 方式为 no-repeat、"背景颜色" 为#FDF7E0、"左边距" "右边距" "上边距" 均为 50px，对应代码如下。

```
body {
    background-image: url(images/bg1.gif);
    background-repeat: no-repeat;
    background-color: #FDF7E0;
    margin-left: 50px;
    margin-top: 50px;
    margin-right: 50px;
}
```

Step08 保存文档，按<F12>功能键打开浏览器浏览网页效果。

5.1.5 使用 CSS 设置段落样式

在网页中，段落是由<p>…</p>标签设置的一段文本，可以通过 CSS 设置段落的行高、首行缩进等样式。行高对应的 CSS 属性为 line-height，首行缩进对应的 CSS 属性为 text-indent，单位可以是 px、cm、%等。

Step09 在唐诗赏析网页中，添加选择器名称为 ".wbd" 的 CSS 规则，设置行高和首行缩进属性，对应代码如下。分别选中网页文档 "赏析" 及 "作者介绍" 后面的两段文字，应用该 CSS 规则，效果如图 5-9 所示。

```
.wbd {
    text-indent: 32px;
    line-height: 150%;
}
```

【赏析】

深挚的母爱，无时无刻不在沐浴着儿女们。然而对于孟郊这位常年颠沛流离、居无定所的游子来说，最值得回忆的，莫过于母子分离的痛苦时刻了。此诗描写的就是这种时候，慈母缝衣的普通场景，而表现的，却是诗人深沉的内心情感。

【作者介绍】

孟郊，(751~814)，唐代诗人。字东野。汉族，湖州武康（今浙江德清）人，祖籍平昌（今山东临邑东北），先世居洛阳（今属河南）。唐代著名诗人。现存诗歌500多首，以短篇的五言古诗最多，代表作有《游子吟》。有"诗囚"之称，又与贾岛齐名，人称"郊寒岛瘦"。元和九年，在阌乡(今河南灵宝)因病去世。张籍私谥为贞曜先生。

图 5-9　CSS 设置段落样式的效果

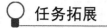 任务拓展

5.1.6　插入特殊字符、水平线和日期

在网页中还经常需要插入一些特殊的对象，如"©""®"等特殊符号，以及水平线、日期等。

1．插入特殊字符

插入特殊字符的具体方法：把光标置于要插入特殊字符的位置，选择"插入"→"HTML"→"字符"菜单命令，弹出的快捷菜单如图 5-10 所示，从中选择所需的特殊字符；或单击"插入"面板"HTML"选项卡中最后一个图标按钮右侧的小三角 ，弹出如图 5-11 所示的特殊字符列表，从中选择所需的字符。

插入特殊字符后，在文档窗口的"设计"视图中直接显示出特殊字符的效果，但是，在"代码"视图中将以替代符号表示，例如，版权符号"©"表示为"©"，注册商标"®"表示为"®"等。

Step10 在唐诗赏析网页中将光标定位在所需位置，插入版权符号的效果如图 5-12 所示。

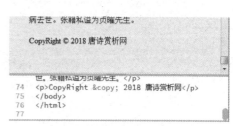

图 5-10　插入特殊字符　　图 5-11　特殊字符　　　图 5-12　插入版权符号效果
　　　　菜单命令　　　　　　　　列表

2．插入水平线

在网页中，水平线对应的标签为<hr>，使用一条或多条水平线分隔网页元素可以增添网页的层次感。插入水平线的具体方法为：将光标定位在要插入水平线的位置，选择"插入"→"HTML"→"水平线"菜单命令，或单击"插入"面板"HTML"选项卡中的【 水平线】按钮，即可插入一条水平线。水平线插入后，可以通过"属性"面板设置其属性，如图 5-13 所示。

图 5-13　水平线"属性"面板

水平线"属性"面板中各项参数含义如下。

- 宽、高：设置水平线的宽度、高度，以像素为单位，或以占页面大小百分比表示，默认宽度占页面的 100%。
- 对齐：设置水平线的对齐方式。选项有默认、左对齐、居中对齐或右对齐，默认为居中对齐。
- 阴影：设置绘制水平线时是否带阴影。取消此选项时，将使用纯色绘制水平线。
- Class（类）：设置可以应用的 CSS 样式。

Step11 在唐诗赏析网页中，在版权信息前插入一条水平线，效果如图 5-14 所示。

3．插入日期

Dreamweaver CC 提供了方便的日期对象，可使用多种格式插入当前日期（可以包含时间），并且可以设置在每次保存文件时都自动更新该日期。具体操作方法：将光标定位在要插入日期的位置，选择"插入"→"HTML"→"日期"菜单命令；

图 5-14　插入水平线效果

或者在"插入"面板"HTML"选项卡中选择【📅日期】按钮，弹出"插入日期"对话框，如图 5-15 所示，从中选择适当的"星期格式""日期格式""时间格式"，单击【确定】按钮即可在页面中插入日期。在插入日期时，如果勾选"储存时自动更新"复选框，表示每次修改并保存网页文档后将更新并显示当前的日期时间；取消该项选择，日期在插入后将作为文本，不会再自动更新。

Step12 在唐诗赏析网页的最后添加文字"最后更新："及日期后的效果如图 5-16 所示。

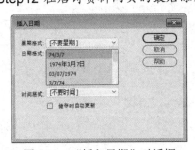

图 5-15　"插入日期"对话框

图 5-16　插入日期效果

Step13 为唐诗赏析网页中版权信息段落和"最后更新："日期段落设置 CSS 样式，以使网页更美观。定义选择器名称为".wz"的 CSS 规则，代码如下。

```
.wz {
    font-size: 14px;
    color: #666;
    text-align: center;
}
```

Step14 保存网页并在浏览器中预览网页，最终效果如图 5-3 所示。

任务 **5.2** 在网页中插入图像

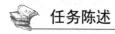 **任务陈述**

在网页中使用图像可以使网页生动、美观，更具视觉冲击力。但如果使用不恰当，过多、过大的图像不仅影响页面的整体效果，而且会影响网页的浏览及下载速度。因此，学习如何在网页中灵活、恰当地利用好图像，尤其是对插入图像的有效处理是十分重要的。

任务目标：

（1）了解网页中常用的图像格式及特点；
（2）掌握在网页中添加图像及图像对象的方法；
（3）掌握设置图像属性，以及用 CSS 设置图像样式的方法。

相关知识与技能

5.2.1 网页中常用的图像格式

虽然存在很多种图像文件格式，但网页中使用的通常只有三种，即 GIF、JPEG 和 PNG。三种图像格式的特点如下。

- GIF（图形交换格式）：GIF 文件最多使用 256 种颜色，适合显示色调不连续或具有大面积单一颜色的图像，如导航条、按钮、图标、徽标或其他具有统一色彩和色调的图像。GIF 文件的扩展名为.gif。
- JPEG（联合图像专家组）：JPEG 文件格式是用于摄影或连续色调图像的较好格式，这是因为 JPEG 文件可以包含数百万种颜色。随着 JPEG 文件品质的提高，文件的大小和下载时间也会随之增加。通常可以通过压缩 JPEG 文件在图像品质和文件大小之间达到较好的平衡。JPEG 文件的扩展名为.jpg 或.jpeg。
- PNG（可移植网络图形）：PNG 文件格式是一种替代 GIF 格式的无专利限制的格式，它包括对索引色、灰度、真彩色图像以及 alpha 通道透明度的支持。PNG 文件可保留所有原始层、矢量、颜色和效果信息（例如阴影），所有元素都是可以完全编辑的。PNG 文件的扩展名为.png。

任务实施

5.2.2 在网页中添加图像元素

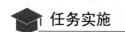
微课视频

在 HTML 中添加图像元素应用的是<img>标签，需要预先准备好图像文件，然后将光标定位于网页文档需要插入图像的位置，按以下方法之一插入图像。

- 选择"插入"→"Image"菜单命令。
- 单击"插入"面板"HTML"选项卡中的【🖻 Image】按钮。
- 使用<Ctrl+Alt+I>组合键。

● 在"文件"或"资源"面板中选择所需图像文件，直接拖动图像文件到文档窗口中。

前三种方法均可打开"选择图像源文件"对话框，选择要插入的图像，单击【确定】按钮即可插入图像。

提示：Dreamweaver 会自动生成所选图像文件的路径，如果是在未保存过的网页中添加图像文件，Dreamweaver 将使用"file://"开头的路径；如果网页文件是已保存过的文档，则 Dreamweaver 将自动转换为相对于该文档的相对路径，也可以选择相对于"站点根目录"的路径。

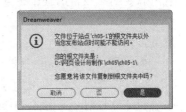

图 5-17 "Dreamweaver"消息框

将图像插入已保存过的网页文档时，图像文件也应存放在当前站点中，否则，Dreamweaver 会弹出消息框询问是否要将图像文件复制到当前站点中，如图 5-17 所示。

5.2.3 设置网页图像属性

在网页中插入图像后，可以通过图像"属性"面板对其进行设置，例如，调整图像的大小、设置替换文本、优化图像等，这些设置将分别对应图像<img>标签中的各属性。选中插入的图像，对应"属性"面板及标签属性如图 5-18 所示。

图 5-18 图像"属性"面板

图像"属性"面板中各项参数含义如下。
● ID：指定图像的名称。
● Src：指定插入图像文件的路径。
● 无：目标规则列表，显示或更改当前应用于图像的 CSS 样式。
● 宽、高：指定图像被载入浏览器时所显示的宽度、高度，对应 width 和 height 属性，单位默认是 px，也可以选择相对于原始图像的百分比。在页面中插入图像时，Dreamweaver 会自动在这两个文本框中填充图像的原始尺寸，要调整显示尺寸可以直接在文本框中输入像素值或百分比值，也可以用鼠标直接拖动图像四周的控制点。按下<Shift>键的同时拖动图像控制点，可以等比例地调整图像的大小。改变了图像的原始尺寸后，会出现【切换尺寸约束】按钮🔓、【重置为原始大小】按钮⊘、【提交图像大小】按钮✔。单击开锁状态的【切换尺寸约束】按钮🔓，将切换为闭锁状态🔒，并以宽度值的调整比例，调整图像的高度值，使图像保持原有的纵横比。单击【重置为原始大小】按钮⊘将恢复图像原始尺寸。单击【提交图像大小】按钮✔将弹出"Dreamweaver"对话框，如图 5-19 所示，询问用户是否接受对图像文件的永久改变。

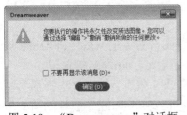

图 5-19 "Dreamweaver"对话框

提示：设置图像的宽和高只会改变图像的显示大小，并不会缩短下载时间，因为浏览器会先下载图像数据再缩放图像。若要缩短下载时间，需要改变图像文件的实际大小。

- 替换：指定图像无法正常显示时替代图像显示的替换文本，对应 alt 属性。
- 标题：用于指定图像的提示信息，对应 title 属性。

提示：替换 alt 属性和标题 title 属性的区别是，alt 属性是当图片因为某种原因不能加载时在页面中显示的提示信息，它会直接输出在原本加载图片的地方，而 title 属性是当鼠标悬停在图片上时显示的一个气泡提示，鼠标离开就没有了，HTML 的绝大多数标签都支持 title 属性。

- ✐：编辑按钮，可以快速打开外部图像处理软件对选定图像进行编辑。该按钮显示图片会因所用计算机安装的外部图像处理软件不同而不同，如安装 Photoshop 软件时，将显示为 🅿️。
- ⚙：编辑图像设置按钮，可以打开"图像优化"对话框，对图像做优化操作，所做操作会即时在文档窗口中显示。
- 🖼️：从源文件更新按钮，在 Photoshop 中对原始图像进行更改操作后，可以通过该按钮在 Dreamweaver 中对智能对象进行更新。只有在 Dreamweaver 创建了智能对象，并更改了 Photoshop 原始图像时，该按钮才可用。

提示：将 Photoshop 图像（PSD 文件）插入到页面中时，Dreamweaver 将创建智能对象。智能对象是可用于 Web 的图像，可维护与原始 Photoshop 图像的实时链接。每次更新 Photoshop 中的原始图像后，只需单击一次【从源文件更新】按钮即可在 Dreamweaver 中更新图像。

- 🔳：裁剪按钮，可以对图像进行裁切，删除不需要的区域。
- 🖼️：重新取样按钮，可以对已调整大小的图像进行重新取样，提高图片在新尺寸下的品质。
- ◑：亮度和对比度按钮，可以调整图像的亮度和对比度。
- △：锐化按钮，可以调整图像的锐度。

提示：除了在外部图像处理软件中对图像的编辑能使图像永久改变，在 Dreamweaver 中对图像尺寸的调整、编辑图像设置、裁剪、重新取样、亮度和对比度、锐化等操作也将永久性改变所选图像；可以通过"编辑"→"撤销"菜单命令撤销对图像的更改。

- 链接、目标、图像地图及热点工具：指定对图像进行的超链接设置。具体内容将在单元 6 中详细介绍。
- 原始：指定 Dreamweaver 创建智能对象时，所对应的原始 Photoshop 图像的路径。

5.2.4 用 CSS 设置网页图像样式

除了可以使用"属性"面板调整图像的显示尺寸、编辑图像等设置，还可以使用 CSS 规则设置图像样式。

1. 用 CSS 调整图像显示尺寸

类似于 HTML，用 CSS 调整图像的显示尺寸也需要设置图像对象的 width 和 height 属性，但是，在 CSS 规则中不仅可以使用 px 为单位，还可以使用%、cm、in 等单位。

用 CSS 调整图像显示尺寸的方法：为所选图像定义新的 CSS 规则，如定义选择器类型为"类"、名称为".image1"的 CSS 规则，分别设置"height"和"width"属性的值与单位，或在代码窗口直接输入代码，然后应用该 CSS 规则，参考代码如下。

```
.image1 {
    height: 200px;    /*图像高 200px*/
    width: 50%;       /*图像宽占窗口的 50%*/
}
```

2．用 CSS 设置图像边距

使用 CSS 可以从上、下、左、右四个方向设置图像与其他元素间的边距值。

用 CSS 设置图像边距的方法：为所选图像定义新的 CSS 规则，如定义选择器类型为"类"、名称为".image2"的 CSS 规则，设置 margin 属性集合，分别设置"top""right""bottom""left"属性的值与单位，或在代码窗口直接输入代码。参考代码如下，应用该 CSS 规则后的效果如图 5-20 所示。

```
.image2 {
    margin-top: 50px;     /*上边距为 50px*/
    margin-right: 50px;   /*右边距为 50px*/
    margin-left: 100px;   /*左边距为 100px*/
}
```

3．用 CSS 设置图像边框

使用 CSS 可以为图像的四边分别设置边框的样式、粗细和颜色。

用 CSS 设置图像边框的方法：为所选图像定义新的 CSS 规则，如定义选择器类型为"类"、名称为".image3"的 CSS 规则，"style"属性集合可以为四边设置样式，如"dotted（点画线）""dashed（虚线）""solid（实线）"等；"width"属性集合可以设置四边的粗细，除了可以输入数值并选取单位，还可以设置为预设的"thin（细）""medium（中）""thick（粗）"三种样式；"color"属性集合可以为四边设置颜色。参考代码如下，应用该 CSS 样式后的效果如图 5-21 所示。

图 5-20　用 CSS 设置图像边距

图 5-21　用 CSS 设置图像边框

```
.image3 {
    border-top-width: medium;    /*上边框粗细为 medium（中）*/
    border-right-width: thick;   /*右边框粗细为 thick（粗）*/
    border-bottom-width: 4px;    /*下边框粗细为 4px*/
    border-left-width: 4px;      /*左边框粗细为 4px*/
```

```
    border-top-style: dotted;      /*上边框样式为点画线*/
    border-right-style: dashed;    /*右边框样式为虚线*/
    border-bottom-style: solid;    /*下边框样式为实线*/
    border-left-style: double;     /*左边框样式为双线*/
    border-top-color: #F00;        /*上边框颜色为#F00（红色），其他边相同*/
    border-right-color: #F00;
    border-bottom-color: #F00;
    border-left-color: #F00;
}
```

5.2.5 用 CSS 设置网页的背景图像

在"页面属性"对话框中，从"外观（CSS）"或"外观（HTML）"选项卡中可以设置网页的背景颜色、背景图像，并可以简单地设置背景图像的重复方式。除此之外，利用 CSS 还可以设置背景图像的附着和定位。

用 CSS 设置网页背景图像的方法：为<body>标签新建 CSS 规则，设置"background"系列属性，具体包括以下属性：

- background-color：设置背景颜色；
- background-image：设置背景图像的路径；
- background-repeat：设置背景图像的重复方式，如"repeat（重复）""no-repeat（不重复）""repeat-x（横向重复）""repeat-y（纵向重复）"；
- background-attachment：设置背景图像的附着性，如"fixed（固定的）"和"scroll（滚动的）"；
- background-position：设置背景图像的位置，从 X（水平方向）和 Y（垂直方向）来确定，如"top（上）""center（中）""bottom（底部）"，或输入数值并选择单位。

在网页中设置如下背景图像及 CSS 属性代码，然后输入多个空白段落，查看背景图像的效果如图 5-22 所示。

图 5-22 用 CSS 设置背景图像

```
body {
    background-image: url(images/hb.png);        /*背景图像的路径*/
    background-repeat: no-repeat;                /*背景图像不重复*/
    background-attachment: fixed;                /*背景图像为固定的*/
    background-position: center center;          /*背景图像的位置为水平居中，垂直居中*/
}
```

任务拓展

5.2.6 插入鼠标经过图像

鼠标经过图像是一种在浏览器中当鼠标指针经过它时会发生变化的图像，它必须由两副图像组成，一幅是首次加载页面时显示的图像，即主图像；另一幅是鼠标指针移过主图像时显示的图像，即次图像。主、次图像应该大小尺寸相等；如果这两幅图像大小不同，浏览器将调整第二幅图像的大小来与第一幅图像匹配。

插入鼠标经过图像的方法：将光标定位在要插入鼠标经过图像的位置，选择"插入"→"HTML"→"鼠标经过图像"菜单命令，或单击"插入"面板"HTML"选项卡中的【鼠标经过图像】图标按钮，打开"插入鼠标经过图像"对话框，如图 5-23 所示。"插入鼠标经过图像"对话框中各选项的含义如下。

图 5-23 "插入鼠标经过图像"对话框

● 图像名称：鼠标经过图像的名称。
● 原始图像：即页面加载时显示的主图像。
● 鼠标经过图像：即鼠标经过主图像时显示的次图像。
● 预载鼠标经过图像：选中该选项时，次图像将被预先加载到浏览器的缓存中，以便在显示次图像时不会发生延迟。
● 替换文本：用于在无法正常显示图像时显示替换文本。
● 按下时，前往的 URL：鼠标经过图像时设置的超链接目标地址。

设置各选项后，单击【确定】按钮完成鼠标经过图像的插入。可以在浏览器中浏览鼠标经过图像的效果。如图 5-24 所示为鼠标经过前效果，如图 5-25 所示为鼠标经过时的显示效果。

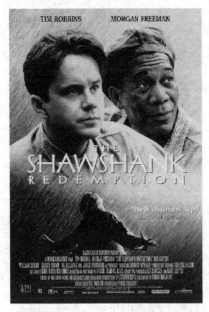 

图 5-24　鼠标经过图像前效果　　　　　　图 5-25　鼠标经过图像时效果

5.2.7　图文混排——设计制作电影介绍网站页面

微课视频

当网页中既包含文本，又包含图像时，可以通过定义 CSS 的 float 属性进行图文的简单编排。float 属性可以取值为 left、right 或 none，分别设置图像与文本左对齐、右对齐或基线对齐。下面通过设计制作电影介绍网站页面介绍简单图文混排的具体操作方法，页面效果如图 5-26 所示。

Step01 启动 Dreamweaver CC，创建本地站点 ch05-2，新建空 HTML 网页文档，并命名为 05-2.html 保存在该站点文件夹下，同时设置网页标题为"电影介绍网"。

Step02 插入 Banner 图像。将光标定位在网页顶部，选择"插入"→"Image"菜单命令，插入素材 Banner 图像。

图 5-26　电影介绍网站页面效果

Step03 插入标题文本。在 Banner 图像后按<Enter>键，输入影片标题文字"肖申克的救赎"，并在"属性"面板"HTML"选项卡中，选择"格式"为标题 2。

Step04 添加海报图片与内容文本。在影片标题文字后，选择"插入"→"Image"菜单命令，插入海报图像，并设置其 ID 为 "hb"。然后输入或复制网页文本内容，如图 5-27 所示。

图 5-27　添加图像与内容文本页面效果

　　Step05 插入网页页脚部分内容。在网页最后，选择"插入"→"HTML"→"水平线"菜单命令插入一条水平线，并输入网页底部内容。

　　Step06 设置海报图像与文本内容对齐方式。单击"CSS 设计器"面板中"源"窗格中的 + 按钮，选择"在页面中定义"选项，然后单击"选择器"窗格中的 + 按钮，添加名称为 "#hb" 的 CSS 选择器，设置其 "float" 属性为 "left"，可以使海报图像向左浮动，效果如图 5-28 所示。

　　Step07 继续设置海报图像的

图 5-28　图像与文本左对齐

显示样式。在"CSS 设计器"面板进一步设置 CSS 规则 "#hb" 的各项属性，如"宽""高"

"右边距""下边距""边框"等样式，使网页效果美观，对应代码如下。

```
#hb {
    float: left;
    margin-right: 20px;
    margin-bottom: 15px;
    border: 4px solid #333;
    width: 210px;
    height: 313px;
}
```

Step08 使用 CSS 对 Banner 图片及其他文本内容进行美化。单击"CSS 设计器"面板"选择器"窗格中 + 按钮，依次添加名称为".banner""h2"".nr"".footer"的 CSS 选择器，为 Banner 图片、标题文本、影片介绍内容部分及页面底部内容分别设置并应用样式，参考代码如下。

```
.banner{
    text-align: center;
}
h2   {
    font-family: "微软雅黑";
    text-align: center;
}
.nr {
    font-size: 16px;
    text-indent: 32px;
    line-height: 150%;
}
.footer {
    text-align: center;
    font-size: 14px;
    color: #666666;
}
```

Step09 最后设置页面属性。打开"页面属性"对话框，在"外观（CSS）"选项卡中设置页面背景颜色为#F0F0F0，页边界的左边距为 30px，右边距为 30px，对应代码如下。

```
body {
    background-color: #F0F0F0;
    margin-left: 30px;
    margin-right: 30px;
}
```

Step10 保存网页文档，按下<F12>键浏览网页图文混排效果。

单元实训 **5.3**　设计制作图书推荐网页

练习在网页中插入文本、图像、列表、特殊符号等对象的方法，以及用 CSS 设置对象样式，提高制作图文并茂网页的技能。

1．实训目的

- 掌握在网页中添加文本和图像的方法。
- 掌握用 CSS 设置文本样式的方法。
- 掌握设置图像属性的方法。
- 掌握在网页中插入特殊对象的方法。
- 掌握用 CSS 对图像和文本进行简单混排的方法。

2. 实训要求

要求利用直接输入文本、复制/粘贴文本的方法添加网页内容，并对网页文本进行格式化设置；插入需要的图像，对其进行属性设置；对网页中的图像和文本进行混排，使页面中的文本与图像完美地结合在一起。参考效果如图 5-29 所示。

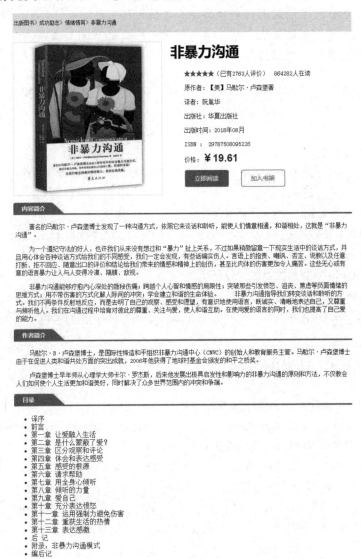

图 5-29　图书推荐网页效果

思政点滴

　　唐诗是中华民族珍贵的文化遗产之一，是中华优秀传统文化宝库中的一颗明珠。中华民族绵延不绝的悠久历史、灿烂文明，孕育滋养出源远流长、根深叶茂、丰富多样的优秀传统文化，塑造了中华民族的鲜明品格，滋养了独树一帜的中国精神，陶冶了勇敢智慧的中华儿女，是中华民族自立世界民族之林，绵延不绝、郁郁葱葱、生生不息的文化之根。中华优秀传统文化是当代中国文化软实力的重要力量源泉，积淀着中华民族最深层的精神追求，代表着中华民族独特的精神标识，体现着中华民族世世代代在生产生活中形成和传承的世界观、人生观、价值观和审美观，为中华民族生生不息、发展壮大提供了丰厚滋养，对人类文明的发展进步产生了重要而深远的影响。

在学习网页制作技术的同时，与中华优秀传统文化有效融合，厚植"中国特色"文化根脉，增强文化自觉，坚定文化自信，用社会主义核心价值观，凝心聚力，更好构筑新时代中国精神、中国价值、中国力量。

单元练习题

一、填空题

1．选择性粘贴分为_____、_____、_____、_____四种粘贴方式。

2．要在网页中插入换行符，除了在"插入"面板"HTML"选项卡中单击【换行符】按钮外，还可以通过按_____组合键实现。

3．若用 CSS 设置文本的字体集，需要设置_____属性。

4．要设置列表为嵌套列表，在选定列表项目后可以单击"属性"面板上的_____按钮。

5．在未保存的网页中添加图像文件时，Dreamweaver 将使用_____路径；如果网页文件是已保存的文档，Dreamweaver 将使用_____路径。

6．鼠标经过图像是指_____。

7．拖动控制点调整图像大小时，可按住_____键以保持图像的宽高比不变。

二、选择题

1．网页中"换行符"对应的标签为（   ）。

    A．<hr>   B．
        C．<b>   D．<i>

2．在网页中可以使用（   ）组合键插入一个"不换行空格"。

    A．Shift+Space   B．Ctrl+Space   C．Ctrl+Shift+Space   D．Shift+Alt+Space

3．要用 CSS 设置文本的大小，需要设置（   ）属性。

    A．font-family   B．font-size   C．font-style   D．font-weight

4．以下不是网页中常用的图像格式的是（   ）。

    A．wav   B．jpg   C．gif   D．png

5．可以通过 CSS 规则中的（   ）属性来设置图像和文本的对齐方式。

    A．weight   B．float   C．text-align   D．position

三、简答题

1．如何在网页中插入特殊字符？

2．如何修改列表项目符号？

3．图像替换文本的作用是什么？

4．调整图像显示尺寸的方法有哪些？

单元6

网页超链接与导航

数字经济时代需要加快信息的互联互通。链接不仅能承载着文本、影音、图像等信息，还能在互联互通中链接人们数字化的沟通与交往。超链接是链接网站内部及网站间各个网页文档和资源的纽带，是使网站"活"起来的重要法宝。网页导航是网站访问者获取所需内容的快速通道和途径，是起特殊作用的超链接。

本单元学习要点：

☐ 超链接的概念、种类和路径；
☐ 创建各类超链接、图像地图的方法；
☐ 用 CSS 设置超链接样式的方法；
☐ 网页导航的分类、位置与方向；
☐ 用 CSS 设置网页导航的方法。

任务 6.1   为网页增加超链接元素

 任务陈述

超链接是网页中最重要、最根本的元素之一，各个网页被超链接联系在一起后，才能真正构成一个网站。通过单击网页上的超链接，浏览者可以轻松地实现网页之间的跳转、文件的下载、邮件的收发等操作。创建的超链接能否有效，关键在于超链接路径设置是否准确。

任务目标：

（1）认识超链接的概念、种类及超链接路径；
（2）掌握各类超链接的作用与创建方法；
（3）掌握设置超链接 CSS 样式的方法；
（4）掌握图像地图的创建方法。

相关知识与技能

6.1.1   超链接概述

1. 认识超链接

所谓超链接是指从某个网页元素指向一个目标的连接关系。在网页中用来创建超链接

微课视频

的元素，可以是一段文字，也可以是一幅图像。而超链接的目标可以是另一个网页，也可以是网页上的指定位置，还可以是一幅图像、一个电子邮件地址、一个文件，甚至是一个应用程序。当浏览者单击设置了超链接的文字或图像后，链接目标将显示在浏览器中，并根据目标的类型打开或运行。

超链接有以下不同的分类方式：按照链接路径的不同，网页中超链接主要分为内部链接、局部链接和外部链接；按照目标对象的不同，网页中的超链接可以分为文档链接、锚点链接、电子邮件链接、脚本链接、空链接等。

2. 超链接路径

创建超链接时，超链接路径的设置非常重要，如果设置不正确，将不能完成跳转功能。超链接路径分为绝对路径和相对路径两大类。绝对路径和相对路径的相关知识在单元 1 中已经提及过，考虑到它的重要性，需要在本节中再次详细介绍。

（1）绝对路径。完整地描述文件存储位置的路径就是绝对路径，如 D:\tu\Rose.jpg。但在 Internet 中，绝对路径是指包括服务器协议和域名的完整 URL 路径。URL（Uniform Resource Locator，统一资源定位符）的一般格式如下：

```
protocol :// hostname[:port] / path / [;parameters][?query]
```

例如：http://baike.baidu.com/view/1496.htm。

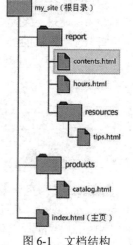

- protocol 指定使用的传输协议，主要有 http 协议，格式为 "http://"；ftp 协议，格式为 "ftp://"；SMTP 协议，格式为 "mailto:" 等。其中 "http://" 是应用最广泛的。
- hostname[:port]指存放资源的服务器的域名系统主机名或 IP 地址，方括号中是端口号，可以省略，如 baike.baidu.com。
- path 指路径，由零个或多个 "/" 符号隔开的字符串组成，一般用来表示主机上的一个目录或文件地址，如 view/1496.htm。
- [;parameters][?query] 应用于动态网页的 URL 中，指定特殊参数和查询，为可选内容。

图 6-1　文档结构

（2）相对路径。相对路径是指其他文档相对于某文档的存储路径。在同一个站点内建立链接通常采用相对路径。如图 6-1 所示的文档结构，从 contents.html 文件出发到其他文档的相对路径的写法格式如表 6-1 所示。

表 6-1　相对路径写法格式

当 前 文 件	目 标 文 件	相对路径格式	说　　明
contents.html	hours.html	hours.html	目标文件与当前文件在同一文件夹中
	tips.html	resources/tips.html	目标文件位于当前文件所在文件夹的下层文件夹中
	index.html	../index.html	目标文件位于当前文件所在文件夹的父文件夹中
	catalog.html	../products/catalog.html	目标文件位于当前文件所在文件夹的父文件夹的其他子文件夹中

在超链接中，如果链接的对象是 Internet 上其他站点的内容，必须使用完整的 URL。

对于链接对象是同一站点中内容时，使用绝对路径的优点是当前网页文件位置改变后，里面的链接还是指向正确的 URL，缺点是不利于站点的移植和本地测试；若使用相对路径，则便于将整个网站进行移植和本地测试，但当前网页文件的位置发生改变时，链接路径也需要更新，否则链接会出错。

在 HTML 中使用相对路径还常分为两类：相对当前文档、相对站点根目录。其中，站点根目录相对路径描述从站点的根文件夹到文档的路径，在处理使用多个服务器的大型 Web 站点，或者在使用承载多个站点的服务器时，通常需要使用该种路径。其他情况下，一般建议使用文档相对路径。

微课视频

6.1.2 创建各类超链接

HTML 中超链接应用的标签是<a></a>，在 Dreamweaver CC 中可以通过菜单或面板命令按钮、链接对象的"属性"面板直接设置或拖曳等方式创建超链接，方法简单、方便。下面具体介绍创建几种超链接的方法。

1. 文档链接

网页中应用最多的是以文字或整幅图像为链接源，以某个文档为目标的超链接。具体操作方法是，首先选定作为链接源的文字或图像，然后按以下方式之一即可创建文档链接。

（1）使用菜单或面板命令按钮创建超链接。选择"插入"→"Hyperlink"菜单命令，或者单击"插入"面板"HTML"选项卡中的【Hyperlink】图标按钮 ，打开"Hyperlink（超级链接）"对话框，从中设置链接文本、链接目标和链接目标打开的方式等，如图 6-2 所示。

"Hyperlink"对话框各项含义如下：

- 文本：设置要创建超链接的文本，Dreamweaver 会自动添加选中的文本，也可以手工输入链接显示的文本。

- 链接：指定链接目标对象的路径，可以直接输入，也可以通过单击后面的【浏览】按钮 ，打开"选择文件"对话框进行选择。

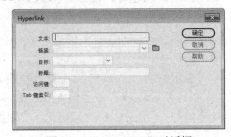

图 6-2 "Hyperlink"对话框

提示：超链接多采用相对路径，建议先保存新网页文档，然后再创建文档中的超链接。因为如果没有一个确切的起点，则文档相对路径无效。在保存网页文档之前创建超链接，Dreamweaver 将临时使用以"file://"开头的绝对路径；当保存该网页文档时，Dreamweaver 将"file://"路径自动转换为相对路径。

- 目标：指定链接目标打开的窗口，其中，"_blank"表示在新窗口中打开；"new"也表示在新窗口中打开；"_parent"表示在上级窗口中打开（主要用于框架结构的网页中）；"_self"表示在当前窗口中打开；"_top"表示在顶层窗口中打开（主要用于框架结构的网页中）。Dreamweaver 默认在当前窗口中打开。

- 标题：设置超链接的标题。在浏览器中，当鼠标置于超链接文本上时，将在鼠标后出现一个黄色的浮动框，显示超链接标题的名称。

- 访问键：设置可用来在浏览器中选择该链接的等效键盘键（一个字母）。

● Tab键索引：设置Tab键顺序的编号。

（2）在"属性"面板中直接创建超链接。在文本"属性"面板"HTML"选项卡中的"链接"文本框中直接输入路径，或者单击"链接"后面的【浏览文件】按钮，在打开的对话框中选择目标文件创建超链接。或者拖动"链接"后面的【指向文件】图标按钮，将出现一条源自按钮的箭头，将箭头拖到"文件"面板中的目标文件上也可创建链接。在"属性"面板中可同时设置超链接的标题和目标，如图6-3所示。

图6-3　"属性"面板设置超链接

提示：创建超链接的目标文件不仅可以是网页文件，还可以是其他类型文件，如图像文件、音频文件、视频文件、文本文件等。单击超链接，目标文件将在浏览器中打开，如果目标文件需要其他应用程序打开，则单击超链接后会弹出"下载文件"对话框，询问用户执行打开或者保存操作。

2. 锚点链接

锚点链接的功能是：单击超链接对象后，可以跳转到本页面或其他页面中的指定位置，即命名锚点处。锚点超链接通常用于长篇文章、技术文档等内容的网页中。

创建锚点链接分为建立命名锚点和创建指向命名锚点的超链接两部分，具体操作方法如下。

首先，创建命名锚点。在"设计"视图中，选中要设置为锚点的项目，如文本或图像，在其"属性"面板中为其设置"ID"。或者在"代码"视图中，直接在需要插入锚记的位置输入代码<a name="[命名锚点的名称]"></a>即可，如<a name="top"></a>，其中top即命名锚点的名称。

提示：同一页面中命名锚点的名称不能重复，且锚点名称区分大小写。如果用输入代码<a>的方式添加了命名锚点后，文档"设计"视图中将出现命名锚点图标；如果没有出现该图标，可以选择"编辑"→"首选项"菜单命令，在"不可见元素"分类中选中"命名锚记"选项使其显示。

然后，链接回命名锚点。选定要设置锚点链接的文本或图像，在其"属性"面板的"链接"文本框中，输入一个"#"字符和命名锚记名称，如"#top"即可。设置如图6-4所示。

图6-4　链接回命名锚点

提示：锚点链接也可以指向其他页面中的命名锚点处，此时在"链接"框中以"其他页面的路径#锚点名称"格式输入即可。

3. 电子邮件链接

使用电子邮件链接，可以方便地打开浏览器默认的邮件处理程序进行发送电子邮件的操作，收件人地址即电子邮件链接指定的邮箱地址。添加电子邮件链接的操作步骤如下。

选定要设置电子邮件超链接的文本或图像，选择"插入"→"HTML"→"电子邮件链接"菜单命令，或者单击"插入"面板"HTML"选项卡中的【☒电子邮件链接】按钮，弹出"电子邮件链接"对话框，其中"文本"文本框中的内容默认为选定的文字，也可以直接输入，在"电子邮件"文本框中输入收件人的电子邮箱地址，如图 6-5 所示，单击【确定】按钮完成电子邮件超链接的创建。

提示：如果选定的文本是一个电子邮箱地址，Dreamweaver 会自动在"电子邮件链接"对话框中默认"文本"和"电子邮件"文本框中均为选定的文本。

添加电子邮件链接也可以在链接源的"属性"面板"链接"文本框中直接输入"mailto:邮箱地址"，如图 6-6 所示。

图 6-5　"电子邮件链接"对话框

图 6-6　直接输入创建电子邮件链接

4. 脚本链接

脚本链接能执行 JavaScript 代码或调用 JavaScript 函数。它的作用广泛，能够在不离开当前 Web 页面的情况下为访问者提供有关项目的附加信息，还可用于在访问者单击特定项时，执行计算、验证表单和完成其他处理任务等。添加脚本链接的具体方法如下。

选定页面中的文本或图像，在文档"代码"视图或"属性"面板的"链接"文本框中直接输入脚本代码。如要实现弹出一个显示"hello"的窗口，可以输入如下代码，如图 6-7 所示。

```
javascript:alert('hello!');
```

图 6-7　创建脚本链接

提示：在"javascript:"后可跟一些 JavaScript 代码或一个调用函数，如 javascript:window.close();可用于关闭窗口，但在冒号与代码或与调用函数之间不能有空格。

5. 空链接

空链接是未指派目标端点的链接，可以用于向页面上的对象或文本附加行为。添加空链接具体操作如下。

选定要设置空链接的文本或图像，在"属性"面板的"链接"文本框中输入"#"或"javaScript:;"即可。

可以为空链接附加行为，例如可以为空链接添加单击事件行为，将百度主页加入收藏夹。操作方法是在文档的"代码"视图中，在超链接标签中直接输入代码，对应代码如下：

```
<a href="javaScript:;" onClick="window.external.addFavorite('http://www.baidu.com',
'百度');">收藏百度</a>
```

需要注意的是，并不是所有浏览器都支持脚本链接和空链接的 JavaScript 程序，一般情况下，IE 浏览器在设置"网页允许脚本或 ActiveX 控件"后，可以正常执行，但是其他多数浏览器，如谷歌 Chrome、360 浏览器，一般不支持其运行。

提示： 修改超链接的操作步骤与创建超链接相同，若要删除超链接，只要选定超链接对象，将"属性"面板"链接"下拉列表中的内容删除即可。

任务实施

6.1.3 为腊八节网页添加超链接

下面通过为腊八节网页添加超链接进一步熟悉各类超链接的创建方法，案例效果如图 6-8 所示。

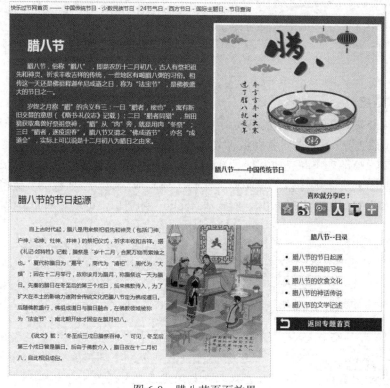

图 6-8 腊八节页面效果

具体操作步骤如下。

Step01 启动 Dreamweaver CC，创建本地站点 ch06-1，打开配套资料中的素材网页文件 06-1sucai.html，然后以 06-1.html 为文件名另存在该站点文件夹下。若"属性"面板没有显示，选择"窗口"→"属性"菜单命令，打开"属性"面板。

Step02 添加文档链接。选中要添加超链接的文字或图片，如腊八节饮食中腊八粥图片，在"属性"面板的"链接"文本框中，选择要链接的文件，设置"目标"为"_self"，如图 6-9 所示。保存并按<F12>键，可以在浏览器中浏览超链接效果，单击腊八粥小图片后，可以在当前窗口打开该图片的原始大图。

图 6-9　为腊八粥图片添加文档链接

Step03 添加锚点链接。首先创建命名锚点，选中要设置锚点的对象，如通过标签选择器选中文字为"腊八节的节日起源"DIV 标签，设置其 ID 为"jrqy"，如图 6-10 所示。

Step04 链接回命名锚点。选中网页右侧关于腊八节内容的目录条目，在"属性"面板"链接"框中，输入一个"#"字符和命名锚记名称"#jrqy"，即可链接到锚点对象，如图 6-11 所示。保存并按<F12>键在浏览器中查看效果。

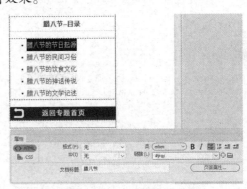

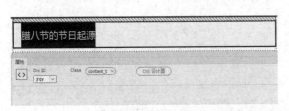

图 6-10　设置锚点对象 ID　　　　图 6-11　为文本添加链接到锚点

Step05 用同样的办法，可以为目录其他条目添加锚点链接。

Step06 添加电子邮件链接。选中页面最底端的邮箱地址"wyzz@sdcet.cn"，选择"插入"→"HTML"→"电子邮件链接"菜单命令，在弹出"电子邮件链接"对话框中自动默认链接到选中的邮箱地址，如图 6-12 所示。保存并按<F12>键在浏览器中查看效果。

Step07 添加空链接。选中网页中其他需要进行超链接的文字，在还没有确定的链接目标前，设置空链接。如选定网页顶部导航栏文字"中国传统节日"，在"属性"面板"链接"文本框中，输入"#"字符，即可设置其为空链接，如图 6-13 所示。保存并按<F12>键在浏览器中预览，单击超链接将不会跳转。

图 6-12　为邮箱地址添加电子邮件链接

图 6-13　为文本添加空链接

⚲ 任务拓展

6.1.4 用 CSS 设置超链接

设置完超链接后，默认超链接的样式为链接文本带有下画线，链接前文本为蓝色，在浏览器中单击超链接，链接活动过程中链接文本为红色，之后文本变为暗紫色。可以通过 CSS 属性修改超链接的样式。下面继续对"腊八节网页"设置超链接 CSS 样式，以使其更加美观。

Step08 选择"文件"→"页面属性"菜单命令，或单击"属性"面板上的【页面属性】按钮，打开"页面属性"对话框，选择"链接（CSS）"选项卡，在其中设置链接的字体、大小、链接状态的颜色，以及下画线样式等，具体设置如图 6-14 所示。

设置完成后，对应的代码如下。

```css
a:link {        /* 设置超链接对象链接时的样式，颜色为#2D2B2C，文本无下画线 */
    color: #2D2B2C;
    text-decoration: none;
}
a:visited {     /* 设置超链接对象已访问后的样式，颜色为#2D2B2C，文本无下画线 */
    text-decoration: none;
    color: #2D2B2C;
}
a:hover {       /* 设置超链接对象变换时的样式，颜色为#F90B0F，文本有下画线 */
    text-decoration: underline;
    color: #F90B0F;
}
a:active {      /* 设置超链接对象活动链接时的样式，颜色为#F90B0F，文本无下画线 */
    text-decoration: none;
    color: #F90B0F;
}
```

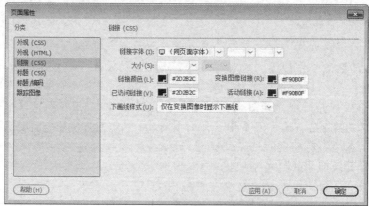

图 6-14　设置超链接样式

从上述代码可以看出，CSS 样式可以设置超链接不同状态的样式，为此 CSS 定义了四种伪类，"a:link"设置超链接对象正常显示的样式，即未访问前的样式；"a:visited"设置超链接对象已访问后的样式；"a:hover"设置超链接对象变换时的样式，即鼠标悬停在超链接文本上的样式；"a:active"设置超链接对象活动链接时的样式，即单击超链接并释放超链接之前的样式，此过程时间非常短，通常效果不明显。

Step09 保存网页，并按<F12>键在浏览器中预览网页效果。

6.1.5　创建图像地图

微课视频

在 Dreamweaver 中不仅可以方便地为一幅图像添加超链接，还可以为图像中不同的区域创建不同的超链接，即图像地图。图像地图是 Javascript 中的专业术语，是指已被分为多个区域的图像，这些区域称为热点。当用户单击某个热点时，会显示其链接的目标文件。

添加图像地图的具体操作方法如下。

首先，选中要设置热点的图像，单击图像"属性"面板左下角的【热点工具】图标按钮，具体包括【矩形热点工具】图标按钮、【圆形热点工具】图标按钮、【多边形热点工具】图标按钮三种，在图像上拖动创建热点，例如，在腊八节网页上部图片中腊八粥碗的区域位置创建椭圆形热点效果，如图 6-15 所示。此时热点的四周带有控制点，可以选定【指针热点工具】图标按钮，拖动热点区域的位置或调整热点区域的大小。

图 6-15　创建椭圆形热点区域

然后，在"属性"面板中，为热点设置链接目标文件的路径，并设置打开链接目标的位置和替换文本，方法与设置普通超链接一样，也可以设置到锚点的链接。"属性"面板设置如图 6-16 所示。

图 6-16　热点"属性"面板

在绘制不规则形状的热点区域时，需要在图像上各个转折点单击一下，最后单击【指针热点工具】按钮封闭此形状。例如，对"腊八"文字图片设置多边形热点效果，如图 6-17 所示。

图像地图可以根据图像体现的内容划分为不同的区域，并设置不同的超链接，适当地使用图像地图可以免除对网页图像的编辑操作，达到事半功倍的效果。

图 6-17　创建多边形热点区域

任务 6.2　设计网页导航

任务陈述

网页导航是网页设计中不可缺少的部分，是访问者浏览网站时从一个页面跳转到另一个页面的快速通道。为了使网站信息可以有效地传递给用户，网页导航一定要简洁、直观、明确。

任务目标：

（1）认识网页导航的主要作用；

（2）掌握网页导航的分类与方向；

（3）掌握用 CSS 创建网页水平导航与垂直导航的方法。

🕐 相关知识与技能

6.2.1　网页导航概述

网页导航的目的是使网站的层次结构以一种有条理的方式清晰展示出来，引导用户毫不费力地找到所需信息，使用户在浏览网站的过程中不至于迷失。它的作用概括起来主要有以下几个方面。

（1）定位显示位置。和现实生活不同，互联网无法体现类似东西南北、前后左右的方向感，为使用户不迷失在庞大的互联网信息中，需要由网页导航给用户提供信息来找到方向感，如"我在哪里？""这里有哪些内容？""我还能去什么地方？""怎样去？"等。

（2）展现网站架构。用户不仅需要确定自己在网站中的位置，还需要清楚"这里有什么"。也就是说，网页导航需要提供信息来展现整个网站内容的架构，如网站包括哪几部分（如首页、公司简介、产品等）、主要板块的内容分类（如当当网站按照商品种类划分产品）、每个分类中的细化分类（往往称为二级菜单）、特殊信息的入口（如热点、新闻等）。

（3）显示品牌形象。不同的品牌诉求，采用不同的网页导航风格，主要体现在颜色、线条、形状、质感等。

（4）影响用户体验。尤其对于购物网站来说，导航的设计对转化率、销售额影响巨大。如果导航设置不当将导致顾客找不到要购买的商品，使客服中心等服务部门成本增加，降低用户在网站中的沉浸感等。

6.2.2　网页导航分类

网页导航是网页设计的重点，导航的设计甚至决定了整个网站的风格。而导航的种类众多，其作用和起到的效果也各有不同，应用较多的导航有以下几类。

1．水平栏导航

水平栏导航是最流行的网站导航设计模式之一，它常用于网站的主导航菜单，用于显示网站的内容分类，如图 6-18 所示。水平栏导航设计模式有时设有下拉菜单，当鼠标移到某个菜单项上时，会弹出对应的二级子导航项。

2．垂直栏导航

类似水平栏导航，垂直栏导航也是当前最通用的模式之一，几乎存在于各类网站上。垂直栏导航可以单独使用，作为次导航，也常常与子导航菜单结合用于包含很多链接的网站主导航，如图 6-19 所示。

图 6-18 水平栏导航实例

图 6-19 垂直栏导航实例

3．选项卡导航

选项卡导航几乎可以设计成用户想要的任何样式，如立体效果的标签、圆角标签，以及简单的方边标签等。选项卡导航存在于各种各样的网站中，一般是水平方向的，也有垂直的（堆叠标签）。选项卡导航对用户有积极的心理效应，但不太适用于链接很多的情况，如图 6-20 所示。

4．菜单导航

菜单导航主要有出式菜单和下拉菜单两种，出式菜单（一般与垂直栏导航一起使用）和下拉菜单（一般与水平栏导航一起使用）是构建健壮的导航系统的良好方法，它使得网站整体上看起来很整洁，而且使得深层结构页面很容易被访问，如图 6-21 所示。

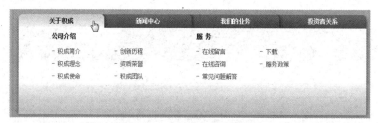

图 6-20 选项卡导航实例

图 6-21 下拉菜单导航实例

5．面包屑导航

面包屑导航是二级导航的一种形式，是辅助网站的主导航系统。面包屑对于多级别、具有层次结构的网站特别有用，它可以帮助访客知道当前自己在整个网站中所处的位置。如果访客希望返回到某一级，只需要单击相应的面包屑导航项即可，如图 6-22 所示。

6．标签导航

标签导航经常被用于博客和新闻网站，它们常常被组织成一个标签云，导航项可能按字母顺序排列，或者按流行程度排列。标签导航也多用于二级导航，可以提高网站的可发现性和探索性，如图 6-23 所示。

图 6-22 面包屑导航实例

图 6-23 标签导航实例

7．页脚导航

页脚导航通常用于次要导航，而且通常用于放置其他地方都没有的导航项。页脚导航一般使用文字链接，偶尔带有图标，如图 6-24 所示。

| 网站声明 | 服务网点 | 网站地图 | 联系我行 | 短信银行服务 | 服务热线 95588   中国工商银行版权所有 京ICP证 030247号

图 6-24　页脚导航实例

8．个性化导航

有些网页的导航以体现网站的个性为主，不拘一格，采用各种样式力求使网站与众不同，如图标样式导航、气泡样式的导航、三维样式导航，以及 JavaScript 动画导航等，如图 6-25 所示。

图 6-25　个性化导航实例

6.2.3　网页导航方向

网页导航的方向总地说来主要有横向、纵向和不规则三种。

1．横向导航

横向导航是网页主导航采用最多的形式，而且主导航的项目个数通常在 5～12 个。对于有非常复杂的信息结构且有很多模块组成的网站来说，横向导航应该使用水平栏导航和下拉菜单导航相结合的方式进行构建。

2．纵向导航

纵向导航几乎适用于所有种类的网站，尤其适合有大量主导航链接的网站。由于纵向导航菜单可以不受页面长度限制，因此可以含有很多链接。但是需要注意，纵向导航太长、导航项目太多时，容易削弱用户对已浏览项目的印象。纵向导航可以放在页面的左侧，也可以放在右侧，但是根据用户从左向右的习惯，左边的纵向导航比右边的纵向导航效果要好。

3．不规则导航

不规则导航打破了网页常见的"横平竖直"的布局形式，它可能是倾斜的，也可能是波浪形的，甚至是分散的。不规则导航可以充分体现网站的个性与特色，带给用户强烈的视觉冲击，但是，不适合信息量特别大、需要有较多分类的网站。

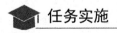
任务实施

6.2.4　为"中国地理"网页增加垂直方向导航

微课视频

传统制作网页导航通常使用表格技术，将导航项目分别放置在表格的单元格中，然后设置表格和单元格的样式。而用 CSS 设计制作网页导航，则把导航项目看作列表项目，通常用<ul>标签进行定义，然后设置列表项与超链接的样式，这样将导航项目与样式进行分别控制，更有利于导航项目的增删与修改。下面通过为"中国地理"网页添加垂直方向导航条来具体讲解，案例效果如图 6-26 所示。具体操作步骤如下。

Step01 启动 Dreamweaver CC，创建本地站点 ch06-2，打开配套资源中的素材网页文件 06-2sucai.html，然后以 06-2.html 为文件名另存在该站点文件夹下。

Step02 添加垂直导航项目。将光标定位在要添加垂直导航项目的位置，删除提示文字"在这里添加垂直导航栏"，输入导航项目内容，通过选择"插入"→"项目列表"菜单命令或单击"属性"面板"HTML"选项卡中的【项目列表】图标按钮，将其设置为项目列表。

Step03 为垂直导航项目添加超链接。分别选中每一个垂直导航项目，如"海岛风光"，在"属性"面板"链接"文本框中输入"#"，为各项目添加空链接，如图 6-27 所示。

Step04 用 CSS 定义垂直导航项目样式。单击"CSS 设计器"面板中"选择器"窗格中的 + 按钮，添加名称为".vnav li"的 CSS 选择器，设置列表项目的"符号样式"为 none。".vnav li"规则对应代码如下。

```
.vnav li {
    list-style-type: none;
}
```

图 6-26　"中国地理"网页垂直导航条效果

Step05 为垂直导航项目应用 CSS 样式。通过标签选择器，选中垂直导航项目列表标签\<ul\>，在"属性"面板"HTML"选项卡中设置"类"的值为"vnav"，网页效果如图 6-28 所示。

Step06 设置垂直导航链接 CSS 样式。单击"CSS 设计器"面板"选择器"窗格中的 + 按钮，添加名称为".vnav li a"和".vnav li a:hover"的 CSS 选择器，以定义超链接样式和超链接变换时的样式。其中，设置超链接显示为方块样式（display 属性为 block），这样可以使背景颜色等样式效果填满它所在的导航项。设置颜色、块大小、间距等属性，对应代码如下。应用 CSS 样式后效果如图 6-29 所示。

图 6-27　添加垂直导航项目　　　　图 6-28　为垂直导航项目应用 CSS 规则效果

```css
.vnav li a{
  color: #000;
  text-decoration: none;
  background-color: #D9FFA0;
  text-align: center;
  line-height: 32px;
  display: block;
  width: 189px;
  margin-bottom: 2px;
}
.vnav li a:hover{
  color:#ADB96E;
  background-color:#fff;
}
```

Step07 设置 CSS 样式消除垂直导航左侧空白。单击"CSS 设计器"面板"选择器"窗格中的 + 按钮，添加名称为".vnav"的 CSS 选择器，设置"margin"和"padding"属性值均为"0"，以消除垂直导航项目左侧的空白，对应代码如下。应用 CSS 样式后的效果如图 6-30 所示。

```css
.vnav{
  margin: 0;
  padding: 0;
}
```

图 6-29　设置链接样式后的导航效果　　　　图 6-30　消除垂直导航左侧空白效果

Step08 保存网页文档，按<F12>键在浏览器中浏览网页效果。

🔍 任务拓展

6.2.5 为"中国地理"网页增加水平方向导航

水平方向导航与垂直方向的导航创建方式类似，但是由于列表项目本身是垂直方向排列，因此需要设置 float 属性来使导航项目浮动以达到水平排列的效果。我们继续前面的"中国地理"网页案例，为其添加水平方向的导航，具体操作步骤如下。

Step09 添加水平方向导航项目。将光标定位在要添加水平导航项目的位置，删除提示文字"在这里添加水平导航栏"，输入导航项目内容，通过选择"插入"→"项目列表"菜单命令或单击"属性"面板"HTML"选项卡中的【项目列表】图标按钮 ▦，将其设置为项目列表。

Step10 为水平方向导航项目添加超链接。分别选中每一个水平导航项目，如"首页"，在"属性"面板"链接"文本框中输入"#"，为各项目添加空链接，如图 6-31 所示。

Step11 用 CSS 定义导航项目横向样式。单击"CSS 设计器"面板"选择器"窗格中的 ➕ 按钮，添加名称为".hnav"与".hnav li"的 CSS 选择器，分别设置列表项目的"符号样式"为 none，设置列表项目向左浮动（float 属性为 left），该 CSS 规则将使每个列表项的后一项贴于自身右侧，形成水平排列的样式。".hnav"与".hnav li"规则对应代码如下。

```
.hnav {
    list-style: none;
    padding: 0px;
}
.hnav li{
    float: left;
}
```

Step12 为水平方向导航项目应用 CSS 样式。通过标签选择器，选中水平导航项目列表标签<ul>，在"属性"面板"HTML"选项卡中设置"类"的值为"hnav"，网页效果如图 6-32 所示。

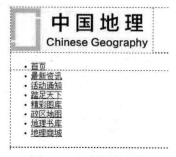

图 6-31　添加导航项目

图 6-32　导航项目横向效果

Step13 设置水平导航链接 CSS 样式。单击"CSS 设计器"面板"选择器"窗格中的 ➕ 按钮，添加名称为".hnav li a"和".hav li a:hover"的 CSS 选择器，以定义超链接样式和超链接变换时的样式。同时设置颜色、块大小、间距等属性，对应代码如下。应用 CSS 样式后效果如图 6-33 所示。

```
.hnav li a{
    color: #000;
    text-decoration: none;
    background-color: #ADB96E;
    text-align: center;
    display: block;
    height: auto;
```

```
    line-height: 35px;
    width:118px;
    margin-left: 2px;

}
.hnav li a:hover{
    background-color:#093;
    color:#FF0;
}
```

| 首页 | 最新资讯 | 活动通知 | 踏足天下 | 精彩图库 | 政区地图 | 地理书库 | 地理商城 |

图 6-33 设置链接样式后的水平导航效果

Step14 用 CSS 定义当前导航项的样式。单击"CSS 设计器"面板"选择器"窗格中的＋按钮，添加名称为".hnav .current a"的 CSS 选择器，设置所需属性，对应具体代码如下。

```
.hnav .current a {
    background-color:#093;
    color: #FF0;
}
```

Step15 为当前导航项应用 CSS 规则。将光标定位在所需列表项中，如"精彩图库"，单击状态栏标签选择器"<li>"，在"属性"面板"CSS"选项卡中设置"目标规则"的值为"current"，或在"属性"面板"HTML"选项卡中设置"类"的值为"current"，即对该列表项应用 CSS 规则。网页效果如图 6-34 所示。

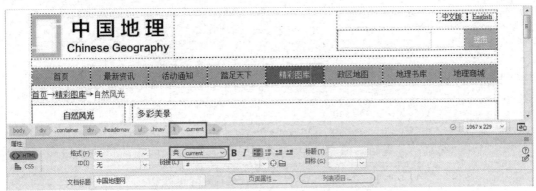

图 6-34 当前导航项效果

Step16 设置网页其他超链接样式。根据网页整体效果，在"页面属性"中设置页面一般超链接样式，CSS 代码如下。

```
a:link {
    color: #333;
    text-decoration: none;
}
a:visited {
    color: #333;
    text-decoration: none;
}
a:hover {
    color: #333;
    text-decoration: underline;
}
a:active {
    text-decoration: none;
}
```

Step17 保存网页文档，按<F12 键>在浏览器中浏览网页效果。

单元实训 6.3　设计制作"点点星空"网站页面

重点练习创建超链接、创建图像地图和用 CSS 设置超链接样式及网页导航的具体方法。

1．实训目的

● 掌握在网页中创建超链接的几种方法。

● 掌握在网页中创建图像地图的方法。

● 掌握用 CSS 设置超链接样式的方法。

● 掌握用 CSS 制作网页导航的方法。

2．实训要求及网页设计效果

要求在配套资源中所提供的素材页面中分别创建文档链接、锚点链接、电子邮件链接、空链接和脚本链接；根据图像的内容设置不同的图像热点，并为热点添加超链接。然后利用 CSS 为页面添加横向和纵向导航。

添加横向导航的参考代码如下。

```css
/* 横向导航样式 znav */
.znav li {
  float:left;
  list-style-type: none;
}
.znav li a{
  color:#fff;
  text-decoration:none;
  padding-top:8px;
  display:block;
  width:80px;
  height:28px;
  text-align:center;
  margin-left:2px;
  background-image: url(images/button4.jpg);
  font-family: "楷体";
  font-size: 16px;
}
.znav li a:hover{
  background-image:url(images/button3.jpg);
  color:#C00;
  font-family: "楷体";
  font-size: 16px;
}
.znav .current a {
  background-image:url(images/button3.jpg);
  color: #C00;
  font-family: "楷体";
  font-size: 16px;
}
添加纵向导航的参考代码如下。
.tnav {
  list-style: none;
  padding: 0;
}
.tnav li {
  border-bottom: 1px solid #666;
}
.tnav a, .tnav a:visited {
  padding: 5px 5px 5px 35px;
  display: block;
  width: 140px;
```

```
  text-decoration: none;
  background:#333;
  color:#FC0
}
.tnav a:hover, .tnav a:active {
  background:#CCC;
  color: #f00;
}
```

点点星空网站页面效果如图 6-35 和图 6-36 所示。

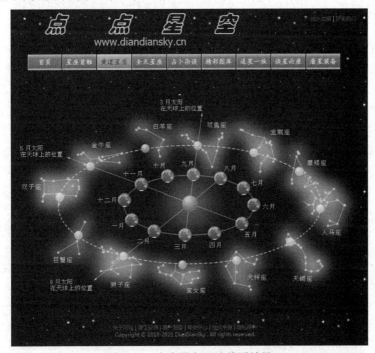

图 6-35　点点星空网站首页效果

图 6-36　"点点星空"网站狮子座页面效果

思政点滴

网站中超链接的正确与否，关键在于确定链接目标后，设置正确的路径。这也宛如我们的人生，有人认为上班拼命赚钱就是实现人生最好的方式，但是长远的职业规划和人生发展才是关键，成为高素质技术技能人才，最终成为能工巧匠、大国工匠才是我们人生价值的最好体现。

单元练习题

一、填空题

1. 网页中的超链接按照目标对象的不同可以分为文档链接、_____、_____、脚本链接、_____等。

2. 超链接的路径可以使用_____路径和_____路径两种。

3. 设置超链接目标文件在新窗口中打开，可在"属性"面板上设置"目标"属性为_____或_____。

4. 在页面中添加空链接的作用是_____，创建空链接需要在"属性"面板的"链接"文本框中输入_____或_____。

5. CSS 定义了四种伪类可以区别设置超链接不同状态的样式，分别为_____、_____、_____、_____。

6. 图像地图可以设置_____、_____、_____三种形式的热点区域。

7. 网页导航的方向主要有_____、_____和_____三种。

二、选择题

1. 默认的文本超链接文本颜色为（　　）。
　　A. 蓝色　　　　　　B. 红色　　　　　　C. 紫色　　　　　　D. 黑色

2. 默认已访问过的超链接的颜色为（　　）。
　　A. 蓝色　　　　　　B. 红色　　　　　　C. 紫色　　　　　　D. 黑色

3. 创建超链接的"目标"属性为"_self"表示的是（　　）链接目标。
　　A. 在上级窗口中打开　　　　　　　　B. 在新窗口中打开
　　C. 在当前窗口中打开　　　　　　　　D. 在父层窗口中打开

4. 要为文本或图像添加电子邮件链接，需要在"链接"文本框中邮箱地址前添加（　　）。
　　A. news:　　　　　B. ftp://　　　　　C. http://　　　　　D. mailto:

5. 设计制作网页导航时，可用（　　）标签定义导航项目，然后设置导航项的 CSS 样式。
　　A. <p>　　　　　　B.
　　　　　　C. <ul>　　　　　　D. <hr>

三、简答题

1. 超链接的路径有几种？各有什么优缺点？

2. 超链接的作用是什么？可以使用哪几种方法进行创建？

3. 锚点链接的作用是什么？如何创建？

4. 脚本超链接的作用是什么？如何创建？

5. 网页导航的作用有哪些？有哪些分类？

单元7

表格化网页布局

在 Dreamweaver 中，表格除了可以显示数据外，最主要的功能是布局网页。使用表格可以精确定位网页在浏览器中的显示位置，也可以控制网页元素有序地显示在网页的具体位置，从而设计出期望的网页版式。本单元主要学习插入表格、编辑表格、设置表格属性、使用表格布局网页的方法。

本单元学习要点：

- ❑ 插入、编辑表格；
- ❑ 设置表格属性；
- ❑ 表格式数据的导入；
- ❑ 表格化网页布局。

任务 **7.1**　表格的插入与编辑

任务陈述

在网页设计制作中，表格是页面布局常用方法之一。用表格布局的网页浏览器兼容性好，并且下载速度快。在学习表格化网页布局之前，首先要掌握插入表格、设置表格的属性、编辑表格的相关知识和技能。

任务目标：

（1）认识表格，了解表格标签；
（2）掌握插入表格、设置表格属性的方法；
（3）掌握表格的编辑方法。

相关知识与技能

微课视频

7.1.1　认识表格

表格是由若干行和列组成的。表格横向是行，纵向是列，行与列交叉的区域是单元格，表格的基本组成如图 7-1 所示。一般以单元格为单位插入网页元素，以行或者列为单位修改性质相同的单元格。单元格中的内容和单元格边框的距离叫边距，单元格和单元格之间的距离叫间距，整个表格边缘叫边框。

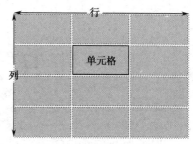

图 7-1　表格的基本组成

7.1.2　表格标签

表格标签有<table>、<tr>和<td>，它们的属性及功能在本书单元 1 中做过简单的介绍。如要生成一个 3 行 2 列的表格，其代码如下。

```
<table width="600" border="0">
  <tbody>
    <tr>
      <td> </td>
      <td> </td>
    </tr>
    <tr>
      <td> </td>
      <td> </td>
    </tr>
    <tr>
      <td> </td>
      <td> </td>
    </tr>
  </tbody>
</table>
```

代码解析：表格包含<table></table>、<tr></tr>、<td></td> 3 对标签。其中，<table>是一个容器标签，<table>、</table>分别代表表格的开始和结束；<tr>用来定义表格中的每一行，<tr>、</tr>分别代表一个行的开始与结束，<tr>标签只能放在<table></table>标签对中使用；<td>用来定义一行中的每一个单元格，<td>、</td>分别代表一个单元格的开始和结束，<td>标签只能放在<tr></tr>标签对中才有效。此外，在<table></table>标签中，还有一对<tbody> </tbody>标签，该标签用于组合 HTML 表格的主体内容，其内部必须包含一个或者多个 <tr> 标签。

在<table></table>标签中包含多个属性，用来设置表格样式，如 width（表格的宽度）、border（边框的宽度）、cellpadding（单元格边距）、cellspacing（单元格间距）等；<td></td>标签中包含 align 属性，align 是水平对齐方式，取值分别为 left（左对齐）、center（居中）、right（右对齐）。

7.1.3　表格属性面板

选择生成的表格，通过修改表格"属性"面板中的各项参数，可以使表格更加符合设计的需要。表格"属性"面板如图 7-2 所示。

图 7-2　表格"属性"面板

表格"属性"面板中各项参数含义如下。

- 行、列：用于定义表格包含的行数、列数。
- 宽：以像素为单位或按浏览器窗口宽度的百分比指定表格的宽度。
- CellPad：即单元格边距，是单元格内容和单元格边框之间的像素数。对于大多数浏览器来说，该参数的值设为 "1"。如果用表格进行页面布局时，可将该参数的值设为 "0"。
- CellSpace：即单元格间距，设置相邻的表格单元格间的像素数。
- Align：设置表格在网页中的对齐方式，可以选择 "默认" "左对齐" "居中对齐" "右对齐" 方式。
- Border：以像素为单位设置表格边框的宽度。
- Class：用于选择 CSS 样式应用于表格。
- ⥯ 按钮：清除列宽按钮。单击该按钮，可以取消单元格的宽度设置，使其宽度随单元格的内容自动调整。
- Ⅰⅰ 按钮：清除行高按钮。单击该按钮，可以取消单元格的高度设置，使其高度随单元格的内容自动调整。
- ⥯ 按钮：将表格每列宽度的单位和表格宽度的单位转换成像素。
- ⥮ 按钮：将表格每列宽度的单位和表格宽度的单位转换成百分比。

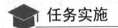 任务实施

7.1.4 插入表格

下面以制作 "职工工资单" 网页表格为例介绍表格的插入与编辑方法。

Step01 在 ch07 文件夹中创建本地站点 ch07-1，新建一个空白的网页文件，将其以 07-1.html 为文件名保存在创建的本地站点文件夹中。

Step02 选择 "插入" → "Table" 菜单命令，打开 "Table" 对话框，如图 7-3 所示。

"Table" 对话框中各项含义如下。

- 行数：设置表格的行数。
- 列：设置表格的列数。
- 表格宽度：以像素为单位或按占浏览器窗口宽度的百分比指定表格的宽度。

图 7-3　"Table" 对话框

- 边框粗细：设置表格边框的宽度（以像素为单位）。若希望浏览器不显示边框，可将该值设置为 0 像素。
- 单元格边距：用于设置单元格内容与单元格边框之间的像素数。
- 单元格间距：用于设置相邻的表格单元格之间的像素数。
- "标题" 栏：用于设置表格标题的样式。"无" 表示表格不启用列或行标题，"左" 表示将表格的第一列作为标题列，"顶部" 表示将表格的第一行作为标题行，"两者" 表示能够在表格中输入列标题和行标题。

- "辅导功能"栏：其中的"标题"文本框用于设置显示在表格外的表格标题；"摘要"列表框给出对表格的内容摘要，屏幕阅读器可以读取摘要文本，但是该文本不会显示在用户的浏览器中。

Step03 本任务在"Table"对话框中，设置行数为 5，列为 4，表格宽度为 500 像素，边框粗细为 1 像素，单元格边距为 0，单元格间距为 0，标题为"职工工资单"，其他为默认值，单击【确定】按钮，创建的表格如图 7-4 所示。

图 7-4 创建的表格

7.1.5 编辑表格

可以对创建的表格进行编辑，如插入行或列、删除行或列、合并或拆分单元格等。

1. 选择表格单元格

选中表格元素是对表格进行编辑的基础。将鼠标指针指向表格中的某个单元格单击，即可选中该单元格；要选择多个单元格，可使用下面的方法完成。

- 选择连续的多个单元格：在需要选择的单元格中单击鼠标，然后按住鼠标左键不放，同时向相邻的单元格方向拖曳，被拖到的单元格出现黑色边框，表示它们被选中。
- 选择不连续的多个单元格：按住<Ctrl>键的同时，单击任意一个不相邻的单元格，可以选中不相邻的多个单元格。
- 选择整行单元格：将鼠标移到行的最左边，当光标变成一个向右的箭头时单击，即可选中整行。
- 选择整列单元格：将鼠标移到列的最上边，当光标变成一个向下的箭头时单击，即可选中整列。
- 选择表格的所有单元格：选中表格左上角的第 1 个单元格，按住<Shift>键的同时，将鼠标指针移动到表格右下角最后一个单元格单击，将选中全部的单元格。

选择单元格、行或列后，其对应的"属性"面板如图 7-5 和图 7-6 所示。

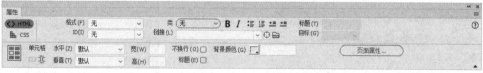

图 7-5 "属性"面板"HTML"选项卡

图 7-6 "属性"面板"CSS"选项卡

各选项含义如下。

- "单元格"按钮组：用于将选定的单元格进行合并或者拆分操作。单击 按钮，将所选的单元格、行或列合并为一个单元格；单击 按钮，将一个单元格分成两个或更多个单元格。需要说明的是，一次只能拆分一个单元格，如果选择的单元格多于一个，则此按钮将被禁用。

- 水平：指定单元格、行或列内容的水平对齐方式，可将内容对齐到单元格的左侧、右侧或使之居中对齐，也可以指示浏览器使用其默认的对齐方式。
- 垂直：指定单元格、行或列内容的垂直对齐方式，可将内容对齐到单元格的顶端、中间、底部或基线，也可以指示浏览器使用其默认的对齐方式。
- 宽与高：所选单元格的宽度与高度，以像素为单位或按整个表格宽度或高度的百分比指定。
- 不换行：防止换行，单元格的宽度将随文字长度的不断增加而加长。
- 标题：将所选的单元格格式设置为表格标题单元格。默认情况下，表格标题单元格的内容为粗体并且居中。
- 背景颜色：设置所选单元格、行或者列的背景颜色。单击后面的颜色按钮，打开颜色色板，可以从中选择要填充的背景颜色。

2．插入行或列

在表格中插入行或者列的操作方法如下。

（1）将光标定位在表格的某个单元格中，选择"编辑"→"表格"→"插入行"菜单命令，即在表格中插入一行。

（2）按<Ctrl+M>组合键，在插入点的下面插入一行。

（3）选择"编辑"→"表格"→"插入行或列"菜单命令，弹出"插入行或列"对话框，根据需要设置对话框，可实现在当前行的上面或下面插入多行。

提示：插入列操作与插入行操作的方法一样。除以上方法外，插入列操作还有一种更简便的方法：单击列最下方的绿色下三角按钮，在弹出的下拉菜单中选择"左侧插入列"或者"右侧插入列"命令。

3．删除行或列

在 Dreamweaver 中，不能单独删除一个或几个单元格，删除单元格时，会同时删除该单元格所在的行或列。删除行或列的操作方法如下。

（1）选中要删除的行或列，或者将光标置于某行或列的任意一个单元格中，选择"编辑"→"表格"→"删除行"或"编辑"→"表格"→"删除列"菜单命令。

（2）选中要删除的行或者列，按下<Delete>键。

（3）将光标置于要删除列中的任意单元格中，按下<Ctrl+Shift+->组合键，可以删除光标所在的一列。

4．拆分或合并单元格

在使用表格进行网页排版的过程中，通过拆分或者合并单元格，可以及时调整表格，以满足网页布局要求。

拆分单元格的具体方法：将光标置于要拆分的单元格中，选择"编辑"→"表格"→"拆分单元格"菜单命令，或者单击"属性"面板中的"拆分单元格为行或列"按钮 ，均能打开如图7-7所示的"拆分单元格"对话框。在对话框中选择要将单元格拆分为行或列，

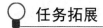

图 7-7　"拆分单元格"对话框

并设置相应的行数或列数，然后单击【确定】按钮即可。

合并单元格的具体方法：选中要合并的多个连续单元格，选择"编辑"→"表格"→"合并单元格"菜单命令，或者单击"属性"面板中的"合并所选单元格"按钮 📄 ，可以将选中的多个连续单元格合并为一个单元格。

💡 **任务拓展**

7.1.6　美化表格

在前面插入的"职工工资单"表格中输入文本，然后编辑美化表格，具体操作如下。

Step01 在表格中输入文本。将光标置于表格的各个单元格中，输入表格内容，如图 7-8 所示。

Step02 用 CSS 编辑表格。选择"窗口"→"CSS 设计器"菜单命令，或者按下<Shift+F11>组合键，打开"CSS 设计器"面板，创建 CSS 文件".text"，其内容如下：

```
.text {
    font-weight: normal;
    background-color: #D0F5FB;
    font-size: 17px;
    text-align: center;
}
```

Step03 选中表格的所有单元格，在单元格"属性"面板中设置水平为"居中对齐"。

Step04 在"代码"视图的<head>与</head>标签之间添加了如下代码。

```
<link href=".text.css" rel="stylesheet" type="text/css">
```

Step05 应用 CSS 样式。在文档窗口中，选择表格单元格，在"属性"面板中单击 <> HTML 按钮，然后在"类"下拉列表中选择"text"，为选择的表格应用样式，效果如图 7-9 所示。

职工工资单			
序号	职工编号	职工姓名	工资总额（元）
1	A12901	于晓兰	9700元
2	A12902	朱丽娜	9620元
3	A12903	王玉蓓	8800元
4	A12904	张立华	9100元

图 7-8　在表格中输入文本

职工工资单			
序号	职工编号	职工姓名	工资总额（元）
1	A12901	于晓兰	9700元
2	A12902	朱丽娜	9620元
3	A12903	王玉蓓	8800元
4	A12904	张立华	9100元

图 7-9　定义 CSS 样式后的表格

在网页中使用表格不仅可以整理复杂的内容，还可以实现网页的精确排版和定位。通过本任务的学习，将为表格化网页布局奠定基础。

任务 **7.2**　使用表格布局"图书资源网"首页

 任务陈述

学习完任务 7.1 的理论知识和基本技能，本任务将以"图书资源网"首页为例，学习表格化网页布局方法。首先对"图书资源网"首页进行效果分析，然后介绍首页的布局、定义基础样式等内容。"图书资源网"首页效果如图 7-10 所示。

任务目标：

（1）掌握表格化布局网页的基本方法；

（2）了解在网页中导入表格数据的方法；

（3）掌握通过 CSS 样式编辑页面的基本方法。

图 7-10　"图书资源网"首页效果

微课视频

相关知识与技能

7.2.1　"图书资源网"首页效果分析

图 7-10 显示的图书资源网首页整个版面分为四部分，分别是网页 Banner、导航栏信息、主体内容、网页页尾。网页的 Banner 是一个带有网页主题名的图片；导航栏也是一个图片，通过图像地图做导航超链接；主体内容使用的左右结构的版式，包含小标题行、插入的文本和图片、插入的表格等内容；网页页尾内容水平居中排列，包含两行文本内容，第一行是页尾的超链接项，第二行是网页版权信息。

任务实施

7.2.2　插入与编辑表格

Step01 创建本地站点 ch07-2，新建网页文件，将其以 07-2.html 为文件名保存在创建的本地站点文件夹中。

Step02 插入表格。选择"插入"→"Table"菜单命令，在打开的"Table"对话框中，设置行数为8，列为2，表格宽度为730像素，边框粗细为0，其他为默认值，单击【确定】按钮。

Step03 合并单元格。选中第1行的两个单元格，将其合并为一个单元格；选中第2行的两个单元格，将其合并为一个单元格；选中最后一行的两个单元格，也将其合并为一个单元格。

7.2.3　在表格中插入网页元素

Step04 插入图像。将光标置于第1行的单元格中，选择"插入"→"Image"菜单命令，在打开的"选择图像源文件"对话框中，选择网页的标题图片（ch07-2/images/banner.jpg），单击【确定】按钮，效果如图7-11所示。

Step05 用同样的方法，在表格的第2行插入导航图像（ch07-2/images/02.jpg），如图7-12所示。

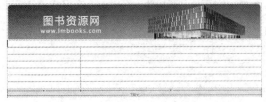

图7-11　插入主题图像

图7-12　插入导航图像

Step06 将光标置于第3行左侧的单元格中，输入"近期热点"。将光标置于第4行左侧的单元格中，输入与"近期热点"相关的文字，并插入图片（ch07-2/images/03.jpg）。

Step07 选择"窗口"→"CSS设计器"菜单命令打开"CSS设计器"面板，在面板中定义类选择器".tu1"，其CSS代码如下。

```
.tu1{
    float: left;
    margin-right: 5px;
}
```

Step08 用同样的方法，创建".text1"类别选择器，其CSS代码如下。

```
.text1{
    font-family: "宋体";
    font-size: 14px;
    line-height: 20px;
    padding-left: 8px;
    padding-right: 8px;
}
```

Step09 选中第4行左侧单元格中输入的文字，在"属性"面板中设置"类"的值为"text1"，为文字添加样式。选中插入的图片，在"属性"面板中设置"类"的值为"tu1"，为图片添加样式，完成图文混排效果设置。然后在该单元格的下侧插入一条水平线。

Step10 将光标置于第3行右侧的单元格中，输入"新书快递"。

Step11 插入嵌套的表格。将光标置于第4行右侧的单元格中，插入一个2行3列、"表格宽度"的百分比为100%、"边框粗细"为1像素的嵌套表格。

Step12 在嵌套表格的6个单元格中分别插入图片，效果如图7-13所示。

Step13 将光标置于第 5 行左侧的单元格中，输入"购书指南"。将光标置于第 6 行左侧的单元格中，输入与"购书指南"相关的文字，并为输入的文字添加".text1"样式。

图 7-13　在嵌套的表格中插入图片效果

7.2.4　导入表格式数据

可以把在另一个应用程序（如 Microsoft Excel）中创建并以分隔文本的格式（其中的项以制表符、逗号、冒号或分号隔开）保存的表格式数据导入 Dreamweaver 中，并设置为表格格式。

Step14 将光标置于第 5 行右侧的单元格中，输入"教材专区"。将光标置于第 6 行右侧的单元格中，选择"文件"→"导入"→"表格式文档"菜单命令，打开"导入表格式数据"对话框，单击"数据文件"后面的【浏览】按钮，选择数据文件（ch07-2/bg.txt），设置表格宽度、单元格边距、单元格间距等值，单击【确定】按钮导入表格式数据。

Step15 创建".text2"类别选择器，其 CSS 代码如下。

```
.text2{
    font-family: "宋体";
    font-size: 12px;
    line-height: 20px;
}
```

Step16 选中导入的表格数据，为其添加"text2"样式，并添加 1 像素的边框，效果如图 7-14 所示。

购书指南		教材专区			
购书方法：		编号	书名	编者	出版社	单价
在各大诚信书店或图书经销店购书。		1	《汇编语言程序设计》	丁辉	电子工业出版社	27元
在当当网、亚马逊等网上商场购书。		2	《Java语言程序设计》	孙敏	电子工业出版社	27元
以扫描二维码，直接进入微信小店购书。		3	《C语言程序设计》	魏东平	电子工业出版社	29元
退书的基本条件：		4	《VB语言程序设计》	林卓然	电子工业出版社	25元
无磨损、污迹。如果您要求更换的图书已经处于脱销状态，我们会为您办理图书退款手续。		5	《数据结构》	朱战立	电子工业出版社	34元
		6	《C++程序设计》	梁兴柱	电子工业出版社	29元

图 7-14　导入表格数据并添加样式

提示：在 Dreamweaver 中导入的表格数据如果出现乱码，说明编码有问题。解决方法：选择"编辑"→"首选项"菜单命令，打开"首选项"对话框，选择"分类"列表中的"新建文档"选项，把"默认编码"改为"简体中文（GB2312）"，然后重新新建一个网页文档，导入的表格数据就正常显示了。

Step17 将光标置于表格第 7 行左侧的单元格中，选择"插入"→"Image"菜单命令，插入图像文件（ch07-2/images/05.jpg）。

　　Step18 拆分单元格。将光标置于第7行右侧的单元格中，选择"编辑"→"表格"→"拆分单元格"菜单命令，或者单击"属性"面板中的"拆分单元格为行或列"按钮，打开"拆分单元格"对话框，在对话框中选择"把单元格拆分"为"列"，设置"列数"为2，单击【确定】按钮，把第7行右侧的单元格拆分为两个单元格。

　　Step19 在拆分的单元格中输入文本内容，添加项目列表符号，效果如图7-15所示。

图7-15　在拆分的单元格中输入文本

　　Step20 制作网页页尾。选中表格的最后一行，输入超链接项和网页版权信息，每个超链接项之间用竖线割开。

　　Step21 创建".text3"类别选择器，其CSS代码如下。

```
.text3 {
    font-family: "宋体";
    font-size: 12px;
    line-height: 20px;
    color: #FFFFFF;
}
```

　　Step22 选中网页页尾内容，为其添加"text3"样式。

　　Step23 分别给"公司简介""招贤纳士"等文本添加超链接，并在单元格"属性"面板中，为网页页尾所在单元格设置背景颜色（#60A8E3），网页页尾效果如图7-16所示。

公司简介　｜　招贤纳士　｜　广告服务　｜　联系方式　｜　版权声明　｜　合作伙伴　｜　论坛反馈
Copyright © 2019-2022 All Rights Reserved

图7-16　网页页尾效果

💡 任务拓展

7.2.5　进一步美化"图书资源网"首页

　　下面通过CSS样式进一步编辑美化图书资源网。

　　Step24 在"CSS设计器"面板中创建类别选择器".title"，其CSS代码如下。

```
.title {
    font-family: "黑体";
    font-size: 16px;
    color: #FF6600;
    border-left-width: 5px;
    border-left-style: solid;
    border-left-color: #FF6600;
    font-weight: bold;
    margin-left: 3px;
    padding-left: 8px;
}
```

　　Step25 分别为"近期热点""新书快递""购书指南""教材专区"文字添加".title"样式，效果如图7-17所示。

图 7-17 为"近期热点""新书快递"添加的 CSS 样式效果

Step26 创建"table"标签选择器，为表格添加背景颜色。其 CSS 代码如下。

```
table {
    background-color: #FFFFE6;
}
```

Step27 创建"body"标签选择器，为网页添加背景颜色。其 CSS 代码如下。

```
body {
    background-color: #666666;
}
```

Step28 选中整个表格，在"属性"面板中设置对齐方式为"居中对齐"，使网页内容在浏览器中居中显示。

Step29 在<title></title>标签中输入"图书资源网"。保存文件，按<F12>键预览网页效果。

单元实训 **7.3** 使用表格布局两个不同主题的网页

本实训目的是希望学习者进一步掌握使用表格布局网页、通过 CSS 样式编辑美化网页的知识和技能。

7.3.1 实训一 设计制作"旅游信息网"

旅游信息类网站是集吃、宿、行、乐于一体，具有旅游推广、提供充足的导游信息等功能的网站。

1. 实训目的

● 熟练掌握使用表格布局网页的方法和技能。
● 掌握旅游信息类网站的设计表现形式。

2. 实训要求及网页设计效果

使用表格布局页面。插入 8 行 3 列、表格宽度为 950px、边框粗细为 0 的表格。分别将第 1、第 2、第 6、第 7、第 8 各行的 3 个单元格合并为 1 个单元格。将光标分别置于第 3 行的第 1 个和第 3 个单元格中，分别将这两个单元格拆分为 14 行 1 列，并在"属性"面板中设置各行行高为 30。将光标置于第 3 行的第 2 个单元格中，插入一个 2 行 2 列、表格宽度为 100%的嵌套表格。用同样的方法，在第 5 行的第 3 个单元格中插入一个 6 行 1 列、表格宽度为 100%的嵌套表格，在合并单元格后的第 6 行中插入一个 2 行 4 列、表格宽度为 100%的嵌套表格。布局效果如图 7-18 所示。

"旅游信息网"参考效果如图 7-19 所示，在

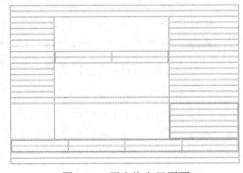

图 7-18 用表格布局页面

网页中插入网页元素（图片元素请参考 ch07/ex07-1/images 文件夹中提供的网页素材，学习者根据自己的设计需求，也可以上网搜集其他网页素材）。定义外部样式表文件"style.css"，完成文本字体和大小、图片与文本混排、设置表格单元格和页面背景色彩等显示效果的设置。

图 7-19　"旅游信息网"参考效果图

7.3.2　实训二　设计制作"时尚礼品网"

1. 实训目的

● 熟练掌握使用表格布局网页的技能。

● 熟练掌握通过 CSS 样式编辑美化页面的方法。

● 掌握为表格单元格和页面背景增加不同色彩的方法。

2. 实训要求及网页设计效果

用表格布局页面。插入 1 行 3 列、表格宽度为 760px 的表格，在第 2 个单元格中插入 5 行 1 列、表格宽度为 600px 的嵌套表格，然后在嵌套表格的第 4 个单元格中，插入 2 行 2 列、表格宽度为 100%的嵌套表格。布局效果如图 7-20 所示。

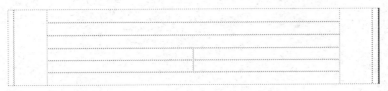

图 7-20　用表格布局页面

在网页中插入网页元素（图片元素请参考 ch07/ex07-2/images 文件夹中提供的网页素材，学习者根据自己的设计需求，也可以上网搜集其他网页素材），添加网页元素后的页面效果如图 7-21 所示。

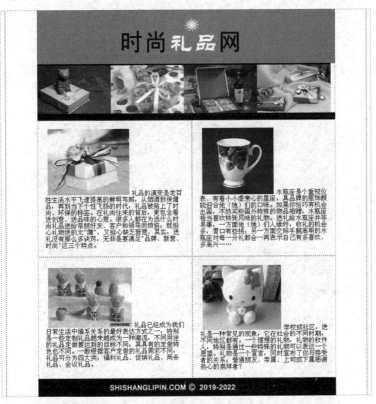

图 7-21　添加网页元素后的页面效果

定义外部样式表文件"style.css"，完成设置文本的字体和大小、图片与文本混排、设置表格单元格和页面背景色彩等功能。外部样式表文件中的 CSS 代码参考如下。

```css
body {
    background-color: #F188B0;
    margin: 0px;
    padding: 0px;
}
.tab1 {
    height: auto;
    border: 1px solid #000;
}
.tab2 {
    border: 1px solid #000;
}
.img1 {
    margin: 0px 3px 3px 0px;
```

```
}
.img2 {
  margin: 0px 0px 3px 0px;
}
.img3{
  float:left;
  margin:3px 15px 12px 12px;
}
td{
  font-size:12px;
  font-family:Tahoma;
  color:#050000;
  line-height:19px;
}
.td1{
  background-color: #FFCCFF;
}
.td2{
  background-color: #FF99FF;
}
.td3{
  background-color: #FFCCFF;
}
```

应用 CSS 样式后的时尚礼品网效果如图 7-22 所示。

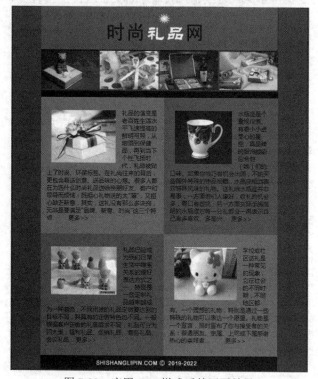

图 7-22　应用 CSS 样式后的网页效果

思政点滴

　　一个运行良好的门户网站，一定是由一支强力有效的工作团队来进行维护营运的，不是一个人的努力就可以完成的。在现代企业管理中，企业团队的整体素质是一个企业成功与否的关键，也是企业的核心竞争力。团结就是力量，通过大雁的启示，我们一起领悟团队的力量。

大雁的启示

每年的九月至十一月，大雁都要成群结队的往南飞，到南方去过冬，第二年的春天再飞回原地繁殖。在长达万里的航程中，他们要遭遇猎人的枪口，历经狂风暴雨、电闪雷鸣与缺水的威胁，但每一年他们都能成功往返。大雁飞行鼓动双翼时，对尾随的同伴都具有"鼓舞"的作用，雁群一字排开成 V 字型时，比孤雁单飞提升了 71%的飞行能量。不论何时，当一只雁脱离队伍，他马上会感受到一股动力阻止他离开，借着前一只伙伴的"支撑力"他很快便能回到队伍。

当带头的雁疲倦了，他会退回队伍，由另一只取代他的位置。队伍后面的雁，会以叫声鼓励前面的伙伴继续前进。当某只雁生病或受伤时，会有其他两只雁飞出队伍跟在后面，协助并保护他，直到他康复，然后他们自己组成"V"字型，再开始追赶团队。

其实，艰难的任务需要团队成员共同付出，要相互尊重、彼此支持、共享资源，发挥团队所有人的潜力。生命的奖赏是在终点，而非起点，如果我们如雁群一般向着共同的目标前进，我们就会在队伍中，彼此相互依存，分享团队的力量，再艰辛的路程也不惧怕遥远，只要团队相互鼓励，坚定信念，就一定能够成功。

单元练习题

一、填空题

1. 在"Table"对话框中，表格宽度有两种可选择的单位，一种是_____，另一种是_____。

2. 创建表格时，可以选择"插入"→"Table"菜单命令，也可以单击"插入"面板列表中的_____按钮。

3. 在 Dreamweaver 中用表格布局页面后，一般以_____为单位来插入网页元素。

4. 在 HTML5.0 代码中，表格的标签是_____。

5. 要导入表格式数据，可执行"文件"→"导入"→"_____"菜单命令。

二、选择题

1. 按下（ ）组合键可以直接打开"Table"对话框。

A. Ctrl+T   B. Shift+T   C. Alt+T   D. Ctrl+Alt+T

2. 定义表格行的标签是（   ）。

A. tr   B. th   C. td   D. table

3. 合并单元格应选中要合并的单元格，单击"属性"面板中的【合并所选单元格】按钮（   ）。

A. ▦   B. ▦   C. ▦   D. ▦

三、简答题

1. 在 Dreamweaver CC 中，表格的主要功能是什么？

2. 用表格布局网页的特点是什么？

单元8

使用 Div+CSS 布局网页

DIV+CSS 网页标准化设计是 WEB 标准中的一种新的布局方式。在这种布局中，DIV 承载的是内容，而 CSS 承载的是样式。基于 WEB 标准网页设计的核心理念在于内容与形式的分离，使布局的网页更加规范，浏览器加载更快，得到广大网页设计制作者的青睐。

本单元学习要点：

❏ 盒子模型；
❏ CSS 的定位属性；
❏ Div 标签与 Span 标签；
❏ 常用布局版式及应用。

任务 **8.1** 设计制作"古诗欣赏"网页

 任务陈述

本任务设计制作"古诗欣赏"网页。在 Dreamweaver 中，添加 Div 元素，在其内部插入文字，并使用 CSS 设置网页元素的属性。

任务目标：

（1）了解盒子模型及其特点；
（2）掌握 float、position、z-index 等常用定位属性设置；
（3）能够使用 CSS 设置网页元素属性；
（4）了解 Div 标签与 span 标签的区别和联系。

相关知识与技能

微课视频

8.1.1 盒子模型

Div+CSS 网页布局的精髓在于盒子模型。盒子模型（Box Model）用于描述一个为 HTML 元素形成的矩形盒子。盒子模型还涉及为各个元素调整外边距（margin）、边框（border）、内边距（padding）和内容（content）的具体操作。盒子模型的结构如图 8-1 所示。

对于盒子模型，可以借助日常生活中的盒子来理解。content 是盒子里盛的物体，padding 是盒子内壁和物体间的填充物，border 是盒子本身，margin 是盒子间的空隙。在网页中，content 指文字、图片等元素，也可以是嵌套的盒子。与现实生活中的盒子不同的是，CSS 的盒子是具有弹性的，内容可以大于盒子。

下面举一个简单的例子说明盒子模型的作用，效果如图 8-2 所示。

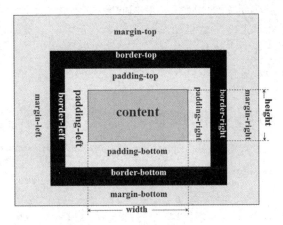

图 8-1　盒子模型的结构

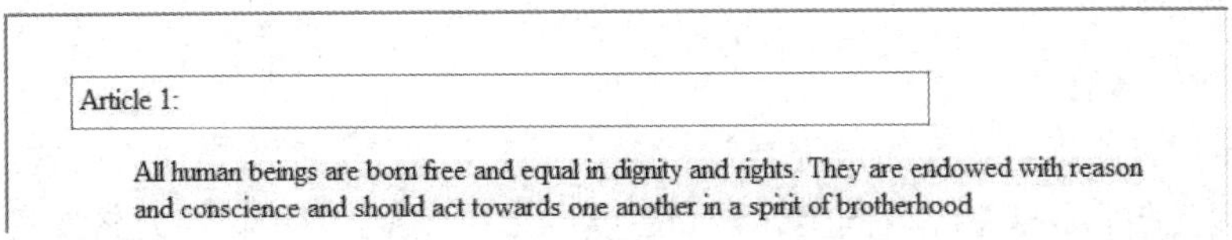

图 8-2　盒子模型在网页中的应用

本例包含了两个 Div 标签，分别设置其 ID 为 "title" 和 "content"。这两个标签的盒子模型如图 8-3 所示。

可以对 "margin" "border" "padding" 属性进行整体设置，依次为上、右、下、左顺时针方向，也可以单独设置某一侧的属性值，如 "margin-left"。本例关于盒子模型的部分 CSS 代码如下。

图 8-3　盒子模型解析

```
...
#title{
    margin:10px 200px 10px 20px;
    padding:10px;
    border:1px;
    }
#content{
    margin:4px 30px 4px 30px;
    padding:0px 0px 0px 30px;
    border:0px;
}
...
<div id="title">Article 1:</div>
<div id="content">All human beings are born free
and equal in dignity and rights.
They are endowed with reason and conscience
and should act towards one another in a
spirit of brotherhood</div>
...
```

提示：对于 "margin" "border" "padding" 属性，可以按照规定的顺序，给出 2 个、3

个或者 4 个属性值，它们的含义将有所区别。具体含义如下：如果给出 2 个属性值，前者表示上、下边框的属性，后者表示左、右边框的属性值；如果给出 3 个属性值，第 1 个数值表示上边框的属性，中间的数值表示左、右边框的属性值，最后 1 个数值表示下边框的属性；如果给出 4 个属性值，依次表示上、右、下、左边框的属性值，即顺时针排序。

微课视频

8.1.2　元素的定位

网页元素必须有合理的位置，才能构成有序的页面。网页元素的定位是通过"float""position""z-index"等属性完成的。

1．float 属性

"float"属性是 CSS 排版中最重要的属性，用来定义元素的浮动方向。"float"属性有"left""right""none"3 个值，当块级元素设置为向左或向右浮动时，元素就会相对于其父元素向左侧或右侧浮动。

2．position 属性

"position"属性规定元素的定位类型。这个属性定义建立元素布局所用的定位机制。任何元素都可以定位，不过绝对或固定元素会生成一个块级框，而不论该元素本身是什么类型；相对定位元素会相对于它在正常流中的默认位置偏移。表 8-1 给出了 position 属性的值。

表 8-1　position 属性值

值	描　　述
absolute	生成绝对定位的元素，相对于 static 定位以外的第一个父元素进行定位，元素的位置通过"left""top""right""bottom"属性进行规定
fixed	生成绝对定位的元素，相对于浏览器窗口进行定位，元素的位置通过"left""top""right""bottom"属性进行规定
relative	生成相对定位的元素，相对于其正常位置进行定位，例如，"left:20px;"会向元素的 left 位置添加 20 像素
static	默认值。没有定位，元素出现在正常的流中（忽略 top、bottom、left、right 或者 z-index 声明）
inherit	规定应该从父元素继承 position 属性的值

3．z-index 属性

"z-index"属性设置元素的堆叠顺序。拥有更高堆叠顺序的元素总是处于堆叠顺序较低的元素的前面。该属性设置一个定位元素 Z 轴的位置，Z 轴为垂直于页面方向的轴。"z-index"值大的网页元素位于上方，可以设置为正数或负数。z-index 层叠原理如图 8-4 所示。

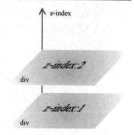

图 8-4　z-index 层叠原理

![任务实施]

8.1.3　使用盒子模型设计"古诗欣赏"网页

Step01 以 ch08/ch08-1-1 创建本地站点 ch08-1-1，新建网页文件，将其以 08-1-1.html

为文件名保存，在属性面板中设置文档标题为"古诗欣赏"。

Step02 单击"插入"面板"HTML"分类的"Div"按钮，打开如图 8-5 所示的"插入 Div"对话框，设置其"Class"的值为"content"，单击【确定】按钮，在页面中插入 Div 标签。插入 Div 标签后的页面如图 8-6 所示。

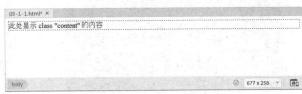

图 8-5 "插入 Div"对话框　　　　　　图 8-6 插入 Div 标签后的页面效果

Step03 切换到代码视图，选中"content"内部的文本，继续插入"class"的值为"poem"的 Div 标签。在 Div 标签中添加文字，在设计视图中查看效果如图 8-7 所示。其代码如下。

```
<body>
  <div class="content">
    <div class="poem">
      <h3>静夜思</h3>
      <p>床前明月光</p>
      <p>疑是地上霜</p>
      <p>举头望明月</p>
      <p>低头思故乡</p>
    </div>
  </div>
</body>
```

图 8-7 在设计视图中查看页面效果

Step04 单击"窗口"菜单中的"CSS 设计器"按钮，设置"源"为"在页面中定义"，在代码视图中选中"content"标签，单击"添加选择器"按钮，创建".content"选择器，在"属性"窗格设置相关属性如下，页面效果如图 8-8 所示。

```
width: 450px;
height: 300px;
margin: 20px auto;
padding: 10px;
box-shadow: 0 0 2px 2px #AEC720,0 0 8px 8px #FF8080;
background: url(images/bg.jpg) #EEEEEE center center;
background-repeat: no-repeat;
background-size:420px 280px;
```

Step05 继续在"CSS 设计器"面板中添加".poem"选择器，在"属性"窗格设置相关属性如下。

```
text-align: center;
```

```
color: white;
font-family: "楷体";
font-size: 18px;
```

Step06 保存网页，按<F12>键，在浏览器中浏览最终效果如图8-9所示。

图8-8　在设计视图中查看页面效果

图8-9　页面最终效果

 任务拓展

8.1.4　模拟实现Windows10桌面效果

微软公司Windows10操作系统的界面使用扁平化风格的菜单、蓝色的主色调。本任务使用盒子模型模仿实现Windows10桌面效果。通过本任务的学习，进一步熟练盒子模型的"margin""padding""float"等属性的功能及使用技巧。

在Dreamweaver CC中实现Windows10桌面效果的步骤如下。

Step01 以ch08/ch08-1-2创建本地站点ch08-1-2，新建网页文件并以08-1-2.html为文件名保存，在属性面板中设置文档标题为"Windows10桌面"。

Step02 依此插入Div标签，并在其内部添加图像和文字，添加内容后的Dreamweaver界面如图8-10所示。

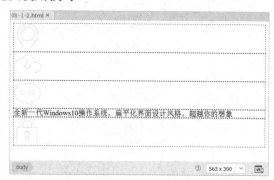

图8-10　添加内容

Step03 切换到代码视图，<body>标签中生成的代码如下所示。

```
<div class="icon1"><img src="images/icon1.png"></div>
<div class="icon2"><img src="images/icon2.png"></div>
<div class="icon3"><img src="images/icon3.png"></div>
<div class="area1">全新一代Windows10操作系统，扁平化界面设计风格，超越你的想象</div>
<div class="icon4"><img src="images/icon4.png"></div>
```

Step04 为网页添加背景图像。单击"窗口"菜单中的"CSS设计器"按钮，设置"源"为"在页面中定义"，选中"body"标签，单击"添加选择器"按钮，创建"body"选择器，在"属性"窗格设置"background-image"属性，在<head>标签中生成的CSS样式规则如下所示。

```
body {
    background-image: url(images/desktop.jpg);
```

```
    }
```

Step05 统一设计图标的外观。为 ".icon1" ".icon2" ".icon3" ".icon4" 添加 CSS 样式
规则如下。

```
.icon1,.icon2,.icon3,.icon4{
    width: 60px;
    height: 60px;
    margin: 2px;
    padding: 20px;
    text-align: center;
    float: left;
    background:#0279d7 ;
}
```

Step06 切换到设计视图，可以查看效果如图 8-11 所示。

Step07 设计文字图标的外观。为 ".area1" 设置 clear:both 属性，以清除 ".icon1" ".icon2"
".icon3" 等标签的 "float" 属性的影响。为 ".area1" 设置 CSS 样式规则如下。

```
.area1{
    width: 164px;
    height: 60px;
    margin: 2px;
    padding: 20px;
    color: #fff;
    font-size: 12px;
    background: #0279d7;
    clear: both;
    float: left;
}
```

Step08 至此，Windows10 风格的图标排序大体成型，效果如图 8-12 所示。

图 8-11 位图标设置 CSS 样式

图 8-12 Windows10 风格图标

Step09 为使文字可视性更好，继续为文字图标的首字增大显示效果。为 ".area1" 添加伪选择器 "first-letter"，设置 CSS 规则如下。

```
.area1::first-letter{
    font-size: 24px;
}
```

Step10 在浏览器中，可以查看最终效果如图 8-13 所示。

图 8-13 最终效果

8.1.5　Div 标签与 span 标签

在 HTML 中，Div 与 span 是常用的标签。使用 CSS 控制其样式，可以实现各种布局效果。Div 标签在 HTML3.0 时代就已出现，直到 CSS 引入后才逐渐发挥其优势；span 标签直到 HTML4.0 时才被引入，是专门针对样式表设计的标记。

Div 是区块容器标签，可以容纳文字、图片、表格等各种网页元素。在使用时，可以将 Div 中的内容视为独立的对象，通过定义 Div 的 CSS 样式控制内部元素的显示效果。

span 标签作为容器被广泛应用于 HTML 语言，在 span 标签中同样可以容纳各种 HTML 元素。

二者的区别在于，Div 是块级元素，它可以实现自动换行；span 是行内元素，不会自动换行。由此可见，Div 标签可用于网页布局，而 span 标签没有结构意义，是为应用样式而构造的标签。

例如，在 Dreamweaver 中输入以下代码，并将其保存为 08-1-3.html，在"拆分"视图中观察显示效果，如图 8-14 所示。

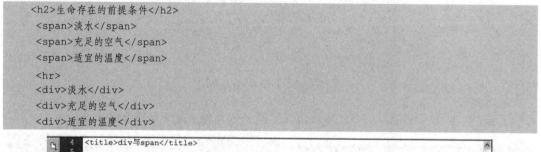

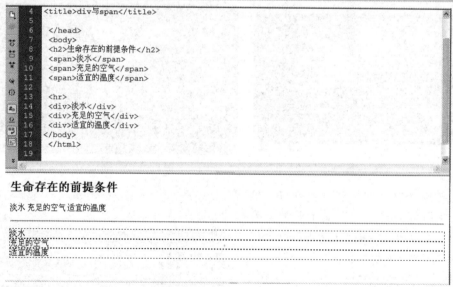

图 8-14　Div 标签与 span 标签

可以看出，<span>标签中定义的内容在同行显示，而<div>标签定义的内容会另起一行显示。块元素和行内元素可以相互转换，可以通过定义 CSS 的"display"属性值实现。"display"属性用于设置生成框的类型，通过设置不同属性值，可以转换元素显示方式。"display"属性值及描述如表 8-2 所示。

分别修改部分<span>标签和<div>标签的"display"属性，并查看显示效果，如图 8-15 所示。

表 8-2 "display" 属性值及描述

值	描 述
none	此元素不会被显示
block	此元素会作为块级元素显示，前后带有换行符
inline	默认。此元素会被显示为内联元素，元素前后没有换行符
inline-block	行内块元素。（CSS2.1 新增的值）
list-item	此元素会作为列表显示
run-in	此元素会根据上下文作为块级元素或内联元素显示
compact	CSS 中有 compact，不过由于缺乏广泛支持，已经从 CSS2.1 中删除
marker	CSS 中有 marker，不过由于缺乏广泛支持，已经从 CSS2.1 中删除
table	此元素会作为块级表格来显示（类似 <table>），表格前后带有换行符
inline-table	此元素会作为内联表格来显示（类似 <table>），表格前后没有换行符
table-row-group	此元素会作为一个或多个行的分组来显示（类似 <tbody>）
table-header-group	此元素会作为一个或多个行的分组来显示（类似 <thead>）
table-footer-group	此元素会作为一个或多个行的分组来显示（类似 <tfoot>）
table-row	此元素会作为一个表格行显示（类似 <tr>）
table-column-group	此元素会作为一个或多个列的分组来显示（类似 <colgroup>）
table-column	此元素会作为一个单元格列显示（类似 <col>）
table-cell	此元素会作为一个表格单元格显示（类似 <td> 和 <th>）
table-caption	此元素会作为一个表格标题显示（类似 <caption>）
inherit	规定应该从父元素继承 display 属性的值

```
<span style="display:block;">充足的空气</span>
<span style="display:block;">适宜的温度</span>
...
<div style="display:inline;">充足的空气</div>
<div style="display:inline;">适宜的温度</div>
```

生命存在的前提条件

淡水
充足的空气
适宜的温度

淡水
充足的空气 适宜的温度

图 8-15 使用 "display" 属性控制块级元素显示效果

任务 **8.2** 设计个人博客页面

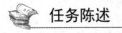 任务陈述

　　CSS 布局的基本元素是 Div 标签，它是文本、图像或其他页面元素的容器。使用 CSS 布局网页时，首先创建 Div 标签，然后在标签中添加内容并设置其 CSS 样式。可以用绝对

方式（指定 *x* 和 *y* 坐标）或相对方式（指定与其他页面元素的距离）来定位 Div 标签，也可以通过指定浮动、填充和边距来设置 Div 标签之间的位置关系。

任务目标：

（1）了解 Div 标签在网页布局中的重要作用；
（2）掌握网页布局的盒子模型；
（3）掌握网页元素的定位方式；
（4）掌握 CSS 网页布局技巧及常用布局类型。

相关知识与技能

8.2.1　常用 Div+CSS 布局版式

使用 CSS 布局网页，遵循的是内容与形式分离的原则：内容是网页的核心，形式是网页内容的直观表现，网页外观由内容和形式共同决定。在进行布局时，首先整体使用 Div 标签分块，然后设置各区块的 CSS 样式，最后为各个区块添加内容。使用 CSS 布局网页真正实现了网页内容与形式的分离，且排版灵活，更新容易，已经成为网页布局的主流技术。

目前常见 Div+CSS 布局版式有网页内容居中布局、两列式布局、三列式布局等。两列式布局又可分为两列固定宽度居中布局、两列百分比自适应式布局、两列右列宽度自适应布局。下面以两列百分比自适应式布局、网页内容居中布局版式为例，介绍使用 Div+CSS 布局网页的步骤。

1．两列百分比式自适应式布局版式

（1）使用 Div 划分网页模块。在进行网页布局时，首先对页面进行整体规划，包括模块划分、模块间的嵌套关系等。简单的网页通常由标题模块（banner）、导航模块（navigator）、内容模块（content）和版权信息模块（footer）构成，各模块间有机组合，形成不同的网页版式。布局效果如图 8-16 所示。

微课视频

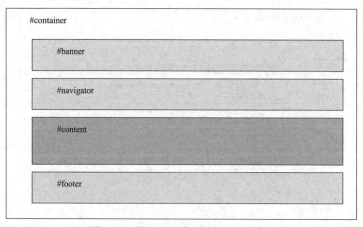

图 8-16　使用 Div 标签划分网页模块

在网页布局时，通常引入用于辅助定位的 Div 标签"#container"，将所有 Div 放在父级元素 container 中，以实现网页元素的整体定位。对于每个子 Div，可以在其内部加入 Div 标签或者其他元素。如图 8-17（a）所示，在 content 模块中插入了"#left""#right"两个 Div。

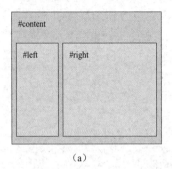

(a)

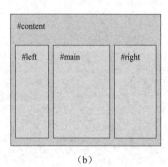

(b)

图 8-17　content 模块的两种划分

下面给出左侧划分的部分 HTML 代码。

```
<body>
 <div id="container">
   <div id="banner">#banner</div>
   <div id="navigator">#navigator</div>
   <div id="content">
     <div id="left">#left</div>
     <div id="right">#right</div>
   </div>
   <div id="footer">#footer</div>
 </div>
</body>
```

（2）使用 CSS 定位 Div 标签的位置。网页版块划分完毕，接着需要确定网页版块间的位置关系，即网页版式或网页布局类型。本节所涉及的版式是两列百分比布局版式。

在使用 CSS 设置样式时，页面整体定位效果由 body 元素和#container 元素设置，采用宽度 100%自适应布局方式。CSS 代码如下所示。

```
body{
   margin:0px;
}
#container{
   width:100%;
}
```

提示：可以使用 Dreamweaver 自带的编辑器编辑 CSS 样式表，也可以手工编写 CSS样式表。鉴于篇幅限制，在本案例后续的操作中只给出 CSS 样式代码。

设置 body 元素的"margin"为"0px"，#container 元素的"width"为"100%"，使网页宽度和浏览器宽度自适应。接下来设置"#banner""#navigator""#content""#footer"模块的 CSS 样式。

```
#banner{
   margin:0px;
   padding:20px;
   height:60px;
}
#navigator{
   margin:0px;
   height:26px;
}
#content{
   margin:0px;
   height:auto;
```

```
    }
#footer{
    margin:0px;
    height:40px;
}
```

分别设置"#left"和"#right"的 CSS 样式，并利用"float"属性设置其浮动属性为"left"。设置"#left"的宽度为"20%"，"#right"的宽度为"80%"。

```
#left{
    float:left;
    width:20%;
    height:200px;        //假设高度为 200px;
}
#right{
    float:left;
    width:80%;
    height:200px;        //假设高度为 200px;
}
```

为防止"#footer"模块被"#content"中的元素覆盖，可以为其添加"clear:both;"属性，以清除"float"属性的影响。网页布局最终效果如图 8-18 所示。

图 8-18　两列百分比布局最终效果

两列式布局模式还有一侧固定另一侧自适应版式，其中固定宽度只需将宽度值"width"设置为绝对像素值。例如左侧固定右侧自适应，只需设置左侧宽度值为绝对像素值，右侧 Div 的"margin-left"属性为"200px"即可。CSS 样式代码如下。

```
#left{
    float:left;
    width:200px;         /*设置宽度值为绝对像素值 200px*/
    height:200px;
}
#right{
    margin:0;
    margin-left:200px;   /*设置左侧 margin 值为 200px*/
    height:200px;
}
```

2．网页内容居中布局版式

所谓内容居中，又称为固定宽度且居中，通常是指#container 元素的宽度是固定的。网页宽度与显示分辨率有关，如果网页浏览者使用 1024px×768px 分辨率的显示器，需设置#container 元素的宽度值为 1002px；如果使用 1280px×800px 分辨率的显示器，则设置#container 元素的宽度值为 1258 px，即#container 元素与显示器宽度的像素差值为 22px。

实现固定宽度且居中的布局版式有多种方法，下面介绍两种常用方法。

（1）通过#container 元素的"margin"属性实现。代码如下所示。

```
body{
    margin:0px;
    text-align:center;
}
#container{
    width:1002px;
    margin:0 auto;
    text-align:left;
}
```

其中，代码"margin:0px；"指定 body 元素的间距为 0。"text-align:center；"将页面所有元素都设置为居中对齐。设置#container 元素的"margin:0 auto;"，使模块上下边界距离为 0，而左右自适应调整。最后设定"text-align:left;"，用来覆盖 body 元素设置的对齐方式，使#container 中的元素左对齐。

（2）"margin"属性的另类使用。代码如下所示。

```
body{
    margin:0px;
}
#container{
    width:1002px;
    position:relative;
    left:50%;
    margin-left:-501px;
}
```

对于#container 元素采取"position:relative"相对定位方法，并设置其"left"属性值为"50%"，即相对于 body 元素的距离为"50%"。然后用"margin-left"属性将块向左拉回"501px"，即实现整体居中效果。

3．两侧固定，中间宽度自适应式三列式布局

微课视频

接两列百分比自适应式布局，在#left 和#right 中间添加"ID"属性为"#center"的 Div 标签，如图 8-17（b）图所示。

（1）调整"content"Div 内的 3 个 Div 标签的次序。

```
<div id="content">
    <div id="left">#left</div>
    <div id="right">#right</div>
    <div id="center">#center</div>
</div>
```

（2）设置 Div 标签的 CSS 样式。左右两侧 Div 宽度值为固定的 200px，中间的 Div 设置"margin"属性值为"0px 200px"，表示上下间距为 0，左右间距为 200px。分别设置 left、right Div 的"float"属性值为"left""right"，实现左右固定，中间宽度自适应的版式。CSS 样式代码如下。

```
#left{
    float:left;
    width:200px;          /*设置宽度值为绝对像素值200px*/
    height:200px;
}
#center{
    margin:0px 200px;     /*设置左右间距的margin值为200px*/
    height:200px;
}
#right{
    float:right;          /*设置右浮动*/
    width:200px;          /*设置宽度值为绝对像素值200px*/
```

```
    height:200px;
}
```

任务实施

8.2.2　使用 Div+CSS 布局个人博客页面

使用 Div+CSS 布局个人博客页面，网页最终效果如图 8-19 所示。具体操作步骤如下。

图 8-19　个人博客页面最终效果

Step01 以 ch08/ch08-2-1 创建本地站点 ch08-2-1，新建网页文件，将其以 index.html 为文件名保存。

Step02 设置页面标题为 "Xlxixi's blog"。在 <head> 标签中添加内嵌式样式表，为 html、body、ul、li、h1、h2、div 等页面使用的元素设置 CSS 样式，为 img 元素设置边框为 0，为 body 元素添加背景图像等属性，代码如下。按 <F12> 键预览页面效果，如图 8-20 所示。

```
<style type="text/css">
html,body,ul,li,h1,h2,div{
    margin: 0;
    padding: 0;
    list-style: none;
}
img {
    border: 0;
}
body {
    background: #800000 0px 135px url(images/grad.jpg) repeat-x;
    font: 12px arial, sans-serif;
    color: #f09361;
}
</style>
```

Step03 制作网页 Banner 部分。插入 ID 为 "header" 的 Div 标签，并设置其 CSS 样式如下，为 header 元素设置背景属性，使用复合写法，依次为上边距、左边距、背景图像、背景重复属性，代码如下。

```
#header {
    background: 6px 0 url(images/header_bg.gif) repeat-x;
}
```

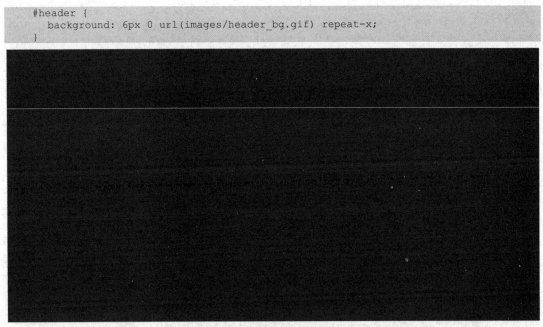

图 8-20　设置背景的网页效果

Step04 在 header 中输入文字 "Xlxixi'sBlog" 并设置其为 h1 元素，设置 h1 元素的 CSS 样式如下，页面效果如图 8-21 所示。

```
h1 {
    height: 95px;
    color: #ffffff;
    font: 22px "times new roman";
    line-height: 95px;
    text-indent: 23px;
    width: 400px;
}
```

图 8-21　网页 banner 效果

Step05 为网页制作导航条。在 header 元素后添加 ID 为 "nav" 的 Div 标签。在其内部输入导航内容并设置为列表标签，依次设置超链接为空链接，设置 CSS 样式如下。在浏览器中预览效果，如图 8-22 所示。

```
#nav {
    background: url(images/nav_bg.gif) repeat-x;
    height: 40px;
    font-size: 18px;
}
#nav ul {
    min-width: 780px;
    padding: 0;
    padding-top: 10px;
}
#nav li {
    float: left;
    padding-left: 50px;
    padding-right: 20px;
    margin: 0;
}
#nav a{
    color:#ffffcc;
    padding-left: 20px;
}
#nav a:hover {
    color: #550000;
}
```

图 8-22　网页导航效果

Step06 制作网页内容区块。在 nav 标签后添加 ID 为 "container" 的 Div 标签，设置背景、填充等属性，此处背景属性单独设置，CSS 样式代码如下。效果如图 8-23 所示。

```
#container {
    background-image: url(images/body_bg.png);
    background-repeat: no-repeat;
    height:358px;
    background-position: right -100px;
    padding: 20px;
}
```

Step07 添加内容区块。在 "container" 内部添加 ID 为 "content" 的 Div 标签，并设置其 CSS 样式如下。

```
#content {
    background: #760202;
    border: 1px solid #6a0101;
```

```
    width: 426px;
    margin: 48px 28px 8px 28px;
    padding:10px;
}
```

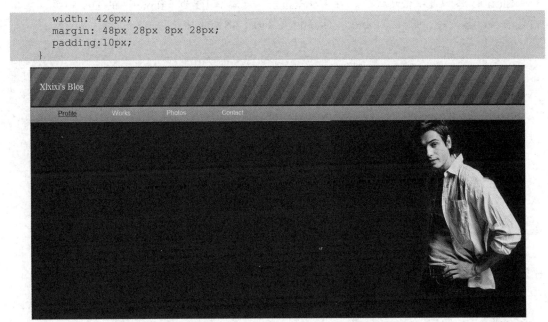

图 8-23　添加内容区块并设置背景效果

Step08 在 "content" 内部添加图文混排内容区块，设置文字标题格式为 h2，普通文字格式为段落，并设置其 CSS 样式如下，效果如图 8-24 所示。

```
#content h2 {
    font: 16px "times new roman";
    font-weight: normal;
    color: #fff;
    clear: both;
}
#content img{
    margin: 10px;
    background: #9a0303;
    float: left;
    width: 200px;
    padding: 3px;
}
```

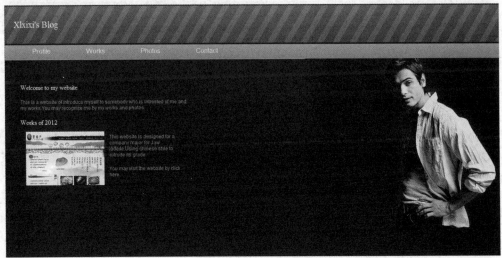

图 8-24　添加内容区块效果

Step09 添加版权信息模块。在"container"后添加 ID 为"footer"的 Div 标签，在其内部输入段落文字，设置"footer"标签和段落的 CSS 样式。

```
#footer {
    clear:both;
    background: url(images/footer.gif) repeat-x;
    height: 46px;
}
#footer p{
    color:#ffffcc;
    line-height:46px;
    float:right;
    margin:0px;
}
```

Step10 保存网页，按<F12>键浏览案例最终效果。

任务拓展

8.2.3　定位在网页布局中的应用

综合应用 Div 标签的盒子模型、position 属性、float 属性、z-index 属性，设计网页图文标题。具体操作步骤如下。

Step01 以 ch08/ch08-2-2 创建本地站点 ch08-2-2，新建网页文件，将其以 08-2-2.html 为文件名保存在创建的本地站点文件夹中。

Step02 插入一个 ID 为"main"的 Div 标签，在<head>标签中，设置其 CSS 样式如下。

```
<style type="text/css">
#main {
    width: 981px;
    margin:10px 10px 10px 40px;
    position:relative;
}
</style>
```

Step03 选择"main"标签，单击"插入"→"图像"菜单命令，在弹出的对话框中选择图像"images\hunsha.gif"，插入图像后效果如图 8-25 所示。

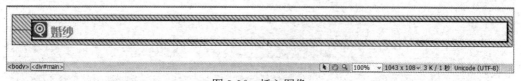

图 8-25　插入图像

Step04 将光标定位在插入图像的右侧，设置"属性"面板中的格式为"标题 2"，切换到"代码"视图，可以看出，图像所在的行被转换为<h2>标签，代码如下。

```
<h2><img src="images/hunsha.gif" width="98" height="37" /></h2>
```

Step05 为<h2>标签设置背景图片等属性，并添加 CSS 样式，代码如下。页面效果如图 8-26 所示。

```
#main h2 {
    display: block;
    width: 100%;
    height: 60px;
    float: left;
    margin: 0px;
```

```
    position: relative;
    background-image: url(images/line.gif);
    background-repeat: no-repeat;
    background-position: left bottom;
}
```

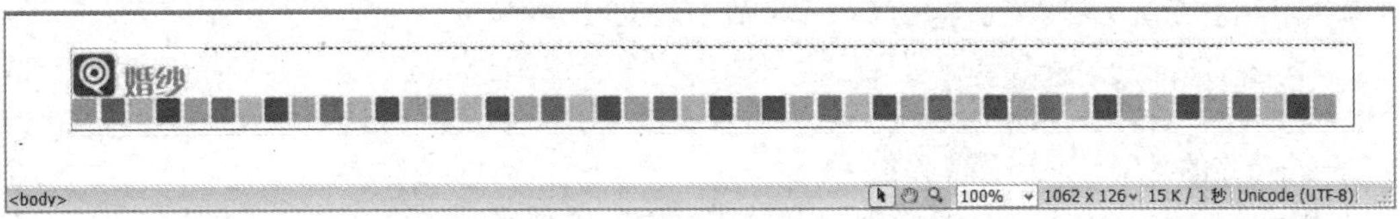

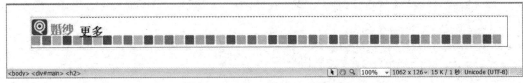

图 8-26　为<h2>标签设置 CSS 样式

Step06 将光标定位在图像右侧，输入文字"更多"，并在"属性"面板设置其"链接"属性为空链接"#"，如图 8-27 所示。

图 8-27　添加文字并设置空链接

Step07 新建类别选择器".more"，并设置字体属性。选中文字"更多"，在"属性"面板中设置其"类"属性值为"more"。

Step08 接下来设置文字"更多"为右对齐。

● 使用"position"属性。对于<a>标签可以通过设置其"position"属性值为 absolute，使其绝对定位于<h2>标签内。".more"的 CSS 样式代码如下。

```
.more{
    position:absolute;          //绝对定位
    display:block;              //区块显示
    font-size:16px;
    text-decoration:none;
    color:#C10003;
    font-weight:normal;
    right:20px;                 //相对于<h2>右边框 20px
    top:20px;                   //相对于<h2>上边框 20px
}
```

提示：若要设置某元素的"position"属性值为"absolute"，必须设置其父级容器的"position"属性值为"relative"。否则该元素将相对于<body>标签绝对定位。

● 使用"float"属性。在<h2>标签中，有<img>标签和<a>标签两个容器。可以通过设置二者的"float"属性对其定位。其中<img>标签为左对齐，<a>标签为右对齐。另外需要设置<a>标签的"margin"属性以增加和<h2>的间距。为二者添加的 CSS 样式代码如下。

```
.more{
    display:block;
    font-size:16px;
    text-decoration:none;
    color:#C10003;
    font-weight:normal;
    float:right;                //右浮动
    margin:20px;                //间距为 20px
```

```
}
#main h2 img {
    float:left;                    //左浮动
}
```

提示： 也可以通过单独设置<a>标签为右浮动来实现同样效果，此时需要将<a>标签的内容放到相对于其右浮动的标签前。此时的 HTML 代码如下。

```
<h2><a href="#" class="more">更多</a><img src="images/hunsha.gif" width="98" height=
"37" /></h2>
```

<a>标签的 CSS 样式设置不变。

"float" 属性虽然简单，但变化万千，其中的奥妙唯有通过多加练习才能体会。

Step09 保存网页。按<F12>键浏览最终效果，如图 8-28 所示。

图 8-28　最终效果

单元实训 **8.3**　Div+CSS 网页布局案例

本实训重点练习 Div 标签在网页布局的使用、网页定位的方法和网页布局技巧。

8.3.1　使用 Div+CSS 实现婚纱网站最新作品列表设置

1. 实训目的

● 掌握盒子模型在网页布局中的应用。

● 会使用 position、float 属性定位网页元素。

2. 实训要求

继续完成网页"08-2-2.html"，在<h2>标签后添加<ul>标签，在列表项中加入图像和文字，并设置样式。插入图像"最新作品"，并设置其"position"属性为绝对定位。最终效果如图 8-29 所示。

图 8-29　最终效果

部分 CSS 样式代码如下。

```
ul{
```

```
    list-style:none;
}
ul,li {
    margin:0px;
    padding:0px;
}
#main li {
    width: 168px;
    height: 137px;
    float: left;
    padding: 10px 10px 0px;
    margin-right: 6px;
    margin-bottom: 6px;
    background-image: url(images/bg_photo.gif);
    background-repeat: no-repeat;
}
#main li img.top {
    position: absolute;
    left: -9px;
    top: 164px;
    width: 143px;
    height: 41px;
}
#main li p {
    margin: 0px;
    display: block;
    width: 100%;
    text-align: center;
    height: 27px;
    font-size:12px;
    line-height: 27px;
}
#main li img {
    width: 168px;
    height: 104px;
    border:none;
}
```

8.3.2 使用 Div+CSS 布局学院教学成果申报网站首页

1. 实训目的

● 掌握 Div 标签在网页定位中的操作步骤。

● 领会 CSS 布局技巧。

● 能够使用常用布局版式进行网页布局。

2. 实训要求

使用 Div+CSS 布局学院教学成果申报网站首页，布局版式采用固定宽度且居中。网页使用 Div 标签划分为若干模块，并使用 CSS 设置样式。网页最终效果如图 8-30 所示。

图 8-30　网页最终效果

思政点滴

　　小王在某软件公司实习，在负责某网站开发的过程中，担任网站前端设计师的工作。在处理浏览器兼容性问题时，某容器的宽度设置出现了一些问题，但是几乎不会影响当前浏览器中的视觉效果，且解决起来比较麻烦，本着侥幸的心理，他认为这个问题并不会引起客户的重视，因此没有再去考虑解决方案。

　　网站最终交付给客户后，客户在浏览该网站时，出现浏览器兼容性问题，导致网站视觉效果很差，也为公司形象带来负面影响。客户反馈问题给公司，公司经理在了解情况后，对小王的工作态度提出批评。网页设计是 1 像素的艺术，需要精益求精的工匠精神。作为网页设计师，千万不要忽略细节，比如字体大小、边框粗细、容器尺寸等，可谓失之毫厘谬以千里。细节决定成败，是否注重细节，体现出一位网页设计师的职业素养。

单元练习题

一、填空题

1．和 CSS 配合使用，常用于网页布局的标签为＿＿＿＿＿＿。

2．使用 position 属性对元素进行绝对定位，需要设置其父级容器的 position 属性为＿＿＿＿＿。

3．在盒子模型中，容器的宽度值为＿＿＿＿＿。

二、选择题

1. 以下哪种单位在 Dreamweaver 中不是合法的（　　）。

    A．px　　　　　　　B．dot　　　　　　　C．pt　　　　　　　　D．in

2. 下列哪个属性不是构成 CSS 盒子模型的属性（　　）。

    A．border　　　　　B．margin　　　　　　C．float　　　　　　　D．padding

3. 设置 Div 标签的堆叠次序，应使用的定位属性为（　　）。

    A．float　　　　　　B．position　　　　　　C．align　　　　　　　D．z-index

三、简答题

1. 简述 Div 标签在网页设计中广泛应用的原因。

2. 简述 CSS 的盒子模型。

3. 简述 Div 常用的定位属性及其区别。

4. 常用 Div+CSS 布局版式有哪些种？

单元9

多媒体网页和网页特效

随着网络技术和多媒体技术的发展，网页中的多媒体元素与特效不断多样化，适当使用多媒体元素与网页特效，可以使网页信息呈现多样化，也是增强网页表现力的一种手段。本单元重点学习在网页中添加多媒体元素、使用行为设计网页特效的方法。

本单元学习要点：

❏ 在网页中插入 Flash 动画；
❏ 在网页中嵌入 FLV 视频；
❏ 在网页中插入音频；
❏ 行为的基本概念；
❏ Dreamweaver 中的内置行为；
❏ 使用行为创建网页特效。

任务 **9.1**　制作多媒体网页

 任务陈述

在网页中添加动画、声音和视频等多媒体对象，可以增强网页的表现力。本任务重点介绍制作多媒体网页的基本方法。

任务目标：

（1）了解动画、视频、声音等多媒体元素的基本特点；
（2）掌握在网页中插入多媒体元素的基本方法；
（3）掌握多媒体网页的设计制作。

相关知识与技能

9.1.1　认识多媒体元素

1. Flash 动画

Flash 动画采用的是矢量技术，它具有文件小巧、速度快、特效精美、支持流媒体，以

微课视频

及交互功能强大等优点，是网页中最流行的动画格式。在网页中插入 Flash 动画的具体方法：选择"插入"→"HTML"→"Flash SWF(F)"菜单命令，或者单击"插入"面板"HTML"选项卡中的【Flash SWF】按钮，均能打开"选择 SWF"对话框，在指定的文件夹中选择 Flash 动画文件，单击【确定】按钮，即可在网页中插入 Flash 动画。

提示：在 Dreamweaver 中只支持.swf 格式的 Flash 动画，该格式的 Flash 动画是 Flash 源文件（.fla 格式）的压缩版本，已经进行了优化，便于在 Web 上查看。

选中插入的 Flash 动画，在"属性"面板中可以查看并设置 Flash 动画的属性，如图 9-1 所示。

图 9-1　Flash 动画"属性"面板

"属性"面板中各项参数含义如下。

● 宽、高：分别用于指定动画被装入浏览器时所需要的宽度、高度，默认单位是像素。

● 文件：用于指定装入的 Flash 动画文件的路径。可以直接在输入框中输入文件的路径，也可以单击后面的按钮，在打开的"选择 SWF"对话框中选择加载的 Flash 动画文件。

● 背景颜色：用于设置动画的背景颜色。该颜色常常出现在动画播放完成之后或动画加载的过程中。

● 【编辑】按钮：单击该按钮打开计算机中的 Flash 制作软件，可对 Flash 动画进行编辑。

● 循环：选中该复选框，动画可以循环播放。

● 自动播放：选中该复选框，当页面载入时将自动播放动画。

● 垂直边距、水平边距：分别指定 Flash 动画和网页的上下边距和左右边距，以像素为单位。

● 品质：设置运行对象标签和嵌入标签的品质参数，其选项有"低品质""自动低品质""自动高品质""高品质"。

● 比例：用于设置动画的缩放方式。

● 对齐：设置 Flash 动画的对齐方式。

● Wmode：用于设置 SWF 动画的背景是否透明，有三个选项，即窗口、不透明、透明。

● 参数：单击该按钮，将弹出"参数"对话框，显示出 SWF 附加参数，用户可以单击加号按钮或减号按钮来添加或删除附加参数。

2. 音频文件

在 HTML5 中嵌入的音频格式主要包括 Wav、MP3、ogg 等。由于不同的浏览器支持的音频格式不一样，在确定采用哪种格式和方法添加音频文件前，需要考虑添加声音的目的、文件大小、声音品质及不同浏览器的差异等因素。

HTML5 中常用的音频文件特点如下。

（1）Wav。Wav 格式的音频文件具有较好的声音品质，许多浏览器支持此格式，并且不要求安装插件。可以利用 CD、磁带、麦克风等获取自己的 Wav 文件。但是，Wav 文件容量通常较大，在 Web 页面上不建议使用声音长度较大的 Wav 格式文件。

（2）MP3。MP3（Motion Picture Experts GroupAudio Layer-3，运动图像专家组音频，即 MPEG-音频-3）是一种压缩格式，是现在最流行的声音文件格式之一。该格式压缩率大，文件数据量较小，且声音品质较好，甚至可以和 CD 音质相媲美。新技术可以将文件"流式化"，这样来访者无须等待下载整个文件便可以听到音乐。播放 MP3 文件时，访问者必须下载并安装辅助应用程序或插件，如 QuickTime、Windows Media Player 或 Real Player 等。

（3）Ogg。Ogg 全称是 OGGVobis（oggVorbis），是一种音频压缩格式，类似于 MP3 等的音乐格式。Ogg 文件格式可以不断地进行大小和音质的改良，而不影响旧有的编码器或播放器，目前几乎所有音频播放器都能打开 ogg 文件，包括 Windows 自带的播放器。

在网页中嵌入音频文件的具体方法：单击"插入"→"HTML"→"HTML5Audio(A)"菜单命令，或者在"插入"面板的"HTML"选项卡中单击【HTML5Audio】按钮，均可在网页指定的位置插入音频的插件占位符。

此外，也可以通过在<body>中直接添加<bgsound>标签，为网页插入音乐文件。具体方法：在代码窗口输入"<bgsound"后按空格键，代码提示框会自动把<bgsound>标签的属性列出来供用户选择。<bgsound>标签有五个属性，它们的含义如下。

● balance：设置音乐的左右均衡。
● delay：进行播放延时的设置。
● loop：对播放音乐的循环次数进行控制。
● src：设置音乐文件的路径。
● volume：用于设置音量。

在网页中嵌入音频文件可将声音直接集成到页面中，对于需要插件的音频文件，访问者需要安装相关插件，这样声音才可以播放。

提示：音频文件需要占用大量的磁盘空间，一般情况下，在添加音频文件前最好能压缩音频文件。

3．FLV 视频

FLV 是 Flash Video 的简称，FLV 视频具有文件体积小、加载速度快、视频质量好等特点，并且 FLV 视频可以不通过本地的微软或者 Real Player 播放器进行播放，因此成为当前网页视频文件的主流格式。目前许多在线视频网站采用 FLV 视频格式，如搜狐视频、优酷网等。

在网页中插入 FLV 视频文件的具体方法：选择"插入"→"HTML"→"Flash Video(L)"菜单命令，或者在"插入"面板的"HTML"选项卡中单击【Flash Video】按钮，均可打出"插入 FLV"对话框，如图 9-2 所示。设置完毕后单击【确定】按钮，就可以在网页中插入 FLV 视频占位符，如图 9-3 所示。选中插入的 FLV 视频占位符，在其"属性"面板中，可以继续修改视频文件的属性。

"插入 FLV"对话框的主要参数含义如下。

图 9-2 "插入 FLV"对话框   图 9-3 插入的 FLV 视频占位符

- 视频类型：用于指定 Flash 视频的类型，有"累进式下载视频"和"流视频"两种。若选择"累进式下载视频"选项，可以直接在 URL 文本框中输入 FLV 视频文件的相对或绝对地址；也可以单击【浏览】按钮，从弹出的"选择 FLV"对话框中选择要插入的 Flash 视频文件，扩展名为.flv。若选择"流视频"选项，则需要在"服务器 URL"文本框中输入服务器的地址，以"rtmp://"格式开头，并且要在"流名称"文本框中输入流媒体的文件名。
- 外观：用于选择播放器的外观形状。
- 宽度和高度：用于显示和设置 FLV 视频文件的宽度和高度。
- 限制高宽比：选中该复选框，则会锁定宽度和高度的比例。
- 自动播放：选中该复选框，则在浏览器中加载该视频文件时会自动播放。
- 自动重新播放：选中该复选框，则允许重复播放视频文件。

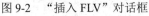 任务实施

微课视频

9.1.2 制作"电子相册"网页

下面通过制作带有背景音乐的"电子相册"网页，介绍在网页中插入 Flash 动画和音乐媒体元素的方法。"电子相册"网页效果如图 9-4 所示。具体操作步骤如下。

Step01 创建本地站点 ch09-1-1，新建一个空白的网页文件，将其以 09-1-1.html 为文件名保存在创建的本地站点中。

Step02 插入表格。插入一个 4 行 2 列、表格宽度为 800px、边框为 0px 的表格，分别将第 1、第 4 行的两个单元格合并为一个单元格。

Step03 插入 Flash 动画。将光标置于表格的第 1 行，选择"插入"→"HTML"→"Flash SWF(F)"菜单命令，打开"选择 SWF"对话框，从中选择要插入的 banner.swf 动画文件（动画文件所在路径 ch09\ch09-1\ Flash），单击【确定】按钮，在光标处插入一个 Flash 动画占位符，如图 9-5 所示。

图 9-4　"电子相册"网页预览效果

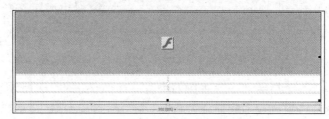

图 9-5　插入的 Flash 动画占位符

Step04 在表格的第 2 行中输入文本。

Step05 将光标分别置于表格第 3 行的两个单元格中，用前面介绍的方法插入已经制作好的两个 Flash 动画。

Step06 输入版权信息。将光标置于表格的第 4 行中，输入版权信息。

Step07 为网页增加背景音乐。通过<bgsound>标签为电子相册网页添加背景音乐。在电子相册网页的 <body></body> 标签中，把光标放在标签的最下面，输入 <bgsound src="sound/春野.mp3" loop="-1" >代码。

Step08 用 CSS 编辑美化网页。创建外部 CSS 样式表文件 "style.css"，用来设置页面文本的字体、大小和对齐方式，并将其保存到 ch09-1 站点中。CSS 样式代码如下。

```css
.text1 {
  font-size: 24px;
  text-align: center;
  font-family: "华文隶书";
}
.text2 {
  font-size: 14px;
  text-align: center;
}
```

Step09 为表格第 2 行的文本内容添加 "text1" 样式，为表格第 4 行的版权信息增加 "text2" 样式。

Step10 选中表格的所有单元格，在"属性"面板中设置背景颜色为 "#FFCCFF"。

Step11 选中整个表格，在"属性"面板中设置对齐为"居中对齐"。至此，带音乐的"电子相册"网页制作完成。

Step12 保存文件，按<F12>键预览"电子相册"网页效果。

提示：为网页添加背景音乐，使访问者在优美的音乐声中浏览打开的网页，是一种很好的体验。背景音乐一般不需要控制，播放的方式为循环播放。

💡 **任务拓展**

9.1.3 制作休闲娱乐多媒体网页

下面通过制作一款休闲娱乐多媒体网页，熟练掌握 FLV 视频、Flash 动画等媒体元素在网页中的应用，网页效果如图 9-6 所示。具体操作步骤如下。

图 9-6 休闲娱乐多媒体网页浏览效果

Step01 创建本地站点 ch09-1-2，新建一个空白的网页文件，以 09-1-2.html 为文件名保存在 ch09-1-2 站点中。

Step02 用表格布局页面。插入一个 5 行 2 列、表格宽度为 800px、边框为 0px 的表格，分别将表格第 1、第 2、第 5 行的两个单元格合并为一个单元格。

Step03 将光标置于表格第 3 行的第 2 列中，插入一个 2 行 2 列的嵌套表格。将光标置于表格第 4 行的第 2 列中，插入一个 2 行 4 列的嵌套表格。

Step04 插入文本和 Flash 动画。将光标置于表格的第 1 行中，输入"网站介绍""会员专区""下载中心""联系我们"文本，并在"属性"面板中设置水平为"右对齐"。把光标置于表格的第 2 行中，插入 Flash 动画（ch09\ch09-1-2\flash\banner.swf）。

Step05 在表格第 3 行的第 1 个单元格中插入图片；在第 3 行第 2 个单元格中的嵌套表格中，第 1 行输入视频说明性文字，第 2 行插入两个 FLV 视频，插入的 FLV 视频占位符如图 9-7 所示。

Step06 为网页增加链接内容。考虑到休闲娱乐多媒体网页的特点，为页面增加智益游戏类的链接。在表格第 4 行的第 1 个单元格中插入图片，在第 4 行后面的单元格中插入智益游戏类的链接图片，在"属性"面板中分别设置对应游戏的链接地址，设置后效果如

图 9-8 所示。可以继续为页面增加其他链接内容，进一步丰富页面内容，限于篇幅，不再一一介绍。

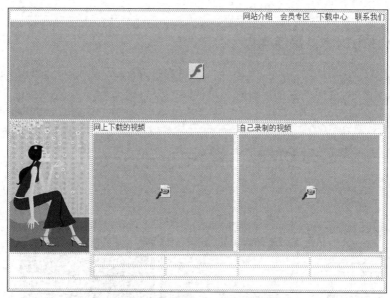

图 9-7　插入两个 FLV 视频占位符

Step07 输入版权信息。将光标置于表格的最后一行中，输入版权信息，并在"属性"面板中设置单元格内容水平为"居中对齐"，并根据需要设置单元格的背景颜色。

Step08 使用 CSS 样式美化页面。创建外部 CSS 样式表文件"style.css"，用来设置页面文本的字体、大小和对齐方式，并将其保存到 ch09-1-2 文件夹中。CSS 代码如下：

图 9-8　增加智益游戏类的链接图片

```
.text1 {
    font-size: 20px;
    font-family: "幼圆";
    text-align: center;
    background-color: #CFF;
}
.text2 {
    font-size: 14px;
    font-family: "宋体";
}
```

分别为音频和视频标识文字应用"text1"样式，为导航菜单和版权信息应用"text2"样式。

Step09 选中整个表格，在"属性"面板中设置对齐为"居中对齐"。按<Ctrl+S>组合键保存页面，按<F12>键浏览网页效果。

提示：在网页中插入多媒体素材，会使网页更加丰富多彩，但是这样有可能以牺牲浏览速度和兼容性为代价，所以，要合理运用多媒体素材。

任务 **9.2** 创建网页特效

任务陈述

创建网页特效是指在网页中添加 Dreamweaver 提供的行为。使用行为，编程人员不用编写 JavaScript 代码便可实现多种动态网页特效。本任务重点介绍弹出公告页、图像特效、设置状态栏文本、设置跳转菜单效果等网页特效。

任务目标：

（1）了解行为的概念以及属性、事件、方法的含义；
（2）熟悉"行为"面板的基本操作；
（3）掌握在网页中添加行为并设置相关属性的方法。

相关知识与技能

9.2.1 行为概述

行为是对象为响应某一事件而采取的动作，它由对象、事件和动作组成。

对象是产生行为的主体。网页元素可以作为对象，如图片、文字、多媒体文件等，网页本身也可作为对象。

事件是触发动态效果的原因，它可以被附加于各种网页元素，即被附加到 HTML 标记中。事件是针对页面元素或标签而言的，例如将鼠标指针移到网页元素上、把鼠标指针放在网页元素之外和单击鼠标左键，是与鼠标有关的三个最常见的事件（onMouseOver、onMouseOut、onClick）。不同浏览器支持的事件类型是不一样的。

动作是指最终需完成的动态效果，如交换图像、弹出信息、打开浏览器窗口、播放声音等都是动作。动作通常是一段 JavaScript 代码。在 Dreamweaver 中使用内置行为时，系统会自动向页面中添加 JavaScript 代码，用户不必自己编写。

图9-9 "行为"面板

在 Dreamweaver 中，对行为的管理主要通过"行为"面板完成，选择"窗口"→"行为"菜单命令或按<Shift+F4>组合键，可以打开"行为"面板，如图 9-9 所示。

在"行为"面板中，右侧显示动作，左侧显示行为对应的事件类型。面板中各选项作用如下。

- 标签 <body>：显示设置行为的标签。
- 显示设置事件 ：仅显示附加到当前文档的那些事件。事件分为客户端或服务器端两类。显示设置事件是默认的视图。
- 显示所有事件 ：按字母顺序显示所有事件。
- 添加行为 ＋：单击该按钮，从弹出菜单中选择需要添加的行为类别。
- 删除事件 －：从行为列表中删除所选的事件和动作。

- 增加事件值 ▲：将当前选定的行为向前移动。
- 降低事件值 ▼：将当前选定的行为向后移动。

9.2.2 动作与事件

用户与网页交互时产生的操作称为事件。事件可以由用户引发，也可能是页面发生改变，甚至还有看不见的事件。绝大部分事件都由用户的动作所引发，如用户单击鼠标触发 onClick 事件，鼠标移动到目标时触发 onMouseOver 事件等。

每个浏览器都提供一组事件，这些事件与"行为"面板中单击【添加行为】按钮 ✛ 弹出菜单中列出的动作相关联。当网页访问者与页面进行交互时，会触发事件，这些事件用于调用执行动作的 JavaScript 函数。Dreamweaver 提供多个可通过这些事件触发的常用动作。表 9-1 列出了常用 JavaScript 事件。

表 9-1　常用的 JavaScript 事件

事　件		事　件　说　明
一般事件	onClick	鼠标单击时触发此事件
	onDblClick	鼠标双击时触发此事件
	onMouseDown	按下鼠标时触发此事件
	onMouseUp	鼠标按下后松开鼠标时触发此事件
	onMouseOver	当鼠标移动到某对象范围的上方时触发此事件
	onMouseMove	鼠标移动时触发此事件
	onMouseOut	当鼠标离开某对象范围时触发此事件
	onKeyPress	当键盘上的某个键被按下并且释放时触发此事件
	onKeyDown	当键盘上某个按键被按下时触发此事件
	onKeyUp	当键盘上被按下的键弹起时触发此事件
页面相关事件	onAbort	图片在下载时被用户中断时触发此事件
	onBeforeUnload	当前页面的内容将要被改变时触发此事件
	onError	出现错误时触发此事件
	onLoad	浏览器加载网页时触发此事件
	onMove	浏览器的窗口被移动时触发此事件
	onResize	当浏览器的窗口大小被改变时触发此事件
	onScroll	浏览器的滚动条位置发生变化时触发此事件
	onStop	浏览器的停止按钮被按下时或者正在下载的文件被中断时触发此事件
	onUnload	当前页面将被改变时触发此事件
表单相关事件	onBlur	当前元素失去焦点时触发此事件
	onChange	当前元素失去焦点并且元素的内容发生改变时触发此事件
	onFocus	当某个元素获得焦点时触发此事件
	onReset	当表单中 RESET 的属性被激发时触发此事件
	onSubmit	一个表单被递交时触发此事件

事　件		事 件 说 明
滚动字幕事件	onBounce	在 Marquee 内的内容移动至 Marquee 显示范围之外时触发此事件
	onFinish	当 Marquee 元素完成需要显示的内容后触发此事件
	onStart	当 Marquee 元素开始显示内容时触发此事件
编辑事件	onBeforeCopy	当页面当前被选择的内容将要被复制到系统的剪贴板前触发此事件
	onBeforeCut	当页面中的一部分或者全部内容将被移离当前页面（剪切）并移动到系统剪贴板时触发此事件
	onBeforeEditFocus	当前元素将要进入编辑状态时触发此事件
	onBeforePaste	内容将要从浏览者的系统剪贴板传送（粘贴）到页面中时触发此事件
	onBeforeUpdate	当浏览者粘贴系统剪贴板中的内容时通知目标对象
	onContextMenu	当浏览者按下鼠标右键出现菜单时或者通过键盘的按键触发页面菜单时触发此事件
	onCopy	当页面当前被选择的内容被复制后触发此事件
	onCut	当页面当前被选择的内容被剪切时触发此事件
	onDrag	当某个对象被拖动时触发此事件（活动事件）
	onDragDrop	一个外部对象被鼠标拖进当前窗口时触发此事件
	onDragEnd	当鼠标拖动结束时触发此事件
	onDragEnter	当被鼠标拖动的对象进入其容器范围内时触发此事件
	onDragLeave	当被鼠标拖动的对象离开其容器范围内时触发此事件
	onDragOver	当被拖动的对象在另一容器范围内拖动时触发此事件
	onDragStart	当某对象将被拖动时触发此事件
	onDrop	在一个拖动过程中，释放鼠标键时触发此事件
	onLoseCapture	当元素失去鼠标移动所形成的选择焦点时触发此事件
	onPaste	当内容被粘贴时触发此事件
	onSelect	当文本内容被选择时触发此事件
	onSelectStart	当文本内容选择将开始发生时触发此事件
数据绑定	onAfterUpdate	当数据完成由数据源到对象的传送时触发此事件
	onCellChange	当数据来源发生变化时触发此事件
	onDataAvailable	当数据接收完成时触发此事件
	onDatasetChanged	数据在数据源发生变化时触发此事件
	onDatasetComplete	当来自数据源的全部有效数据读取完毕时触发此事件
	onErrorUpdate	当使用 onBeforeUpdate 事件触发取消了数据传送时，代替 onAfterUpdate 事件
	onRowEnter	当前数据源的数据发生变化并且有新的有效数据时触发此事件
	onRowExit	当前数据源的数据将要发生变化时触发此事件
	onRowsDelete	当前数据记录将被删除时触发此事件
	onRowsInserted	当前数据源将要插入新数据记录时触发此事件
外部事件	onAfterPrint	当文档被打印后触发此事件
	onBeforePrint	当文档即将打印时触发此事件
	onFilterChange	当某个对象的滤镜效果发生变化时触发此事件

续表

事 件		事 件 说 明
外部事件	onHelp	当浏览者按<F1>键或者浏览器帮助时触发此事件
	onPropertyChange	当对象的属性之一发生变化时触发此事件
	onReadyStateChange	当对象的初始化属性值发生变化时触发此事件

9.2.3　添加行为

Dreamweaver 内置了常用标准行为，以便用户使用。在"行为"面板中，单击【添加行为】按钮 **+**，可以展开"行为"菜单，如图 9-10 所示。

各菜单项功能如下。

● 交换图像：当发生所设置的事件后，用其他图像替代当前图像。

● 弹出信息：当发生所设置的事件后，弹出一个消息框。

● 恢复交换图像：恢复设置"交换图像"行为因为某种原因失去效果的图像。

● 打开浏览器窗口：打开一个新的浏览器窗口。

● 拖动 AP 元素：可以让浏览者拖动 AP 元素。

● 改变属性：可以改变相应对象的属性值。

● 效果：可将各种效果应用于页面的相应元素上。

● 显示-隐藏元素：可以显示、隐藏或恢复可见一个或多个页面元素。

● 检查插件：检查是否装有运行网页的插件。

● 检查表单：检测用户填写的表单内容是否符合预先设定的规范。

● 设置文本：可以在不同位置显示相应内容。

● 调用 JavaScript：当事件发生时，调用指定的 JavaScript 函数。

● 跳转菜单：制作一次可建立若干个链接的跳转菜单。

● 跳转菜单开始：在跳转菜单中选定要移动的站点后，只有单击【开始】按钮才可移动到链接的站点上。

● 转到 URL：选定事件发生后，可以跳转到指定站点或网页文档上。

● 预先载入图像：在下载图像之前预先载入一幅图像。

图 9-10　"行为"菜单

获取更多行为：除了 Dreamweaver 内置行为，也可以单击该选项后在浏览器中加载 Exchange for Dreamweaver Web（www.adobe.com/go/dreamweaver_exchange_cn）站点，下载并安装所需的扩展包。

 任务实施

9.2.4　制作网页加载时弹出公告页

网页加载时弹出公告页是指，当浏览者打开网站的主页面时，在窗口中弹出一个类似于通知或者公告类内容的小窗口，为浏览者提供资讯服务类的信息。在 Dreamweaver 中，可以通过添加行为制作网页加载时弹出公告页，效果如图 9-11 所示。

具体操作步骤如下。

Step01 在站点 ch09-2-1 中打开网页文件 sucai.html，将其另存为 09-2-1.html，如图 9-12 所示。

Step02 选择"窗口"→"行为"菜单命令，打开"行为"面板，单击【添加行为】按钮 **+**，在弹出的菜单中选择"打开浏览器窗口"命令，打开"打开浏览器窗口"对话框，如图 9-13 所示。

"打开浏览器窗口"对话框各选项含义如下。

- 要显示的 URL：可以输入或通过单击【浏览】按钮选择要打开的网页文件。
- 窗口宽度：设置打开浏览器窗口的宽度，通常以像素（px）为单位。
- 窗口高度：设置打开浏览器窗口的高度，通常以像素（px）为单位。
- 属性：设置相应栏目是否在打开的浏览器窗口中显示。
- 窗口名称：新窗口进行的名称。如果用户通过 JavaScript 使用链接指向新窗口或控制新窗口，则应对新窗口进行命名。所命名不能包含空格或特殊字符。

Step03 选择"body"标签，在"要显示的 URL"文本框中，选择网页文件"popup.html"，设置"窗口宽度"和"窗口高度"为 300px，其他选项保持默认。

Step04 单击【确定】按钮，添加"打开浏览器窗口"行为。设置动作的"事件"为"onLoad"，即加载网页时触发该行为。设置后的"行为"面板如图 9-14 所示。

图 9-11　在网页加载时弹出公告页

图 9-12　打开的网页文件

图 9-13　"打开浏览器窗口"对话框

图 9-14　设置行为后的"行为"面板

Step05 保存网页文件，按<F12>键在浏览器中预览网页效果。

9.2.5　使用行为设置交换图像特效

微课视频

Dreamweaver 内置了交换图像行为特效。"交换图像"行为通过更改<img>标签的 src 属性将一幅图像和另一幅图像进行交换。使用此行为可创建鼠标经过图像的效果以及其他图像效果（包括一次交换多个图像）。变换图像前后的效果分别如图 9-15 和图 9-16 所示。

当鼠标移到页面左下角设置了"交换图像"行为的图像时，会用另一幅图像替代原图像，当鼠标离开时恢复原图像。

图 9-15　交换图像前

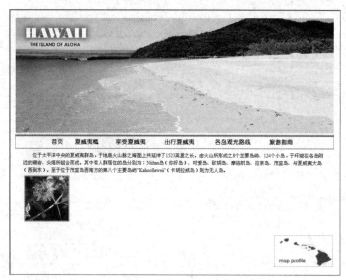

图 9-16　交换图像后

具体操作步骤如下。

Step01 在站点 ch9-2-2 中打开网页文件 sucai.html，将其另存为 09-2-2.html。

Step02 选中网页左下角的图像，在"属性"面板中设置其"ID"为"swapImg"。单击"窗口"→"行为"菜单命令，打开"行为"面板，单击面板中的＋按钮，在弹出的菜单中选择"交换图像"命令，弹出"交换图像"对话框，如图 9-17 所示。

Step03 在"图像"列表中选择"图像'swapImg'"，单击【浏览】按钮，在打开的对话框中选择图像文件"images/tree.gif"。勾选"预先载入图像"复选框，以便预先缓存图像，防止因为交换图像下载缓慢而导致延迟。勾选"鼠标滑开时恢复图像"复选框，当鼠标移到图像外边时恢复初始图像。

图 9-17 "交换图像"对话框

Step04 单击【确定】按钮完成制作。保存网页文档，按<F12>键预览交换图像效果。

提示："恢复交换图像"行为的作用是将交换的图像恢复为原图像。如果在添加"交换图像"行为时勾选了"鼠标滑开时恢复图像"复选框，则不再需要为案例设置"恢复交换图像"行为。勾选"预先载入图像"复选框可以将不会立即出现在网页上的图像载入到浏览器缓存中，防止由于网速导致图像下载缓慢而带来的浏览延迟。

9.2.6 使用行为设置文本特效

通过 Dreamweaver 内置的"设置文本"行为可以为网页的状态栏、容器、文本域、框架等元素添加要显示的文字。

- "设置状态栏文本"行为，可在浏览器窗口左下角的状态栏中显示文本消息。例如，可以使用此行为在状态栏中说明链接的目标，而不是显示默认的 URL。
- "设置容器的文本"行为，将页面上现有容器的内容和格式替换为指定的内容。
- "设置文本域文字"行为，可用指定的内容替换表单文本域的内容。
- "设置框架文本"行为，可在框架中动态显示信息，用指定的内容替换框架的内容和格式，该内容可以包含任何有效的 HTML 代码。

提示：以上所有行为中，所设置的文本内容可以包含任何有效的 HTML 代码，也可以是任何有效的 JavaScript 函数调用、属性、全局变量或其他表达式。若要嵌入一段 JavaScript 代码，需要将其放置在花括号{}中。

本节重点介绍设置容器文本特效和设置状态栏文本特效，具体操作步骤如下。

Step01 在站点 ch09-2-3 中打开网页文件 sucai.html，将其另存为 09-2-3.html。

Step02 在网页的下方分别添加两个 Div 标签，设置它们的"ID"属性分别为"flw1""flw2"，并为它们添加相同的 CSS 样式，代码如下。

```
float: left;
width:114px;
height:112px;
background-color: #CCFFFF;
margin: 10px;
```

Step03 在两个 Div 中分别插入图片 flower.gif、tree.gif，效果如图 9-18 所示。

Step04 选中 flw1 标签，按<Shift+F4>组合键打开"行为"面板，单击面板中的+.按钮，在弹出的菜单中选择"设置文本"→"设置容器的文本"菜单命令，打开"设置容器的文本"对话框，如图 9-19 所示。

Step05 在"新建 HTML"文本框中添加 HTML 代码"<p class="tip">蔷薇</p>"。设置

完毕后，单击【确定】按钮。

图 9-18　在 Div 中插入图片

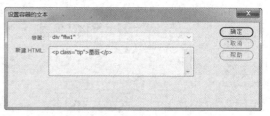

图 9-19　"设置容器的文本"对话框

Step06 在<style>…</style>间添加如下 CSS 样式。

```
.tip{
    color:red;
    font-size:24px;
}
```

Step07 在"行为"面板中设置该行为的事件为"onMouseOver"，即当鼠标移至"flw1"时触发该行为。

Step08 继续为 flw1 添加"设置容器的文本"行为。在图 9-19 所示的"新建 HTML"文本框输入"<img src="tree.gif">"，设置该行为的事件为"onMouseOut"，即当鼠标移开时恢复原图像。为 flw1 设置行为后的"行为"面板如图 9-20 所示。

Step09 依照上述步骤，为 flw2 添加"设置容器的文本"行为。设置完毕后，保存文档并在浏览器中预览效果，如图 9-21 所示。

图 9-20　"行为"面板

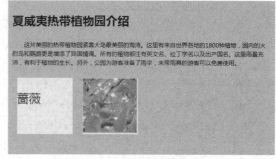

图 9-21　在网页中预览效果

Step10 为网页添加"设置状态栏文本"行为。选中<body>标签，单击"行为"面板中的 + 按钮，在弹出的菜单中选择"设置文本"→"设置状态栏文本"菜单命令，打开"设置状态栏文本"对话框，在"消息"文本框中输入"欢迎访问夏威夷旅游网，今天是{newDate()}"，如图 9-22 所示。设置完毕后，单击【确定】按钮。

Step11 保存文档，按<F12>键在浏览器中预览效果，如图 9-23 所示。

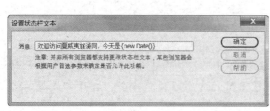

图 9-22　"设置状态栏文本"对话框

图 9-23　设置状态栏文本后效果

提示：在文本框中可以输入普通字符或者 JavaScript 代码，也可以是二者组合。newDate()是 JavaScript 的内置日期函数，通过调用此函数，可以显示系统日期。

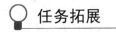

任务拓展

9.2.7　使用行为设置跳转菜单效果

使用 Dreamweaver 内置的行为可以创建跳转菜单。跳转菜单是由下拉式菜单组成的超链接组，使用跳转菜单可以创建多个网页的链接，实现向多个目标网页的跳转，效果如图 9-24 所示。

具体操作步骤如下。

图 9-24　跳转菜单效果

Step01 在站点 ch09-2-4 中打开网页文件 sucai.html，将其另存为 09-2-4.html。

Step02 将光标定位到要插入跳转菜单的位置，在菜单栏中选择"插入"→"表单"→"选择"菜单命令，插入选择控件。修改选择控件左侧的文本为"更多旅游资讯，请访问"，选中插入的"选择"控件，在"行为"面板中添加"跳转菜单"行为，弹出"跳转菜单"对话框，设置相应属性，如图 9-25 所示。

Step03 选中跳转菜单，在"行为"面板中添加了"跳转菜单"行为，如图 9-26 所示。"跳转菜单"行为的默认事件是"onChange"。

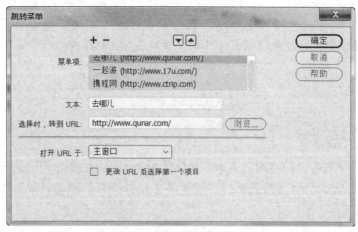

图 9-25 "跳转菜单"对话框

图 9-26 跳转菜单
"行为"面板

"跳转菜单"对话框各选项含义如下。

● **+ -** 按钮：增、删菜单项里的子项。

● **▼ ▲** 按钮：对菜单项里的子项进行排序。

● 菜单项：列出跳转菜单中所有的子项。

● 文本：选中菜单项中的某个子项，可以设置该子项在跳转菜单里显示的文本。

● 选择时，转到 URL：选中菜单项中的某个子项，可以设置当单击该子项时，将要转向的 URL 地址。

● 打开 URL 于：选中菜单项中的某个子项，可以设置在框架网页中将要打开的子框架名称。

Step04 修改跳转菜单的参数，可以通过以下两种方式进行。

● 在"行为"面板中，双击 "跳转菜单"动作，可以打开"跳转菜单"对话框。

● 选择文档中的"跳转菜单"，在"属性"面板对其进行相关设置，如图 9-27 所示。单击【列表值】按钮，打开如图 9-28 所示对话框，可以对列表值进行编辑。

图 9-27 跳转菜单"属性"面板

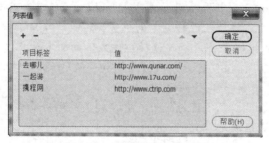

图 9-28 "列表值"对话框

Step05 编辑完毕，保存网页文档，按<F12>键预览效果。

单元实训 **9.3** 制作多媒体网页和创建网页特效案例

9.3.1 实训一 制作动态的"美食展示"网页

1. 实训目的
- 掌握在网页中插入常用多媒体元素的方法。
- 熟练掌握多媒体网页设计制作的技能。

2. 实训要求

在展示类的网页中,物品展示页面表现形式多种多样,比如简单的图片排列展示、幻灯片似的图片转换展示等。

本实训要求设计制作一个插入 Flash 动画(ch09\ex09-3-1\flash\zhanshi.swf)和背景音乐(ch09\ex09-3-1\sound\安妮的仙境.mp3)的多媒体网页。这里抓取了网页浏览时的两种效果,分别如图 9-29 和图 9-30 所示。

图 9-29 "美食展示"网页效果之一   图 9-30 "美食展示"网页效果之二

9.3.2 实训二 设置变换图像的导航栏

导航栏是网页的重要组成部分,通过行为设计变换图像的导航栏特效,可以增强访问网页的交互性。

1. 实训目的
- 掌握为网页添加行为的基本方法。
- 掌握变换图像的导航栏特效设置方法。

2. 实训要求

导航栏是网页的重要组成部分,变换图像的导航栏是网页常用的导航特效。当鼠标移动到导航按钮时,变换图像;当鼠标移开时,恢复原图像。鼠标经过导航栏前后的效果分别如图 9-31 和图 9-32 所示。本实训相关的素材可到指定的文件夹(ch09\ex09-3-2)中调用。

图 9-31　鼠标经过前的导航栏

图 9-32　鼠标滑过时的导航栏

思政点滴

　　自信是成功的第一秘诀。自信有主见的人，面对困难或挑战时不会退缩，既能遵守秩序，服从规则，又有自己的主见，也不会盲从别人，最终达到成功的彼岸。下面，我们通过一则寓言故事感悟自信有主见的重要性。

青蛙的故事

　　从前，有一群青蛙组织了一场攀爬比赛，比赛的终点是一个非常高的铁塔的塔顶。一群青蛙围着铁塔看比赛，给它们加油。

比赛开始了。老实说，群蛙中没有谁相信这些小小的青蛙会到达塔顶，他们都在议论："这太难了！他们肯定到不了塔顶！""他们绝不可能成功的，塔太高了！"

听到这些，一只接一只的青蛙开始泄气了，除了那些情绪高涨的几只还在往上爬。群蛙继续喊着："这太难了！没有谁能爬上塔顶的！"越来越多的青蛙累坏了，退出了比赛。但有一只青蛙还在越爬越高，一点没有放弃的意思。最后，其他所有的青蛙都退出了比赛，除了那一只青蛙，他费了很大的劲，终于成为唯一一只到达塔顶的胜利者。

很自然，其他所有的青蛙都想知道他是怎么成功的，有一只青蛙跑上前去问胜利者，他哪来那么大的力气爬完全程？才发现这只青蛙是个聋子！

这个寓言故事告诉我们：永远不要听信那些习惯消极悲观看问题的人，因为他们只会粉碎你内心最美好的梦想与希望！而且，最重要的是，当有人告诉你，你的梦想不可能成真时，你要变成"聋子"，对此充耳不闻，时刻想着：我一定能做到！

单元练习题

一、填空题

1. 网页制作常用的音频文件格式是_____、_____、_____。

2. 网页中应该插入_____格式的 Flash 动画文件。

3. 行为是对象为响应某一_____而采取的动作。

4. 在 Dreamweaver 中对行为的添加和控制主要通过_____实现。

5. 可通过_____标签为网页添加背景音乐。

二、选择题

1. 在网页中插入视频文件，常用的视频文件格式是（　　）。
   A．swf   B．fla   C．rm   D．flv

2. "插入"面板"HTML"分类中的【Flash Video】按钮图标是（　　）。
   A．　　　　　　B．　　　　　　C．　　　　　　D．

3. 当鼠标移动到某对象范围的上方时触发的事件（　　）。
   A．onMouseOut   B．onClick   C．onMouseOver   D．onChange

4. 在 Dreamweaver 中，按下（　　）键，可以打开"行为"面板。
   A．<Shift+F4>   B．<F12>C．<Alt+F2> D．<F6>

5. "交换图像"行为通过更改（　　）标签的 src 属性实现鼠标经过图像时，图像发生交换显示的效果。
   A．<JavaScript> B．<img>   C．<body>   D．<head>

6. 下列哪一项不是构成行为的要素（　　）。
   A．对象   B．动作   C．事件   D．属性

三、简答题

1. 在网页中可以通过哪些方式插入 Flash 动画？

2. 什么是行为？行为组成要素的含义是什么？

单元10 使用表单对象

表单用于收集用户填写的信息，比如某网站的会员注册、留言簿、问卷调查、网上报名等都会用到表单。表单可以说是一个容器，里面的表单对象类型不同，所表示的功能也不同。表单对象包括文本框、单选框、复选框、列表/菜单等。

本单元学习要点：

❏ 表单和表单属性设置；
❏ 表单对象及其属性设置；
❏ 表单对象的应用；
❏ 在网页中插入 Spry 控件。

任务 10.1　设计会员注册网页

任务陈述

在许多网站上提供了会员注册功能，通过注册成为会员，能够更好地享受网站提供的服务。本任务希望用户掌握创建表单和表单对象的方法，掌握文本域、单选框、复选框、选择、按钮等表单对象在会员注册网页中的应用。会员注册网页效果如图 10-1 所示。

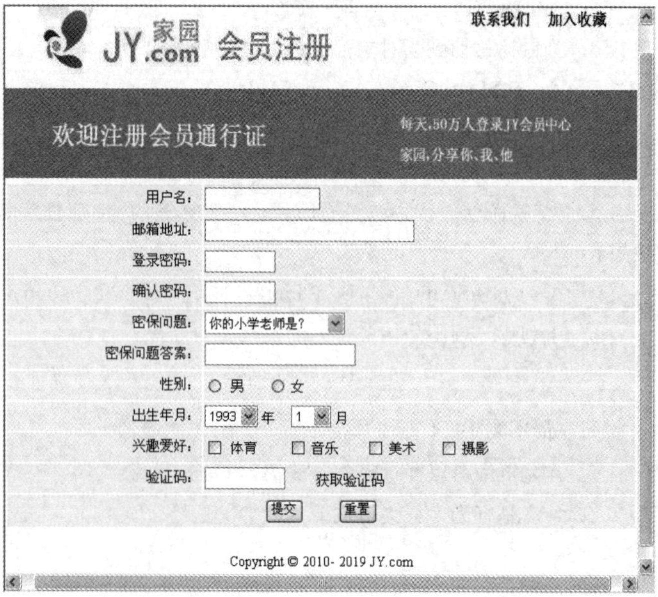

任务目标：

（1）认识表单和表单对象；
（2）掌握创建表单、向表单中插入表单对象的方法；
（3）掌握表单及表单对象的属性设置；
（4）能够在网页中灵活应用表单。

图 10-1　会员注册页面效果图

相关知识与技能

表单是一个包含表单元素的容器，在动态网页中常用，它使网站管理者可以与 Web 站点的访问者进行交互，是收集客户信息、进行网络调查的主要途径。

微课视频

10.1.1　表单

1. 认识表单

表单是网站管理者与浏览者沟通的纽带，有了表单，网站就不仅仅是"信息提供者"，也是"信息收集者"。表单通常用于用户注册登录、留言簿、网上报名、产品订单、网上调查及搜索界面等。

使用 Dreamweaver 可以创建表单，可以在表单中添加表单对象，还可以通过使用"行为"来验证用户输入信息的正确性。例如，可以检查用户输入的电子邮件地址中是否包含"@"符号，或者某个必须填写的文本域是否包含值等。

2. 创建表单

在 Dreamweaver 中可以通过"插入"菜单命令插入表单。具体方法：在文档窗口中选定插入点，选择"插入"→"表单"→"表单"菜单命令。插入的表单以红色矩形虚线框显示，如图 10-2 所示。可在表单虚线框中插入诸如文本域、列表框、单选框、复选框、按钮等表单对象。

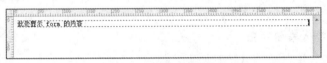

图 10-2　插入的表单

提示：插入表单后，如果在页面中看不到表单边框，可选择"查看"→"设计视图选项"→"可视化助理"→"不可见元素"菜单命令将红色虚线框显示出来。

需要注意的是，页面中的红色虚线框表示创建的表单，这个框的作用仅是方便编辑表单对象，在浏览器中不会显示。另外，可以在一个页面中包含多个表单，但是，不能将一个表单插入到另一个表单中（即标签不能重叠）。

3. 设置表单属性

在文档窗口中选中插入的表单，表单"属性"面板如图 10-3 所示。

微课视频

图 10-3　表单"属性"面板

表单"属性"面板中各选项含义如下。

● **ID**：是<form>标签的 name 参数，用于标明表单的名称，每个表单的名称不能相同。命名表单后，用户就可以使用 JavaScript 或 VBScript 等脚本语言引用或控制该表单。

- Action（动作）：用于设置处理该表单数据的动态网页路径。用户可以在文本框中直接输入动态网页的完整路径，也可以单击文本框右侧的 按钮，选择处理该表单数据的动态网页。
- Method（方法）：用于设置将表单数据传输到服务器的方法，其下拉列表中包含默认、GET 和 POST 项。
  - 默认：使用浏览器默认的方法，通常默认值为 GET 方法。
  - GET：将值附加到请求该页面的 URL 中，并将其传输到服务器。由于 GET 方法有字符个数的限制，所以适用于向服务器提交少量数据的情况。
  - POST：在 HTTP 请求中嵌入表单数据，并将其传输到服务器，该方法适用于向服务器提交大量数据的情况。
- Enctype（编码类型）：用于设置对提交给服务器处理的数据使用的 MIME 编码类型。MIME 编码类型默认设置为 application/x-www- form-urlencode，通常与 POST 方法一起使用。如果要创建文件上传域，则指定为 multipart/ form-data MIME 类型。
- Target（目标）：用于选择打开目标浏览器的方式。各种方式在前面单元中已经介绍过，这里不再赘述。

10.1.2　表单对象

在 Dreamweaver 中，表单对象是允许用户输入数据的网页元素。表单对象要插入到表单中，表单负责将表单对象的值提交给服务器端的某个程序处理，所以在添加文本域、按钮等表单对象之前，要先插入表单。

1. 在表单中插入表单对象

在表单中插入表单对象的方法有如下几种。

- 将光标定位于表单边界内（即红色虚线框内）的插入点，从"插入"→"表单"菜单命令中选择表单对象。
- 将光标定位于表单边界内的插入点，在"插入"面板的"表单"分类中单击表单对象按钮。
- 在"插入"面板的"表单"分类中，选中要插入的表单对象按钮，按住鼠标左键将其直接拖曳到表单边界内的插入点位置。

2. 表单标签

表单标签是成对出现的<form>…</form>，它是一个容器标签，用来定义一个表单区域，定义的表单对象需要放在<form>与</form>之间。下面列出表单和主要表单对象的标签，并用<!-- -->注释对标签功能分别加以说明。

```html
<html>
  <head>
    <title>表单标签</title>
  </head>
  <body>
    <!--设置表单,并在表单中插入表单对象-->
    <form id="form1" name="form1" method="post">
      <!--设置单行文本框-->
```

```
            <input type="text" name="textfield" id="textfield" />
            <br>
            <!--设置密码框-->
            <input type="password" name="textfield2" id="textfield2" />
            <br>
            <!--设置文本区域-->
            <textarea name="textarea" id="textarea" cols="45" rows= "5"></textarea>
            <br>
            <!--设置单选按钮,name 属性值相同-->
            <input type="radio" name="radio" id="radio" value="radio" />
            <input type="radio" name="radio" id="radio2" value="radio2" />
            <br>
            <!--设置复选按钮,name 属性值不能相同 -->
            <input type="checkbox" name="checkbox" id="checkbox" />
            <input type="checkbox" name="checkbox2" id="checkbox2" />
            <!--设置选择-->
            <select name="select" id="select">
            </select>
            <br>
            <!--设置文件域-->
            <input type="file" name="fileField" id="fileField" />
            <br>
            <!--设置提交和重置按钮 -->
            <input type="submit" name="button" id="button" value="提交" />
            <input type="reset" name="button2" id="button2" value="重置" />
        </form>
    </body>
</html>
```

以上代码在网页中生成了一个包含多个表单对象的表单。从代码中可见，在表单中用 <input type="#">插入表单对象，其中#可选用 text、password、checkbox、radio、hidden、submit 和 reset。

3．表单对象

表单对象包含文本域、隐藏域、复选框、单选框、选择、图像域、文件域、按钮等。

● 文本▢：可以输入任何类型的字母、数字、文本等内容，单行显示。

● 文本区域▯：输入的文本可以多行显示。

● 密码※※：输入的文本将被替换为星号或项目符号，以保证输入信息的安全。表单对象的文本如图 10-4 所示。

● 隐藏▭：存储用户输入的信息，如姓名、电子邮件地址等信息，并在用户下次访问此站点时使用这些数据。隐藏域在网页中不显示，只是将一些必要的信息存储并提交给服务器。插入隐藏域后，Dreamweaver 会在表单内创建隐藏域标签Ⓗ。

● 复选框☑和复选框组▤：允许在一组选项中选择多个选项，如图 10-5 所示，在一组选项中选中了 3 个复选框。

● 单选按钮◉和单选框组▤：在一组选项中一次只能选择一个选项。也就是说，在一个单选按钮组（由两个或多个共享同一名称的按钮组成）中选择一个按钮，就会取消选择该组中的其他按钮。单选按钮组应用效果如图 10-6 所示。

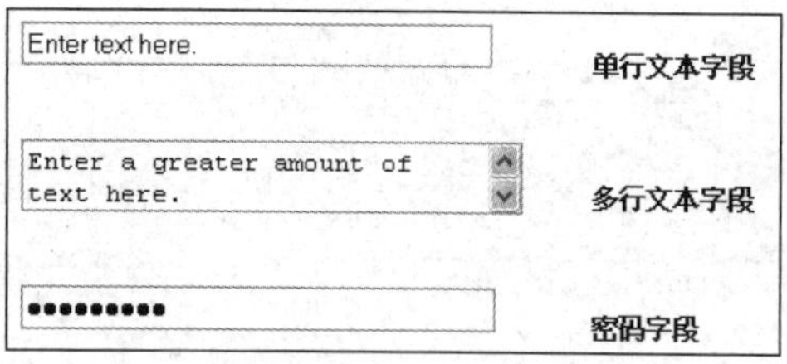

图 10-4　文本字段

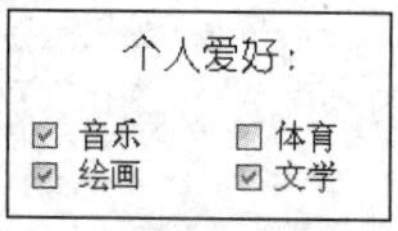

图 10-5　复选框

图 10-6　单选按钮

- 选择 ▤：在一个滚动列表中显示选项值，用户可以从该滚动列表中选择一个或多个选项。
- 图像按钮 ▦：可以在表单中插入一幅图像，使其生成图形化的按钮，来代替不太美观的普通按钮。通常使用【图像】按钮来提交数据。
- 文件域 ▤：可以实现在网页中上传文件的功能，如图 10-7 所示。用户可以手动输入要上传的文件的路径；也可以单击【浏览】按钮，在打开的"选择文件"对话框中选择需要上传的文件。
- 按钮 ▭：用于控制表单的操作。表单中有三种按钮：提交按钮、重置按钮和普通按钮。其中，提交按钮是将表单数据提交到表单指定的处理程序中进行处理，重置按钮将表单内容还原到初始状态。插入的按钮如图 10-8 所示。

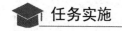

图 10-7　文件域

图 10-8　按钮

任务实施

微课视频

10.1.3　布局会员注册网页

Step01 创建本地站点 ch10-1，新建网页文件，将其以 10-1.html 为文件名保存在创建的本地站点文件夹中。

Step02 插入表格。插入一个 4 行 1 列、表格宽度为 650px、边框为 0px 的表格。

Step03 插入网页元素。将光标置于表格的第 1 行，插入一幅图像文件（ch10/ch10-1/images/pic-1.jpg）；将光标置于表格的第 2 行，插入一幅图像文件（ch10/ch10-1/images/pic-2.jpg）；将光标置于第 4 行，输入网页版权信息。

Step04 插入表单。将光标置于表格的第 3 行，选择"插入"→"表单"→"表单"菜单命令插入一个表单。

Step05 在表单中插入表格。将光标置于插入的表单内，插入一个 11 行 2 列、表格宽度为 100%、边框粗细为 0px 的表格，效果如图 10-9 所示。

Step06 选中表格所有的单元格，在单元格"属性"面板中设置单元格的"高"为 27px。

Step07 将光标置于第 1 行第 1 列的单元格中，输入"用户名："，并设置单元格文本"右对齐"。请参照如图 10-10 所示的文本内容，用同样的方法在表格第 1 列的其他单元格中输入文本，并将它们设置为"右对齐"。

图 10-9　插入的表格

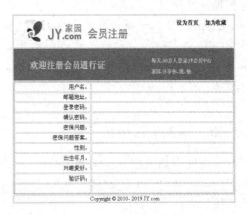

图 10-10　会员注册界面效果

10.1.4　插入文本域

通常使用表单的文本域来接收用户输入的信息，文本域包括单行文本域、多行文本域、密码文本域三种。一般情况下，当用户输入较少信息时，使用单行文本域；当用户输入较多信息时，使用多行文本域；当用户输入密码等保密信息时，使用密码文本域。

下面继续设计制作会员注册页面，具体操作步骤如下。

Step01 在图 10-10 所示表格中，将光标置于"用户名："后面的单元格中，单击"插入"面板"表单"分类中的【文本】按钮 ，或者选择"插入"→"表单"→"文本"菜单命令，在光标处创建一个单行的文本。

Step02 选中插入的文本，其对应的"属性"面板如图 10-11 所示。

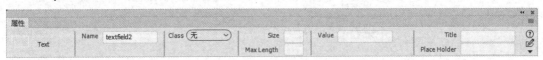

图 10-11　文本域"属性"面板

文本域"属性"面板中各选项含义如下。

- Name（文本域）：用于标明该文本域的名称。每个文本域的名称都不能相同，它相当于表单中的一个变量名，服务器通过这个变量名来处理用户在该文本域中输入的值。
- Size（字符宽度）：设置文本域中最多可显示的字符数。如果输入的字符超过了指定的字符宽度，超出的字符将不被表单处理程序接收。
- Max Length（最多字符数）：设置单行最多可输入的字符数。当设置该选项后，标签增加 maxlength 属性，当输入的字符超过最大字符数时，表单会发出警告声。
- Value（初始值）：设置文本域的初始值，即在首次载入表单时文本域中显示的值。
- Title：用于规定有关元素的额外信息。
- Place Holder：用于规定描述文本区域预期值的简短提示。
- Class（类）：将 CSS 规则应用于文本域对象。

Step03 本案例设置单行文本域的"Size"为"14"。

Step04 用同样的方法在"邮箱地址""密保问题答案""验证码"后面插入单行文本域，

可根据情况设置它们的属性。

Step05 插入密码文本域。分别把光标放在"登录密码""确认密码"后面对应的单元格中，单击"插入"面板"表单"选项卡中的【密码】按钮，或者选择"插入"→"表单"→"密码"菜单命令插入密码文本域，在其"属性"面板中设置"Size"为"8"，"Max Length"为"8"。

10.1.5 插入单选按钮

单选按钮通常用于互相排斥的选项，即只能选择一组中的某个按钮，而且选择其中的一个选项就会自动取消对另一个选项的选择。下面为会员注册页面添加单选按钮，具体操作步骤如下。

Step01 将光标置于"性别："后面的单元格中，单击"插入"面板"表单"选项卡中的【单选按钮】◉，或者选择"插入"→"表单"→"单选按钮"菜单命令，在光标处插入一个单选按钮，把单选按钮后面的"RadioButton"标签改为"男"。

Step02 用同样的方法，在插入的单选按钮后面，继续插入一个标识为"女"的单选按钮，如图 10-12 所示。

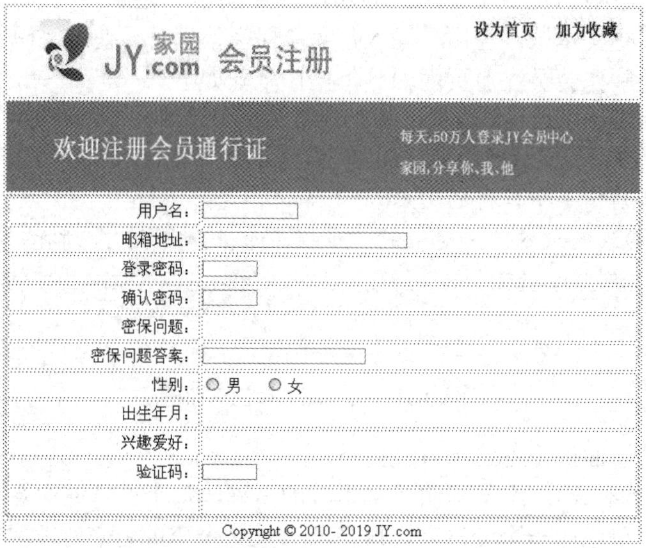

图 10-12　插入单选按钮

Step03 分别选中插入的两个单选按钮，其对应的"属性"面板如图 10-13 所示。

图 10-13　单选按钮"属性"面板

单选按钮"属性"面板中各选项含义如下。

- Name：设置单选按钮的名称。
- Value：设置此单选按钮代表的值，当选定该单选按钮时，表单指定的处理程序获得的值。

- Checked：设置该单选按钮是否处于被选中状态。一组单选按钮中只能有一个按钮的初始状态被选中。
- Class：将 CSS 规则应用于单选按钮。

Step04 设置单选按钮名称均为"radio"，初始状态为"未选中"。到此为止，单选按钮创建完毕。

Step05 按<Ctrl+S>组合键保存网页文件。按<F12>键在打开的浏览器中测试单选按钮效果。

提示：在同一组中的两个或多个单选按钮的名称必须相同。

可以在表单中创建单选按钮组。具体方法：选择"插入"→"表单"→"单选按钮组"菜单命令，打开"单选按钮组"对话框，单击"单选按钮"右侧的 ➕ 按钮或 ➖ 按钮，添加或删除一个单选按钮。单击"标签"的各行，可以修改单选按钮的标识内容，单击【确定】按钮，将创建一组带有标识内容的单选按钮。

10.1.6　插入复选框

复选框用于在一组选项中选择多个选项，即在一组复选框中，单击同一个复选框可以进行"关闭"或"打开"状态的切换。

下面为会员注册页面添加复选框，具体操作步骤如下。

Step01 将光标置于"兴趣爱好："后面的单元格中，单击"插入"面板"表单"分类列表中的【复选框】按钮 ☑，或者选择"插入"→"表单"→"复选框"菜单命令，插入一个复选框，把复选框标签改为"体育"。

Step02 用同样的方法，继续创建三个带有标识文字的复选框，如图 10-14 所示。

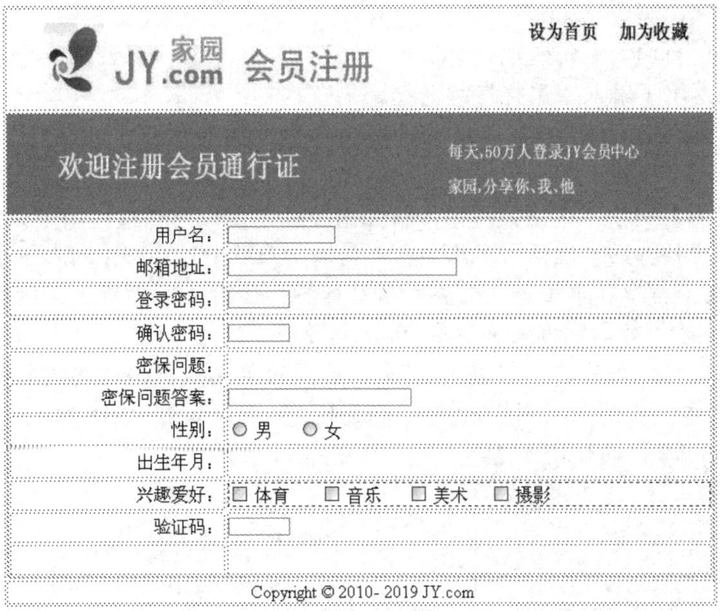

图 10-14　创建的复选框

Step03 选中插入的复选按钮，其对应的"属性"面板如图10-15所示。复选框"属性"面板与前面介绍的单选框"属性"面板基本相同，这里不再——一介绍。需要注意的是，各个复选框的"Name"不能相同，需要分别为各个复选框设置不同的名称。

图10-15 复选框"属性"面板

Step04 按<Ctrl+S>组合键保存网页文件，按<F12>键预览复选框效果。

10.1.7 插入选择

"选择"即以前版本中的"列表"，访问者可以从由多个选项所组成的列表中选择某一项。"选择"有两种形式：一种是下拉菜单，另一种是滚动列表。

下面为会员注册页面添加"选择"，具体操作步骤如下。

Step01 将光标置于"密保问题："后面的单元格中，单击"插入"面板"表单"分类列表中的【选择】按钮▤，或者选择"插入"→"表单"→"选择"菜单命令，在光标处创建选择对象，其"属性"面板如图10-16所示。

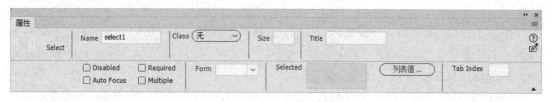

图10-16 选择"属性"面板

选择"属性"面板中各选项含义如下。

● Name：用于输入"选择"的名称。

● Size：设置滚动列表的高度，即列表中一次最多可以显示的项目数。

● Selected：设置可滚动列表中默认选择的内容项。

● 【列表值】按钮：单击该按钮，将弹出"列表值"对话框，用于设置列表项的值。

Step02 选中插入的"选择"对象，在"属性"面板中，单击【列表值】按钮，在弹出的"列表值"对话框中，单击➕按钮添加项目标签，如图10-17所示，然后单击【确定】按钮。插入"选择"对象后的效果如图10-18所示。

Step03 用同样的方法，在"出生年月："后面的单元格中，创建一个带有"年"标签的"选择"对象和一个带有"月"标签的"选择"对象，如图10-19所示。

图10-17 添加列表项目标签

图10-18 插入的"选择"对象

图10-19 创建标签是"年""月"的"选择"对象

Step04 选中带 "年" 标签的 "选择" 对象, 在 "属性" 面板中, 设置 "Size" 为 1, 单击【列表值】按钮, 在弹出的 "列表值" 对话框中, 单击 ✚ 按钮添加项目标签, 如图 10-20 所示。用同样的方法, 为 "月" 标签的 "选择" 对象设置列表值, 如图 10-21 所示。

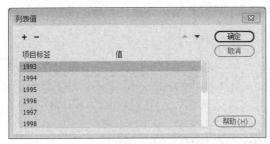
图 10-20 设置 "年" 列表值

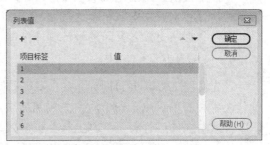
图 10-21 设置 "月" 列表值

10.1.8 插入按钮

按钮的作用是控制表单的操作, 表单中一般设有提交按钮、重置按钮和普通按钮三种。下面为会员注册页面添加按钮对象, 具体操作步骤如下。

Step01 选中表格最后一行的两个单元格, 将其合并为一个单元格。

Step02 将光标置于合并的单元格中, 选择 "插入" → "表单" → "按钮" 菜单命令, 插入一个【提交】按钮, 其 "属性" 面板如图 10-22 所示。

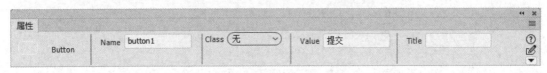
图 10-22 按钮 "属性" 面板

按钮 "属性" 面板中各选项含义如下。

● Name: 用于输入选中按钮的名称, 每个按钮的名称不能相同。
● Class: 将 CSS 规则应用于按钮。
● Value: 设置按钮上显示的文本。

Step03 用同样的方法, 插入第二个按钮, 在 "属性" 面板中设置 "Value" 为 "重置"。

Step04 选中按钮所在的单元格, 在 "属性" 面板中设置 "水平" 为 "居中对齐",

Step05 选中整个外表格, 在 "属性" 面板中设置 "Align" 为 "居中对齐", 使网页内容在浏览器中居中显示。按<Ctrl+S>组合键保存网页文件。

Step06 定义 CSS 样式美化表单, 并为页面添加背景图像。到此为止, 会员注册页面制作完成。按<Ctrl+S>组合键保存网页文件, 按<F12>键预览网页效果。

单元实训 **10.2** 表单的应用

通过本单元实训内容的练习, 要求用户进一步掌握各种表单元素的创建及应用, 能够熟练地设计并制作不同内容的表单。

10.2.1 实训一 设计网上报名页面

1. 实训目的

- 掌握表单的创建及属性设置。
- 熟练掌握文本域、单选按钮、复选框和文件对象的创建及属性设置。
- 掌握网上报名页面的设计制作技能。

2. 实训要求

首先对网上报名页面进行布局，本实训使用表格进行布局，然后结合前面所学的知识，创建表单和表单对象。表单对象主要包括文本域、单选按钮、复选框和文件域。最后定义CSS 样式对页面进行美化。网上报名页面效果如图 10-23 所示。

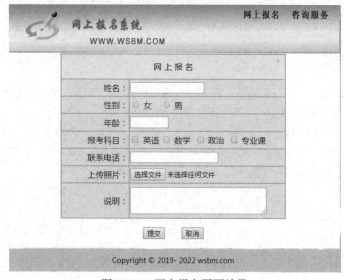

图 10-23 网上报名页面效果

10.2.2 实训二 设计客户调查页面

1. 实训目的

- 熟练掌握客户调查表单中表单对象的创建及属性设置。
- 掌握将创建的表单融合在网页中的技能。

2. 实训要求

首先对客户调查页面进行布局，然后在网页合适的位置创建表单和表单对象，并对表单对象进行属性设置。定义 CSS 样式美化页面，CSS 样式代码参考如下。

```
.text1 {
    font-size:36px;
    font-family:"黑体";
    text-align:center;
}
.text2 {
    font-size:14px;
    font-family:"宋体";
}
.tab {
```

```
    height:auto;
    border:1px solid #000;
}
```

通过本实训的练习，要求学习者进一步提高设计制作网页表单的能力，为今后制作动态网页打下基础。客户调查页面效果如图 10-24 所示。

图 10-24　客户调查页面效果

思政点滴

党的二十大报告提出，我国制造业规模稳居世界第一，明确提出坚持把发展经济的着力点放在实体经济上，推进新型工业化，加快建设制造强国、质量强国、航天强国、交通强国、网络强国、数字中国。非凡十年，中国制造业屡创奇迹，牢牢站稳世界"C 位"，在由大到强之路上勇毅前行。

海尔是全球领先的美好生活和数字化转型解决方案服务商。在持续创业创新过程中，海尔集团始终坚持"人的价值最大化"为发展主线，荣获"国品之光"品牌称号，这意味着中国品牌在走向世界，也意味着中国的管理模式在走近世界舞台中央，更体现了从制造大国到品牌强国的中国智慧和中国力量。

海尔小故事：一个星期五下午两点钟，德国一位经销商史密斯先生打来电话，要求海尔公司两天之内发货，否则订单自动失效。要满足客户的要求，意味着当天下午货物就要装船，而海关等部门五点下班，因此时间只剩下三个小时。按照一般的程序，货物当天装船根本无法实现。

海尔员工的销售理念是："订单就是命令单，保证完成任务，海尔人决不能对市场说不。"

于是，几分钟后，船运、备货、报关等工作同时展开，确保货物能按客户的要求送达。一分钟、两分钟、十分钟……时间在一秒一秒地逝去，空气似乎也变得凝固起来。执行这项任务的海尔员工全都行色匆匆，全身心地投入到与时间的赛跑中。

当天下午五点半，海尔员工向史密斯先生发出了"货物发出"的消息。史密斯了解到海尔发货的经过后，十分感动，他发来一封感谢信说："我从事家电行业十几年，从没给厂家写过感谢信，可是对海尔，我不得不这么做！"

单元练习题

一、填空题

1. 表单的标签是_____。

2. 表单使_____可以与_____进行交互，是收集客户信息和进行网络调查的主要途径。

3. 在文本域"属性"面板中，"Size"是指_____，"Max Length"是指_____。

4. 插入表单后，如果在页面中看不到表单边框，可选择"查看"→"设计视图选项"→"可视化助理"→"_____"菜单命令将红色虚线框显示出来。

5. 在表单对象中，_____通常用于互相排斥的选项，_____用于在一组选项中选择多项。

6. "密码"对象在浏览时输入的内容显示为_____。

二、选择题

1. 下列关于表单说法不正确的一项是（　　）。

　A. 表单通常用作用户登录、留言簿、产品订单、网上调查及搜索界面等

　B. 表单中包含了各种表单对象，如文本域、复选框、按钮等

　C. 表单就是表单对象

　D. 表单有两个重要组成部分：一是描述表单的 HTML 源代码，二是用于处理用户在表单域中输入信息的服务器端应用程序客户端脚本

2. 下列按钮中，用来插入"选择"的按钮是（　　）。

　A. ▣　　　　　B. ▦　　　　　C. ▤　　　　　D. ▢

3. 在 Dreamweaver 中，要创建表单对象，可执行（　　）菜单中的"表单"命令。

　A. 插入　　　　　B. 编辑　　　　　C. 查看　　　　　D. 修改

4. 隐藏域在网页中不显示，只是将一些必要的信息存储并提交给服务器。插入隐藏域后，Dreamweaver 会在表单内创建隐藏域标签（　　）。

　A. ⚓　　　　　B. ▣　　　　　C. ⬛　　　　　D. ▧

三、简答题

1. 表单的功能是什么？

2. 单选框与复选框的主要区别是什么？

单元11

使用 JavaScript 实现网页的交互

JavaScript 是 Web 的编程语言，它被广泛用于 Web 应用开发，常被用来为网页添加各式各样的动态功能，为用户提供更流畅美观的浏览效果。通常 JavaScript 脚本是通过嵌入在 HTML 中实现自身的功能的。本单元重点学习 JavaScript 的基础知识以及 JavaScript 如何与 HTML 和 CSS 一起实现网页的交互效果。

本单元学习要点：

❏ JavaScript 基本语法；
❏ JavaScript 语言基础；
❏ 流程控制语句；
❏ 函数的定义与调用；
❏ 用 JavaScript 实现网页的交互。

任务 11.1　使用 JavaScript 实现下拉菜单

 任务陈述

前面已经学习了 HTML 和 CSS。HTML 定义网页的内容和结构，CSS 样式控制网页的外观表现，JavaScript 则能实现网页的交互效果。本任务通过运用 JavaScript 实现门户网站首页下拉菜单的设计制作。

任务目标：

（1）了解 JavaScript 的概念及主要特点；
（2）掌握 JavaScript 的使用方法；
（3）掌握 JavaScript 的语言基础；
（4）掌握 JavaScript 中函数的调用；
（5）掌握运用 JavaScript 实现下拉菜单的方法。

⏱ 相关知识与技能

微课视频

11.1.1　JavaScript 简介

JavaScript 是 Web 页面中的一种脚本语言，也是一种通用的、跨平台的、基于对象和事件驱动并具有安全性的脚本语言。JavaScript 脚本通常是通过嵌入在 HTML 中实现动态的 Web 页面效果，为用户提供更流畅美观的浏览效果，JavaScript 被广泛应用于服务器、PC、笔记本电脑、平板电脑和智能手机等设备。

JavaScript 主要特点如下。

（1）解释性：JavaScript 是一种解释性的脚本语言，它的源代码不需要进行编译，可直接在浏览器中解释执行。

（2）基于对象：JavaScript 是一种基于对象的脚本语言，它的许多功能来自于脚本环境中对象的方法与脚本的相互作用。在 JavaScript 中，既可以使用预定义对象，也可以使用自定义对象。

（3）事件驱动：JavaScript 是一种采用事件驱动的脚本语言，它不需要经过 Web 服务器就可以对用户的输入做出响应。比如，当用户访问一个网页时，在网页中执行了单击鼠标、选择菜单、移动窗口等操作，JavaScript 可直接对操作发生的事件给出相应的响应。

（4）跨平台性：JavaScript 依赖于浏览器本身，与操作环境无关。只要在计算机上安装了支持 JavaScript 的浏览器，脚本就可以正常执行，目前 JavaScript 已被大多数的浏览器所支持。

（5）安全性：JavaScript 是一种安全性语言，它不允许访问本地的磁盘，也不能将数据存入服务器上，还不允许对网络文档进行修改和删除，只能通过浏览器实现信息浏览或动态交互，有效地防止了数据丢失。

JavaScript 主要应用于 Web 页面交互式效果的制作，使用 JavaScript 脚本语言实现的动态页面在网站中很常见。常用的应用有在客户端对用户输入的内容进行验证、实现网页动画特效、制作浮动的广告窗口、制作文字特效等。

微课视频

11.1.2　JavaScript 的使用方法

在 HTML 文档中引入 JavaScript 有两种基本方式，一种是在 HTML 文档中嵌入 JavaScript 脚本，称为内嵌式；另一种是链接外部的 JavaScript 脚本文档，称为外链式。

1. 内嵌式

在 HTML 文档中，JavaScript 脚本代码是使用<script>标签及其属性引入的，可将多个 JavaScript 脚本嵌入到一个 HTML 文档中，只要将每个 JavaScript 脚本都封在<script>标签中即可。当浏览器读取到<script>标签时，将逐行读取内容，并解释执行其中的脚本语句，直到</script>结束标记为止。内嵌式基本语法格式：

```
<script>
  //javascript 代码;
</script>
```

JavaScript 语法中，"//"表示单行注释标记；"/*注释文本*/"表示多行注释标记，多

行注释以 /*开始，以*/结尾。每条 JavaScript 语句结尾的分号 ";"可有可无，但是，通常习惯在每条可执行的语句结尾处加上分号，用于分隔 JavaScript 语句，也能保证每条代码的严谨性和准确性。JavaScript 代码区分字母大小写，例如，定义变量 max、Max、MAX 是三个不同的变量，所以，在后面学习关键字、函数名、变量及其他标识符时，都必须采取正确的大小写形式。

提示：有些案例可能会在<script>标签中使用"type="text/javascript""，如<script type="text/javascript">…</script>，type 的属性值表示<script> 和 </script> 标签之间包含的是 JavaScript 脚本。现在已经不必这样做了，因为 JavaScript 是所有现代浏览器以及 HTML5 中的默认脚本语言。

JavaScript 脚本可位于 HTML 的 <body>标签或<head>标签中，也可以同时存在于两个标签之中。把<script> </script> 标签放在<head>和</head>之间，称为头脚本；把<script></script>放在<body>和</body>之间，称为体脚本。下面通过一个具体例子，介绍如何在 HTML 文档中引入内嵌式的 JavaScript 代码。

新建一个 HTML 网页文件，输入如下代码，以 built-in.html 为文件名保存起来。

```
<!doctype html>
<html>
  <head>
    <meta charset="utf-8">
    <title>内嵌式</title>
    <script>
      document.write("<h2>我的第一个 JavaScript</h2>");
    </script>
  </head>
  <body>
    <script>
    document.write("欢迎来到 JavaScript 世界！");
    document.write("<p>打造会 JavaScript 代码的全能设计师</p>");
    </script>
  </body>
</html>
```

运行上面的代码，显示效果如图 11-1 所示。图 11-1 中显示了三行内容，第一行内容是由嵌入在<head>标签中的 JavaScript 代码输出的，第二、第三行是由嵌入在<body>标签中的 JavaScript 代码输出的。JavaScript 代码中的"document.write("字符串")"用于输出字符串内容。

2．外链式

当 JavaScript 脚本代码比较复杂时，或者同一段 JavaScript 脚本代码需要被多个网页文件引用时，可以将这些 JavaScript 脚本代码保存在一个扩展名为.js 的文件中，然后通过外链式引入该.js 文件。

在 Web 页面中通过外链式引入 JavaScript 文件的基本语法：

```
<script src="JS 文件路径"></script>
```

下面通过一个具体例子，介绍如何在 HTML 文档中外链式引入 JavaScript 文件。

创建站点 external，新建一个 HTML 网页文档，输入如下代码，以 external.html 为文件名保存在 external 站点中。

```
<!doctype html>
<html>
```

```
    <head>
        <meta charset="utf-8">
        <title>外链式</title>
        <script src="js/hello.js"></script>
    </head>
    <body>
        <p>
        <script src="js/welcome.js"></script>
        </p>
    </body>
</html>
```

在上面的 HTML 文档中，外链接了两个 JavaScript 文档，分别是 hello.js 和 welcome.js，其中 hello.js 文档链接到<head>标签中，welcome.js 文档链接到<body>标签中。

hello.js 的代码如下：

```
document.write("<h2>我们一起学习 JavaScript</h2>");
```

welcome.js 的代码如下：

```
document.write("你好，欢迎来到 JavaScript 世界！");
document.write("<p>我们使用外链式引用 JavaScript</p>");
```

运行上面 external.html 文档，显示效果如图 11-2 所示。外部的 JavaScript 文档具有易维护、避免重复编写代码、节省加载页面时间等优点，还可以被多个网页文件引用。

我的第一个JavaScript	我们一起学习JavaScript
欢迎来到JavaScript世界！	你好，欢迎来到JavaScript世界！
打造会JavaScript代码的全能设计师	我们使用外链式引用JavaScript

图 11-1　内嵌式显示效果　　　　　　　　　　图 11-2　外链式显示效果

11.1.3　JavaScript 语言基础

微课视频

JavaScript 脚本语言同其他语言一样，有它自身的数据类型、变量、数组、运算符与表达式及基本程序框架。

1. 数据类型

JavaScript 中基本的数据类型有数值型、字符串型、布尔型、空值（null 类型）、未定义值（undefined 类型）。

（1）数值型（number）：在 JavaScript 中，所有的数字都是数值型，数字可以带小数点，也可以不带小数点，如 79、12.2 都是数值型。也可以用科学或者标准方法表示，如 2E5 表示 2 乘以 10 的 5 次方，即 200000；再如 5e-3 表示 0.005，这些都是数值型。

（2）字符串型（string）：包含在双引号（""英文半角）或者单引号（"英文半角）中的由 Unicode 字符、数字、标点符号等组成的序列，如"我要学习 JavaScript!"、'春天来了'。

（3）布尔型（boolean）：布尔型只有 true、false 两个值，当 boolean 类型和 number 类型相结合时，true 转化为 1，false 转化为 0。布尔型通常用于 JavaScript 的控制结构。

（4）空值（null）：null 是一个特殊的值，用于定义空的或者不存在的引用。如果引用一个没有定义的变量，则返回一个 null 值。需要注意的是，null 不等于空字符串（""）和 0。

（5）未定义值（undefined）：undefined 表示定义了一个变量，但是还没给变量赋值，或者赋予了一个不存在的属性值。

提示：null 与 undefined 的区别是，null 表示一个变量被赋予了一个空值，undefined

则表示该变量尚未被赋值。

2．变量

在程序运行过程中，随时可能产生一些临时数据，应用程序会将这些数据保存在一些内存单元中，变量就是指程序中一个已经命名的存储单元，它的主要作用就是为数据操作提供存放信息。

（1）变量的命名。变量可以使用单个字母命名（如 x、y），也可以使用英语单词或者字母组合名称（如 age、max、num）。变量命名注意以下几点。

● 必须是有效的变量名，即变量名包含字母、数字和下画线，如 max、num_1，但第一个字符不允许是数字，变量名中不允许包含空格、加号（+）、减号（-）、逗号（，）或者其他标点符号。

● 在对变量命名时，应尽量体现出其存储数据的类型或者意义，增强语句的可读性。

● JavaScript 的变量名严格区分大小写，如 MIN 与 min 是两个不同的变量名。

● 禁止使用 JavaScript 的关键字作为变量名，如 char、var、int 不能作为变量的名称。

JavaScript 关键字是指在 JavaScript 语言中被事先定义并赋予特殊含义的词，主要在 JavaScript 内部使用，不能作为变量名、函数名使用。JavaScript 关键字如表 11-1 所示，其中，有*标记的关键字是 ECMAScript5 新添加的关键字。

表 11-1　JavaScript 的关键字

abstract	arguments	boolean	break	byte	case
catch	char	class*	const	continue	debugger
default	delete	do	double	else	enum*
eval	export*	extends*	false	final	finally
float	for	function	goto	if	implements
import*	in	instanceof	int	interface	let
long	native	new	null	package	private
protected	public	return	short	static	super*
switch	synchronized	this	throw	throws	transient
true	try	typeof	var	void	volatile
while	with	yield			

（2）变量的声明和赋值。在 JavaScript 中，使用变量前需要先对变量进行声明（定义）。JavaScript 变量可以先声明后赋值使用；也可以在声明变量的同时，给变量赋值。JavaScript 变量使用关键字 var 进行声明，语法格式如下：

```
var 变量名; //声明一个变量
```

如"var max;"。

也可以同时声明多个变量，语法格式如下：

```
var 变量名1,变量名2,变量名3…; //同时声明多个变量
```

如"var a,b,c;"同时声明了 a、b、c 三个变量，变量名之间用逗号（，）分隔开。

变量声明之后，需要给变量赋值，否则该变量是空的，默认为 undefined。可使用等号（=）给变量赋值（如 max=100;），即初始化。变量先声明后赋值概括为：

```
var max;    //声明变量max
max=100;    //为变量max进行初始化
```

也可以在声明变量的同时，为变量赋值，例如：

```
var a=10,b=20,c="Hello";    //声明a、b、c三个变量，并分别为三个变量赋值为10、20、"Hello"，
其中a、b为数值型变量，c为字符串型变量
```

JavaScript变量在使用前也可以不必先做声明，而是在使用或者赋值时确定变量的数据类型。例如：x=10、y=12.7、z="big"、xy=true等，其中x是数值型，y是数值型，z是字符串型，xy是布尔型。

3．数组

数组是一组数据的集合，是一种常见的保存批量数据的数据结构。JavaScript中的数组是对象类型的，它保存了数据对象的引用地址，创建（预定义）数组有多种方式。

（1）创建空数组，即定义一个不包含元素的数组，格式如下：

```
var a=newArray();    //创建空数组
```

Array是数据类型，用newArray()创建一个数组对象，将引用保存到变量a中，由a访问数组。目前数组对象中还没有元素。

（2）创建规定大小的数组，即在创建数组时，指定数组的长度，格式如下：

```
var y=newArray(2);    //创建长度为2的数组
```

创建一个初始大小为2的数组。当使用数组时，数组会自动被撑大，动态增长是JavaScript数组的一个特性。通过数组名和下标访问数组元素。

（3）直接初始化数组，即在创建数组的同时初始化数组，例如：

```
var menu=newArray('公司首页','公司简介','产品类型','客户服务','联系我们');    //定义了包含
5个元素的数组
```

也可以采用以下方法初始化数组：

```
var menus=['公司首页','公司简介','产品类型','客户服务','联系我们'];
```

使用中括号（[]）也可以定义一个数组对象。

（4）二维数组。二维数组是在一维数组的基础上定义的，即当一维数组的元素又都是一维数组时，就形成了二维数组。例如：

```
var m=[[01,02,03],[ 11,12,13],[ 21,22,23]];    //定义一个二维数组
```

以上代码也可以表示为下列等价代码：

```
var m=newArray();
m[0]=[01,02,03];
m[1]=[11,12,13];
m[2]=[21,22,23];
```

4．运算符与表达式

（1）运算符。运算符就是用来操作数据的符号。JavaScript中运算符如果按照操作数的个数来划分，可分为一元运算符、二元运算符、三元运算符；如果按照功能来划分，可分为算术运算符、比较运算符、逻辑运算符、赋值运算符、条件运算符等。

① 算术运算符。算术运算符是可以进行加（+）、减（-）、乘（*）、除（/）、取模（%）、自增（++）、自减（--）等运算的运算符。例如，声明变量x和y，给定x=5，常用的算术运算符及运算结果如表11-2所示。

表 11-2　常用的算术运算符

算术运算符	描　　述	例　　子	结　　果
+	加运算符	y=x+2	y=7
−	减运算符	y=x−2	y=3
*	乘运算符	y=x*2	y=10
/	除运算符	y=x/2	y=2.5
%	取模运算符	y=x%2	y=1
++	自增运算符	y=++x	y=6
−−	自减运算符	y=−−x	y=4

提示：自增（++）和自减（−−）运算符是一元运算符。需要注意的是，当++或者−−放在变量之后时，先返回变量操作前的值，再进行自增或者自减操作；当++或者−−放在变量之前时，则变量先进行自增或者自减操作，然后再返回变量操作后的值。

② 比较运算符。比较运算符用于比较两个值，然后返回一个布尔值 true 或者 false，表示是否满足比较条件。JavaScript 共提供了八个比较运算符。例如，声明变量 x，给定 x=5，比较运行符及比较结果如表 11-3 所示。

表 11-3　比较运算符

比较运算符	描　　述	例　　子
>	大于	x>2 为 true
<	小于	x<2 为 false
>=	大于或等于	x>=2 为 true
<=	小于或等于	x<=2 为 false
==	等于	x==2 为 false
===	绝对等于	x===5 为 true
!=	不等于	x!=2 为 true
!==	不绝对等于	x!== "5" 为 true

提示：等于（==）与绝对等于（===）的区别是，等于（==）是比较两个值是否相等；绝对等于（===）比较两个值是否为"同一个值"，如果两个值不是同一类型，绝对等于运算符（===）直接返回 false，而等于运算符（==）会将它们转化成同一个类型，再用严格相等运算符进行比较。

③ 逻辑运算符。逻辑运算符用来确定变量或值之间的逻辑关系，即比较两个值，然后返回一个布尔值 true 或者 false。JavaScript 中常用的逻辑运算符如表 11-4 所示。

表 11-4　逻辑运算符

逻辑运算符	描　　述
&&	逻辑与，只有当两个操作数 a、b 的值都为 true 时，a&&b 的值才为 true，否则为 false
||	逻辑或，只有当两个操作数 a、b 的值都为 false 时，a||b 的值才为 false，否则为 true
!	逻辑非，当 a 为 true 时，!a 的值为 false；当 a 为 false 时，!a 的值为 true

④ 赋值运算符。赋值运算符用于给 JavaScript 变量赋值，最基本的赋值运算符是等于

号"="。其他运算符可以与赋值运算符联合使用，构成复合赋值运算符。例如，声明变量 x 和 y，给定 x=6，y=2，常用的赋值运算符及结果如表 11-5 所示。

表 11-5　赋值运算符

赋值运算符	描　　述	例　　子
=	将右边表达式的值赋给左边的变量	x＝y，结果 x=2
+=	将运算符左侧的变量加上右侧表达式的值赋给左侧的变量	x+＝y 等同于 x＝x+y，结果 x=8
-=	将运算符左侧的变量减去右侧表达式的值赋给左侧的变量	x-＝y 等同于 x＝x-y，结果 x=4
*=	将运算符左侧的变量乘以右侧表达式的值赋给左侧的变量	x*＝y 等同于 x＝x*y，结果 x=12
/=	将运算符左侧的变量除以右侧表达式的值赋给左侧的变量	x/＝y 等同于 x＝x/y，结果 x=3
%=	将运算符左侧的变量用右侧表达式的值求模	x%＝y 等同于 x＝x%y，结果 x=0

⑤ 条件运算符。条件运算符是三元运算符，其语法格式如下：

```
操作数?结果1:结果2
```

如果操作数的值为 true，则整个表达式的值为"结果1"，否则为"结果2"。

例如：

```
var a=2;
(a==5)?a= "Yes":a= "No";
Document write( "a==5 的结果为 No");
```

则最终的输出结果为"a==5 的结果为 No"。

（2）运算符的优先级。JavaScript 运算符具有明确的优先级与结合性。优先级较高的运算符将先于优先级较低的运算符进行运算。结合性则是指具有同等优先级的运算符将按照怎样的顺序进行运算。结合性有向左结合和向右结合两种。Javascript 运算符的优先级及其结合性如表 11-6 所示。

表 11-6　运算符的优先级及其结合性

优先级	运　算　符	说　　明	结 合 性
1	.、[ ]、( )	字段访问、数组索引、函数调用和表达式分组	从左向右
2	++、--、-、!、delete、new、typeof、void	一元运算符、返回数据类型、对象创建、未定义的值	从右向左
3	*、/、%	相乘、相除、求余数	从左向右
4	+、-、+	相加、相减、字符串串联	从左向右
5	<<、>>、>>>	左位移、右位移、无符号右移	从左向右
6	<、<=、>、>=、in、instanceof	小于、小于或等于、大于、大于或等于、是否为特定类的实例	从左向右
7	==、!=、===、!==	相等、不相等、全等，不全等	从左向右
8	&	按位"与"	从左向右
9	^	按位"异或"	从左向右
10	|	按位"或"	从左向右
11	&&	逻辑与	从左向右
12	||	逻辑或	从左向右
13	?:	条件运算符	从右向左
14	=	赋值运算符	从右向左

续表

优先级	运 算 符	说 明	结 合 性
15	+=、-=、*=、/=、%=、&=、|=、^=、<<=、>>=、>>>=	混合赋值运算符	从右向左
16	,	多重求值	从左向右

11.1.4 流程控制语句

程序是由若干个语句组成的，每一个语句以分号作为结束符。其中，改变程序正常流程的语句称为控制语句。

流程控制语句是指用来控制程序中各语句执行顺序的语句，在 JavaScript 中是至关重要的。JavaScript 中的流程控制语句包括条件控制语句、循环语句和跳转语句等。

1. 条件控制语句

JavaScript 语言中的条件控制语句有 if 语句、if…else 语句和 switch 语句。

（1）if 语句。if 语句是最基本的条件控制语句，是根据表达式条件来执行相应的处理的。

语法格式 1：

```
if(条件表达式)语句
```

语法格式 2：

```
if(条件表达式){
    语句序列
}
```

判断 if 后面括号中的条件表达式是否为真，如果为真，就执行后面的语句或者语句序列；否则，不执行后面的语句或者语句序列。例如：

```
<!doctype html>
<html>
<head>
<meta charset="utf-8">
<title>if 语句</title>
</head>
<body>
<script type="text/javascript">
  var a=10;                          //声明变量a，并赋值为10
  var b=15;                          //声明变量b，并赋值为15
  if(a<b){
    document.write("条件成立");       //判断a是否小于b，如果是，弹出"条件成立"
  }
</script>
</body>
</html>
```

上述代码执行后，输出的结果：条件成立。

在上述代码中，首先声明变量 a、b，给变量 a 赋值 10，给变量 b 赋值 15。当 a<b 时，则弹出"条件成立"。

（2）if…else 语句。if…else 语句是根据给定的条件进行判断，以决定执行哪一个分支程序段。if…else 语法格式如下：

```
if(条件表达式){
    语句序列 1
}
else{
    语句序列 2
}
```

在上述代码中，首先判断条件表达式是否为真，如果为真，则执行语句序列 1；如果条件表达式为假，则执行语句序列 2。例如：

```
<!doctype html>
<html>
<head>
<meta charset="utf-8">
<title>if…else 语句</title>
</head>
<body>
<script type="text/javascript">
    var a=10;                          //声明变量a，并赋值为10
    var b=15;                          //声明变量b，并赋值为15
    if(a>b){
        document.write("条件成立");    //判断a是否大于b，如果是，输出"条件成立"
    }
    else{
        document.write("条件不成立");  //如果a不大于b，输出"条件不成立"
    }
</script>
</body>
</html>
```

上述代码执行后，输出的结果：条件不成立。

（3）多重条件选择结构。多重条件选择先判断第一个条件表达式是否为真，如果为真，则执行语句序列 1，否则再判断下一个条件表达式是否为真，以此类推。其语法格式如下：

```
if(条件表达式1){
    语句序列 1
}
else if(条件表达式2){
    语句序列 2
}
……
else if(条件表达式n){
    语句序列 n
}
else{
    语句序列 n+1
}
```

例如：

```
<!doctype html>
<html>
<head>
<meta charset="utf-8">
<title>多重条件语句</title>
</head>
<body>
    <script type="text/javascript">
        /*插入 JavaScript 语句*/
        var score=70;            //定义初始化变量 score 的值为 70
        if(score>=90)            //多重条件语句
        {
            document.write("A");
```

```
            }
        else if(score<90&&score>=80){
            document.write("B");
        }
        else if(score<80&&score>=70) {
            document.write("C");
        }
        else if(score<70){
    document.write("D");
        }
    </script>
</body>
</html>
```

上述代码执行后，输出的结果：C。

多重条件选择结构对 else if 进行更多的条件判断，不同的条件对应不同的语句组。多重条件选择结构也可以用 switch 语句实现，使用 switch 语句会使程序更加简练、清晰。

（4）switch 语句。switch 语句将一个表达式的值同许多其他值比较，并按比较结果选择执行的语句，其语法格式如下：

```
switch(条件表达式){
    case 常量表达式1:语句序列1;
    break;
    case 常量表达式2:语句序列2;
    break;
    ......
    case 常量表达式n:语句序列n;
    break;
    default:语句序列n+1;
    break;
}
```

switch 语句的执行顺序：先计算 switch 语句中条件表达式的值；然后在 case 语句中寻找与该值相等的常量表达式，并以此作为入口标号，由此开始顺序执行；如果没有找到相等的常量表达式，则从 default 开始执行。其中的 break 语句作为语句的结束，跳出代码块。

例如：

```
<html>
<head>
<title> switch 语句 </title>
</head>
<body>
    <script type="text/javascript">
    /*插入 javascript 代码*/
    var score=70;       //定义初始化变量 score 的值为 70
    switch(score)       //判断 score 的值
    {
        case 90:        //如果是 90，输出字母 A，并结束代码块的执行
            document.write("A");
            break;
        case 80:        //如果是 80，输出字母 B，并结束代码块的执行
            document.write("B");
            break;
        case 70:        //如果是 70，输出字母 C，并结束代码块的执行
            document.write("C");
            break;
        default:        //否则，默认执行以下语句，输出 default
            document.write("default");
    }
```

```
    </script>
  </body>
</html>
```

上述代码执行后，输出的结果：C。

提示：switch 语句中各常量表达式的值不能相同；每个 case 分支可以有多条语句，不必用{}；如果几个 case 分支需要执行相同的操作时，可以将它们合并在一起，使用一组语句块；每个 case 语句只是一个入口标号，通常在最后设置一个 break 语句，用来结束整个 switch 结构的执行，否则程序会从入口点开始，一直执行到 switch 结构的结束。

2．循环语句

循环语句是在一定条件下，反复执行某段程序的控制结构，被反复执行的语句序列称为循环体。JavaScript 语言中有三种常用的循环语句：for 循环语句、while 循环语句、do…while 循环语句。

（1）for 循环语句。for 循环语句通常用于预先知道循环次数的情况，其语法格式如下：

```
for(表达式1;表达式2;表达式3)
{
    代码块语句
}
```

其中表达式 1 可以是一个初始化语句，一般用于对一组变量进行初始化或赋值。表达式 2 用作循环的条件控制，是一个条件表达式或逻辑表达式，当其值为 true 时，继续下一次循环；当其值为 false 时，则终止循环。表达式 3 在每次循环结束后执行，一般用于改变控制循环的变量。代码块在表达式 2 为 true 时执行。for 语句的具体执行过程如下：

①执行表达式 1；

②计算表达式 2 的值；

③如果表达式 2 的值为 true，先执行循环体中的代码块语句，再执行表达式 3；然后转向表达式 2，直到表达式 2 的值为 false，则结束整个 for 循环。例如：

```
<html>
<head>
<title> switch 语句 </title>
</head>
<body>
  <script type="text/javascript">
    /*插入 javascript 代码*/
    for(var i=0;i<6;i++)                            //for 循环语句
    {
      document.write("第",i+1,"次循环中 i 的值: ",i,"<br>"); //<br>是换行符
    }
  </script>
</body>
</html>
```

上述代码中，变量 i 的初始值为 0，每执行一次自增 1，直至 i 的值为 6 时，结束循环语句。上述代码执行后，输出的结果如下。

第 1 次循环中 i 的值：0
第 2 次循环中 i 的值：1
第 3 次循环中 i 的值：2
第 4 次循环中 i 的值：3
第 5 次循环中 i 的值：4
第 6 次循环中 i 的值：5

（2）while 循环语句。while 语句是最基本的循环语句，只有当条件表达式的值是 true 时，才会执行循环体语句。while 循环语句的一般语法格式如下：

```
while（条件表达式）{
    循环体语句
}
```

在上面的语法格式中，{}中的执行语句是循环体语句，循环体是否执行取决于循环条件。当循环条件为 true 时，执行循环体；每执行完一次循环体，会重新计算循环条件表达式；只有当循环条件为 false 时，才会结束整个 while 循环。

循环体可以是单个语句，也可以是复合语句块。例如：

```html
<html>
<head>
<title> while 语句</title>
</head>
<body>
  <script type="text/javascript">
    /*插入 javascript 代码*/
    var i=5;
    while(i>0)                           //while 语句
    /*当 i>0 时，循环执行以下循环体语句*/
    {
      document.write("当 i=",i,"时，","执行循环体语句","<br>");
      i--;
    }
  </script>
</body>
</html>
```

上述代码中，定义变量 i，并赋值 5；每执行一次循环，i 值自减 1，当 i 值<=0 时，结束循环语句的执行，接着执行循环后面的代码。上述代码运行结果如下。

当 i=5 时，执行循环体语句

当 i=4 时，执行循环体语句

当 i=3 时，执行循环体语句

当 i=2 时，执行循环体语句

当 i=1 时，执行循环体语句

（3）do…while 循环语句。do…while 循环语句也称为后测试循环语句，其一般语法格式如下：

```
do {
    代码块语句
} while（条件表达式）;
```

首先执行 do 后面的代码块，然后判断条件表达式的值是否为 true，如果是，则继续执行循环代码块；直到条件表达式的值为假，结束循环的执行。需要注意的是，do…while 循环语句的 while 后面要有一个分号 ";"，在书写过程中不要漏掉。例如：

```html
<html>
<head>
<title> do…while 语句</title>
</head>
<body>
  <script type="text/javascript">
    /*插入 javascript 代码*/
    var i=5;
```

```
    do{
        document.write("当 i=",i,"时，","执行循环体语句","<br>");
        i--;
    }while(i>0);                //while 语句，当 i>0 时，继续执行循环体语句
    </script>
</body>
</html>
```

上述代码运行结果如下。

当 i=5 时，执行循环体语句

当 i=4 时，执行循环体语句

当 i=3 时，执行循环体语句

当 i=2 时，执行循环体语句

当 i=1 时，执行循环体语句

在使用 do…while 循环语句时，要注意在循环代码块中一定要有能够改变循环条件中的变量，只有当循环条件为假时，才会跳出循环，继续执行循环后面的代码。

提示：do…while 循环中的语句至少要被执行一次。这与 while 语句不同，while 语句当条件第一次不满足时，循环语句一次也不被执行。

3. 跳转语句

（1）break 语句。break 语句是跳转语句，它提供无条件跳出循环结构或 switch 语句的功能。一般情况下，break 语句是单独使用的；有时也可以在 break 语句的后面加一个语句标号，以表明跳出该标号指定的循环体，然后执行循环体后面的代码。

```
<html>
<head>
<title>break 语句</title>
</head>
<body>
    <script type="text/javascript">
    age=20;
    largeage:                                //label 语句
    {
        /*判断 age>=25 是否为真，如果为真执行 break largeage;语句，否则执行后面的代码*/
        if(age>=25)
            break largeage;
        document.write("young people");  //输出字符串
    }
    </script>
</body>
</html>
```

上述代码运行结果：young people。

用 age 变量记录人的年龄，当 age 的值小于 25 时，显示一条信息：young people。

在上述代码中，"largeage:" 是一条 label 语句。label 语句的语法格式如下：

```
label: 代码块
```

label 语句只是在代码块之前加上一个标识，在程序中，其他语句可以引用这个标识。一般在循环语句中，break 语句、continue 语句可以通过 label 语句跳出循环、终止本轮循环。

（2）continue 语句。continue 语句类似于 break 语句，也用于循环语句，与 break 语句不同的是，continue 语句不是结束整个循环，而是结束循环语句当前的一次循环，接着执行下一次循环。例如：

```
<html>
<head>
<title> continue 语句</title>
</head>
<body>
  <script type="text/javascript">
    for(i=1;i<10;i++) {                //for 循环语句
      if(i%2==0)                       //如果 i 能整除 2，就跳出循环
        continue;                      //continue 语句是跳出本次循环
        document.write("i=",i," ");   //输出字符串和 i 的值，并输出两个空格
    }
  </script>
</body>
</html>
```

上述代码运行结果：i=1 i=3 i=5 i=7 i=9。

11.1.5 函数的定义与调用

在 JavaScript 程序设计中，为了使代码更为简洁并可以重复使用，通常会将某段实现特定功能的代码定义成一个函数。函数就是在计算机程序中，由多条语句组成的逻辑单元。函数可以反复被调用，从而提高效率，避免重复书写同一段代码。

1. 函数的定义

函数分为有参函数和无参函数。在 JavaScript 中，使用关键字 function 定义函数。

（1）定义有参函数。定义有参函数的语法格式：

```
function 函数名(参数 1,参数 2,……){
    函数体;
}
```

上面的语法格式中，function 是定义函数的关键字，"函数名"是自定义的名字，最好做到见名知义；"参数 1,参数 2……"接收外界传递给函数的值，参数是自定义的，当有多个参数时，参数之间要用逗号隔开；"函数体"是要封装的代码，它可以完成某个特定的功能。例如：

```
function add(num1,num2){
    sum=num1+num2;
    document.write(sum);
}
```

（2）定义无参函数。定义无参函数的语法格式：

```
function 函数名(){
    函数体;
}
```

例如：

```
function show(){
    document.write("学习无参函数的定义和调用");
}
```

上述代码定义的 show()函数比较简单，它无须参数，在函数体中仅有一条输出字符串的语句。

2. 函数的调用

函数定义好后，是不能自动执行的，需要调用它。调用函数有两种形式。

（1）如果要在<script>...</script>中调用函数，可直接在需要的位置写函数名，具体格

式如下：

```
<script>
    函数名();  //调用函数
</script>
```

下面以定义和调用 show() 函数为例：

```
<html>
<head>
<title>定义和调用无参函数</title>
</head>
<body>
    <script type="text/javascript">
        function show(){
            document.write("学习无参函数的定义和调用");
        }
        show();
    </script>
</body>
</html>
```

上述代码运行结果：学习无参函数的定义和调用。

（2）如果要在 HTML 文件中调用函数，可以通过【点击】按钮或超链接调用定义好的函数。通过按钮调用已定义好的函数方法如下：

```
<form>
    <input type="button" value-"点击" onclick="函数名(常量1,常量2,…)">
</form>
```

下面以定义和调用 add 函数为例：

```
<html>
<head>
<title>定义和调用有参函数</title>
</head>
<body>
    <script type="text/javascript">
        function add(num1,num2){
            sum=num1+num2;
            document.write(sum);
        }
    </script>
<form>
    <input type="button" value="点击" onclick="add(10,20)">
</form>
</body>
</html>
```

上述代码首先输出一个【点击】按钮，当单击该按钮时，输出 add 函数的运行结果 30。

提示：声明函数时，函数名后面的小括号内写的是参数名；调用函数时，函数名后面的小括号内写的是给参数传递的值。在调用带参数的函数时，一定要给参数传递值，有几个参数，就要传递几个值，参数和值之间按照顺序一一对应。

通过超链接调用函数的方法如下：

```
<a href="javascript:函数名(常量1,常量2,…)"> 调用函数 </a>
```

下面以定义和调用 add 函数为例：

```
<html>
<head>
<title>定义和调用有参函数</title>
</head>
<body>
```

```
      <script type="text/javascript">
        function add(num1,num2){
          sum=num1+num2;
          document.write(sum);
        }
      </script>
<a href="javascript:add(10,20)"> 调用函数 </a>
</body>
</html>
```

上述代码首先输出一个"调用函数"超链接，当单击该超链接时，输出 add 函数的运行结果 30。

3. 带返回值的函数

如果想对函数的值做进一步的处理和运算，需要通过 return 语句返回函数的值。当函数体内有 return 语句时，函数才有返回值。例如：

```
function add(num1,num2){
   sum=num1+num2;
   return sum;        //返回函数运行后的结果
}
```

上面定义的 add 函数有了返回值。就可以接收这个返回值，例如：

```
var result=add(10,20);
```

下面通过具体例子说明带返回值函数的应用。

```
<html>
<head>
<title>带返回值的函数</title>
</head>
<body>
  <script type="text/javascript">
    function add(num1,num2){    //定义 add 函数，函数包含两个参数
      sum=num1+num2;
      return sum;               //返回函数运行的值，这里是 30
    }
    var result=add(10,20)-10;  //调用 add 函数，并把函数返回的值减 10 后，赋给变量 result
    document.write(result);     //输出 result 的值
  </script>
</body>
</html>
```

上述代码运行结果：20。

4. 变量的使用域

在 JavaScript 中变量分为两种：局部变量和全局变量。

（1）局部变量。在函数内部定义的变量称为局部变量，其作用域为函数内部，在函数外部不能被访问。例如：

```
<html>
<head>
<title>局部变量作用域</title>
  <script type="text/javascript">
    function num1(){         //定义函数 num1
      var a=10;              //在函数内部声明的局部变量
      document.write(a);     //输出局部变量的值
    };
    num1();                  //调用函数 num1
    function num2(){         //定义函数 num2
```

```
            document.write(a);    //由于变量 a 是 num1 函数的局部变量，其作用域为 num1 函数的内部，在
num2 函数中不能被访问
        };
        num2();                   //调用函数 num2
    </script>
</head>
<body>
</body>
</html>
```

上述代码运行结果：10。

由于变量 a 是在 num1 函数内部定义的变量，属于 num1 函数的局部变量，其作用域为 num1 函数的内部，在 num2 函数中不能被访问，所以，调用 num2 函数后，并没有输出结果。

（2）全局变量。定义在函数外部的变量称为全局变量，其作用域是从定义位置开始直至 JavaScript 代码块结束。

```
<html>
<head>
<title>全局变量作用域</title>
<script type="text/javascript">
  var a; //在函数外声明全局变量 a
  function num1(){                         //定义函数 num1
    a=10;                                  //变量 a 的初始值是 10
    document.write("a 的值是:",a,"<br/>"); //输出字符串和变量 a 的值
  };
  function num2(){                         //定义函数 num2
    ++a;                                   //变量 a 的值增 1 后变为 11
    document.write("a 的值是:",a,"<br/>"); //输出字符串和变量 a 的值
  }
  num1();                                  //调用函数 num1
  num2();                                  //调用函数 num2
</script>
</head>
<body>
</body>
</html>
```

上述代码运行结果如下。

a 的值是：10

a 的值是：11

说明：变量 a 是在函数的外面声明的全局变量，变量 a 的使用域是从定义的位置开始，直至 JavaScript 代码块结束。

 **任务实施**

微课视频

11.1.6 下拉菜单的设计与实现

本任务将设计一款实用的 JavaScript 下拉菜单，当鼠标移到水平方向的一级菜单上时，将弹出垂直方向的二级菜单，鼠标移入或移出控制着垂直方向二级菜单的显示或隐藏。效果如图 11-3 所示。

这款两级下拉菜单，是综合运用 HTML、

图 11-3　JavaScript 下拉菜单效果

CSS、JavaScript 技术共同实现的。本任务使用两个嵌套关系的列表标签实现下拉菜单的数据存储，使用 HTML 对象 ul、li 的嵌套组织菜单数据，使用 CSS 布局和美化 HTML 对象，使用 JavaScript 脚本实现下拉菜单的显示和隐藏。

1．任务分析

本任务完成的两级下拉菜单组织结构如表 11-7 所示。

表 11-7　两级下拉菜单的组织结构

一级菜单	公司概况	产品展示	产品促销	荣誉资质	服务支持	联系我们
二级菜单	公司简介	网络产品	热门活动	公司荣誉	客户服务	
	管理团体	电竞产品	会员特惠	知识产权	技术支持	
		平板电脑	节日促销			
		智能佩戴				

2．任务操作

Step01 使用 HTML 构建下拉菜单所需的树型结构数据。创建具有嵌套关系的两层列表，第一层设置一级水平方向的菜单，第二层设置二级下拉式菜单。HTML 列表结构定义如下：

```
<ul id="menu">
   /*调用定义的函数。实现鼠标经过一级菜单时，二级菜单显示和隐藏*/
   <li onmouseover="displaySubMenu(this)" onmouseout="hideSubMenu(this)">
     <a href="#">公司概况</a>
     /*创建嵌套的列表，作为一级菜单项的下拉二级菜单内容项*/
     <ul>
       <li><a href="#">公司简介</a></li>
       <li><a href="#">管理团队</a></li>
     </ul>
   </li>
   <li onmouseover="displaySubMenu(this)" onmouseout="hideSubMenu(this)">
     <a href="#">产品展示</a>
     <ul>
       <li><a href="#">网络产品</a></li>
       <li><a href="#">电竞产品</a></li>
       <li><a href="#">平板电脑</a></li>
       <li><a href="#">智能佩戴</a></li>
     </ul>
   </li>
   <li onmouseover="displaySubMenu(this)" nmouseout="hideSubMenu(this)">
     <a href="#">产品促销</a>
     <ul>
       <li><a href="#">热门活动</a></li>
       <li><a href="#">会员特惠</a></li>
       <li><a href="#">节日促销</a></li>
     </ul>
   </li>
   <li onmouseover="displaySubMenu(this)" onmouseout="hideSubMenu(this)">
     <a href="#">荣誉资质</a>
     <ul>
       <li><a href="#">公司荣誉</a></li>
       <li><a href="#">知识产权</a></li>
     </ul>
   </li>
```

```
    <li onmouseover="displaySubMenu(this)" onmouseout="hideSubMenu(this)">
      <a href="#">服务支持</a>
      <ul>
        <li><a href="#">客户服务</a></li>
        <li><a href="#">技术支持</a></li>
      </ul>
    </li>
    <li onmouseover="displaySubMenu(this)" onmouseout="hideSubMenu(this)">
      <a href="#">联系我们</a>
</ul>
```

Step02 定义 CSS 样式。自上而下分步定义不同层次 HTML 标签的 CSS 样式，完成 HTML 标签的编辑与美化。

```
<style type="text/css">
    *{                                    //设置所有HTML元素标签的属性
       padding:0;
       margin:0;
    }
    body {                                //设置body标签的字体、字号和背景色
       font-family:verdana, sans-serif;
       font-size:14px;
       background:#999999;
    }
    #menu{                                //设置列表项标记的类型为无标记
       list-style-type:none;
    }
    #menu li ul {                         //设置嵌套的列表项标记的类型为无标记
       list-style-type:none;
    }
    #menu li {                            //设置第一层列表项左方向浮动、文本居中对齐、
                                          //定位类型为相对定位
       float:left;
       text-align:center;
       position:relative;
    }
    #menu li a:link,#menu li a:visited {  //定义列表项超链接的 link、
                  //visited 属性
       display:block;
       text-decoration:none;
       color:#fff;
       width:85px;
       height:40px;
       line-height:40px;
       border:1px solid #fff;
       border-width:1px 1px 0 0;
       background:#274f97;
       padding-left:10px;
    }
    #menu li a:hover {                    //定义列表项超链接的 hover 属性
       color:#fff;
       background:#ffb100;
    }
    #menu li ul li a:hover {              //定义嵌套的列表项超链接的 hover 属性
       color:#fff;
       background:#ffb100
    }
    #menu li ul {                         //定义嵌套的列表属性
       display:none;
       position:absolute;
       top:40px;                          //设置下拉菜单距窗口顶部为 40px
       margin-top:1px;
       font-size:12px;
    }
```

```
  </style>
```

Step03 编写 JavaScript 脚本。使用 JavaScript 脚本实现下拉菜单的显示和隐藏。

```
<script type="text/javascript">
  function displaySubMenu(li){                //定义显示下拉菜单的函数
    var subMenu = li.getElementsByTagName("ul")[0]; //获取二级下拉菜单项
    subMenu.style.display = "block";       //设置二级下拉菜单显示
  }
  function hideSubMenu(li) {                 //定义隐藏下拉菜单的函数
    var subMenu = li.getElementsByTagName("ul")[0]; //获取二级下拉菜单项
    subMenu.style.display = "none";        //设置二级下拉菜单隐藏
  }
</script>
```

任务拓展

11.1.7 使用 JavaScript 脚本实现"省份"下拉菜单

JavaScript 最常见的用法之一就是实现各类具有交互效果的菜单。下面通过用 JavaScript 脚本实现省份下拉菜单的学习训练，进一步学习 JavaScript 脚本的应用。

本任务要求设计两个下拉菜单，选择第一级菜单后，第二级菜单出现相应的备选项。如果没有选择任何菜单项，【提交】按钮不可用。效果如图 11-4 所示。

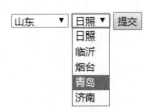

图 11-4 "省份"下拉菜单效果

Step01 插入表单及表单对象。在<body>标签中插入表单及表单对象，分别设置表单对象的 id 名称和值。插入【提交】按钮表单对象，设置按钮对象的 id 名称和属性。

```
<form>
  <select id="province">         //
    <option selected="selected">请选择…</option>
  </select>
  <select id="city">
    <option selected="selected">请选择…</option>
  </select>
  <button type="submit" id="where_submit" disabled="disabled">提交</button>
</form>
```

Step02 编写 JavaScript 代码。下面通过 JavaScript 代码完成省份下拉菜单内容增加及菜单交互效果的设计制作。

```
<script type="text/javascript">
var provinces=['北京','山东','上海','浙江','江苏'];//定义数组 provinces
//最新添加的省份放在最前面
var choice=['请选择…']                              //定义数组 choice
var beijing=['东城','西城','海淀','朝阳','房山'];     //定义数组 beijing
var shandong=['济南','青岛','烟台','临沂','日照']     //定义数组 shandong
var shanghai=['普陀','徐汇','金山','闸北'];           //定义数组 shanghai
var zhejiang=['杭州','嘉兴','宁波','绍兴'];           //定义数组 zhejiang
var jiangsu=['南京','无锡','扬州','苏州','徐州'];     //定义数组 jiangsu
//城市排序由后到前
var citys=newArray(); //定义数组
citys[0]=choice;
```

```
citys[1]=jiangsu;
citys[2]=zhejiang;
citys[3]=shanghai;
citys[4]=shandong;
citys[5]=beijing;
function add_option(select,option){        //定义有参函数，函数名是 add_option
  var target=document.getElementById(select);
  for (var i = option.length - 1; i >= 0; i--) {        //for 循环语句
    var add_option=document.createElement("option");
    add_option.text=option[i];
    target.add(add_option,null);
    target.lastChild.setAttribute("name",option[i]);
  }
}
add_option("province",provinces);                        //调用 add_option 函数
document.getElementById("province").addEventListener("change",function()
{
  var selected_province=document.getElementById("province");
  var selected_city=document.getElementById("city");
  for (var i = selected_province.length - 1; i >= 0; i--) {
    selected_city.remove(i);
  }
  var selected=selected_province.selectedIndex;
  if (selected==0) {
    add_option("city",citys[0]);
    document.getElementById("where_submit").setAttribute("disabled","ture");
  }else{
    add_option("city",citys[selected]);
    document.getElementById("where_submit").removeAttribute("disabled");
  }
})
</script>
```

在上述 JavaScript 代码中，getElementById()方法可返回对拥有指定 ID 的第一个对象的引用，document.getElementById()得到的是一个对象；addEventListener()方法为用于向指定元素添加事件句柄；length 属性表示数组的长度；removeAttribute() 方法是删除指定的属性；setAttribute()方法是增加一个指定名称和值的新属性。

将上述 JavaScript 代码插入到<body>标签中，运行网页代码，得到如图 11-4 所示的效果。当在第一个列表中选择"山东"选项，在第二个列表中即列出山东省的相关城市，选择城市后【提交】按钮可用。

单元实训 11.2　使用 JavaScript 制作网页特效

通过本单元实训内容的学习和训练，希望学习者能够熟练掌握运用 JavaScript 制作网页特效的方法。

11.2.1　使用 JavaScript 制作两款网页特效

1. 实训目的

● 熟练掌握 JavaScript 的基本语句。

● 能够通过 JavaScript 制作两款简单的网页特效。

2. 实训要求

用 JavaScript 制作的两款网页特效分别是"获取系统当前日期和时间""打开窗口时

显示广告图片并自动关闭"。

（1）针对"获取系统当前日期和时间"网页特效，要求用户掌握 JavaScript 函数的定义和调用方法，熟悉获取系统当前时间、本地时间格式转换等方法的应用。定义的 JavaScript 代码如下：

```html
<div id="div1"></div>
<script type="text/javascript">
  function showDate(){
    var date=newDate();//获取系统当前时间
    var d=date.toLocaleString();//以字符串的形式返回当前 Date 对象的值
    var div2=document.getElementById("div1");//获取将要添加到的 div 标签
    div2.innerHTML=d;//使用 innnerHTML 属性赋值
  }
  window.setInterval("showDate()",1000); //1000 毫秒=1 秒
</script>
```

上述代码中，setInterval()方法按照指定的周期（以毫秒计，这里是 1000 毫秒，即 1 秒）来调用函数 showDate()。

（2）针对"打开窗口时显示广告图片并自动关闭"网页特效，效果如图 11-5 所示。

图 11-5　打开窗口时显示广告图片并自动关闭特效效果

JavaScript 代码参考如下：

```html
<html>
<head>
<meta http-equiv="Content-Type" content="text/html; charset=utf-8"/>
<title>窗口打开时定时显示广告图片</title>
<script language="javascript">
  function showADPic(){                              //展示广告图片
    var ad=document.getElementById('ad');           //获取广告的 DOM
    ad.innerHTML="<img src='ad.jpg' width='450' height='226'/>";
    setTimeout(function(){
      var ad=document.getElementById('ad');
      ad.style.display='none';
    },9000);                                         //9000 毫秒=9 秒
  }
  window.onload=showADPic;
</script>
</head>
<body style="text-align:center">
<p>窗口打开时显示下面的图片</p>
<p id="ad"></p>
<p>9 秒钟后，上面的图片自动关闭</p>
</body>
</html>
```

上述代码是通过 setTimeout()函数，设置打开的图片展示 9 秒钟后，通过隐藏该图片的方法，实现图片自动关闭的效果。

11.2.2　使用 JavaScript 完成下拉列表项左右移动

1. 实训目的

- 熟悉下拉列表项左右移动的特点。
- 掌握使用 JavaScript 代码实现下拉列表项左右移动的方法。

2. 实训要求

本实训任务要求设计两个下拉选择框，选择左边的下拉列表选项，单击【选中的选项添加到右边】按钮，选项被移动到右边的下拉列表中；选中右边的下拉列表选项，单击【选中的选项添加到左边】按钮，选项被移动到左边的下拉列表中，效果如图 11-6 所示。

图 11-6　下拉列表项左右移动效果

Step01 使用 HTML 设计列表和列表项，即在网页中，添加两个列表框。在左侧的列表框中添加 5 个列表选项，右侧的列表框为空。HTML 代码如下：

```
<select name="left" id="left" multiple="multiple" size="9" style="width: 170px;
height:120px;">                          //添加左边的列表框，并设置其id名称、大小等属性
    <option value="">选项 1</option>    //在左边的列表框中添加列表选项
    <option value="">选项 2</option>
    <option value="">选项 3</option>
    <option value="">选项 4</option>
    <option value="">选项 5</option>
</select>
<select name="right" id="right" multiple="multiple" size="9" style="width: 170px;
    height: 120px;">                     //添加右边的列表框，并设置其id名称、大小等属性
</select>
```

Step02 添加两个按钮，分别给按钮绑定事件，单击左边的按钮可以把左边选中的选项移至右边，单击右边的按钮可以把右边选中的选项移至左边。参考代码如下：

```
<input type="button" value="选中的选项添加到右边" onclick="addToRight()" style="width:
170px;" />
<input type="button" value="选中的选项添加到左边" onclick="addToLeft()" style="width:
170px;" />
```

Step03 使用 JavaScript 定义两个函数，用于完成下拉列表项左右移动的功能。

```
<script type="text/javascript">
    function addToRight() {                              //定义无参的 addToRight 函数
        var left = document.getElementById("left");     //获取左边的下拉列表
        var right = document.getElementById("right");    //获取右边的下拉列表
        var leftop = left.getElementsByTagName("option"); //读取左边的列表选项
        for(var i = 0; i < leftop.length; i++) {
            //遍历左边的选项元素，如果是选中的状态，就把它添加到右边
            if(leftop[i].selected) {
                right.appendChild(leftop[i]);
                i--;
            }
        }
    }
```

```
function addToLeft() {   //定义无参的 addToLeft 函数
  var left = document.getElementById("left");
  var right = document.getElementById("right");
  var rightop = right.getElementsByTagName("option");
  for(var i = 0; i < rightop.length; i++) {
    //遍历右边的选项元素，如果是选中的状态，就把它添加到左边
    if(rightop[i].selected) {
      left.appendChild(rightop[i]);
      i--;
    }
  }
}
</script>
```

上述代码中，使用 selected 属性判断选中状态，true 为选中，false 反之；使用 appendChild() 方法把选中的列表项添加到右边或者左边。

思政点滴

人民创造历史，劳动开创未来。在 2020 年 11 月 24 日全国劳动模范和先进工作者表彰大会上，习近平总书记对劳模精神、劳动精神、工匠精神作出全面系统深刻阐述，强调劳模精神、劳动精神、工匠精神是以爱国主义为核心的民族精神和以改革创新为核心的时代精神的生动体现。习近平总书记的重要论述，丰富和深化了我们党对劳动、劳动价值的认识，对新时代新征程上大力弘扬劳模精神、劳动精神、工匠精神具有重大意义。

在立德树人根本任务下，弘扬劳动精神，践行劳模精神，对高素质技术技能人才的培养，不仅集中在对专业人才知识和技能水平的培养，也重视培养人才具有大国工匠和劳动模范的精神理念，顺应人才强国的战略，为实现中华民族伟大复兴的中国梦提供坚强人才保证和智力支持。

单元练习题

一、填空题

1. 在 JavaScript 中，函数使用关键字_____来定义。

2. _____语句可以出现在不同循环语句的循环体中，用于中断所在循环的执行。

3. 只有_____语句的循环体至少要执行一次。

4. 在 JavaScript 中，所有的 JavaScript 变量都是由关键字_____声明。

5. JavaScript 文档的扩展名是_____。

二、选择题

1. 下列选项中，插入 JavaScript 代码位置正确的是（   ）。

    A．<head>部分   B．<body>部分

    C．<head>部分和<body>部分均可   D．以上都不正确

2. 下列哪个不是 JavaScript 中注释的正确写法？（   ）

    A．< !--……-- >   B．/*……*/   C．//……

3. 在 JavaScript 中，需要声明一个整数类型的变量 num，以下哪个语句能实现要求？（   ）

    A. int num;   B. number num;   C. var num;   D. Integer num;

4．关于 JavaScript 中数组的说法中，不正确的是（　　）。

　　A．由于数组是对象，因此创建数组需要使用 new 运算符

　　B．数组内元素的类型可以不同

　　C．数组可以在声明的同时进行初始化

　　D．数组的长度必须在创建时给定，之后便不能改变

5．以下哪项不属于 JavaScript 的特征？（　　）

　　A．JavaScript 是一种脚本语言

　　B．JavaScript 是事件驱动的

　　C．JavaScript 代码需要编译以后才能执行

　　D．JavaScript 是独立于平台的

6．除了一些常规的运算符之外，JavaScript 还提供了一些特殊的运算符。下面不属于 JavaScript 特殊运算符的是（　　）。

　　A．typeof　　　　　　B．delete　　　　　　C．new　　　　　　D．size

7．下面的 JavaScript 代码：

```html
<script type="text/javascript">
  function f(y){
    var x=y*y;
    return x;
  }
  for(x=0;x<5;x++){
    y=f(x);
    document.writeln(y);
  }
</script>
```

输出结果是（　　）。

　　A．0 1 2 3 4　　　　B．0 1 4 9 16　　　　C．0 1 4 9 16 25　　　　D．以上答案都不对

8．JavaScript 使用（　　）来分隔两条语句。

　　A．句号　　　　　　B．逗号　　　　　　C．括号　　　　　　D．分号

9．写"Hello W orld"的正确 JavaScript 语法是？（　　）

　　A．document.write("Hello World")　　　　　　B．"Hello World"

　　C．response.write("Hello World")　　　　　　D．("Hello World")

三、简答题

1．什么是 JavaScript？

2．在页面中引入 JavaScript 有哪几种方式？

单元12

使用模板设计网页

设计制作一个风格统一的大型网站，使用模板和库是最佳且必需的选择。使用模板创建风格统一的多个网页，可以大大提高工作效率，并且便于网站的维护；使用库项目，可以方便、快捷地管理和更新不同页面中的相同网页元素。

本单元学习要点：

❏ 创建与编辑模板；
❏ 管理与应用模板；
❏ 创建并应用库项目。

任务 **12.1** 创建基于模板的时尚礼品网

任务陈述

制作一个风格统一的大型网站，往往需要制作多个外观及部分内容相同的网页。如果每个网页都要制作一次，并且在需要更新时，也要每个网页逐个更新的话，工作量是可想而知的，只有将这些重复的操作简化，才能够提高工作效果。在 Dreamweaver 中使用模板功能，可以制作具有相同风格的多个网页，简化制作网站的操作过程。本任务要求设计制作模板，再基于模板创建两个风格一致的网页。网页效果分别如图 12-1 和图 12-2 所示。

图 12-1 基于模板的网页之一

图 12-2　基于模板的网页之二

任务目标：

（1）认识模板；

（2）掌握创建、编辑和管理模板的方法；

（3）掌握基于模板创建风格一致的多个网页的方法。

相关知识与技能

12.1.1　模板概述

Dreamweaver 中的模板是一种特殊类型的文档，其扩展名为.dwt。如果要制作大量相同或相似的网页，只需要在页面布局设计好之后将它保存为模板页面，然后就可以利用模板创建多个相同布局的网页。对于使用模板生成的网页文档，仍然可以进行修饰，当改变一个模板时，可以同时更新使用了该模板的所有文档，这样就大大提高了设计者的工作效率。

模板由可编辑区域和不可编辑区域两部分组成。不可编辑区域包含了所在页面中的共同元素，即构成页面的基本框架，称为锁定区域，主要用来锁定体现网站风格的部分，包括网页背景、导航菜单、网站标志等内容。可编辑区域的相应内容是可以编辑的，是区别网页之间最明显的标志，该区域常用来定义网页的具体内容，从而得到与模板类似，但又有不同内容的新网页。

提示：无论是基于模板制作网站，还是利用库更新网页元素都需要在已定义的站点中完成操作。

微课视频

12.1.2　创建模板

在 Dreamweaver 中可以创建一个空模板，也可以将现有的网页文档另存为模板。

由于制作基于模板的网页需要在站点中操作，所以，在创建模板之前要先创建站点。Dreamweaver 将模板文件保存在站点中的 Templates 文件夹中，模板文件的扩展名为.dwt。

如果该 Templates 文件夹在站点中尚不存在，Dreamweaver 将在保存新建模板时自动创建一个 Templates 子文件夹。

1．创建空模板

创建空模板有以下几种方法。

方法一：使用菜单命令创建空模板。选择"文件"→"新建"菜单命令，弹出"新建文档"对话框，在最左侧一栏中选择"新建文档"标签，在"文档类型"栏中选择模板类型，如选择"HTML 模板"选项，在"布局"栏中选择模板的页面布局"无"选项，如图 12-3 所示，单击【创建】按钮。然后，像制作网页一样布局好版面内容，选择"文件"→"保存"菜单命令，在打开的"另存模板"对话框中，如图 12-4 所示，指定用于保存模板的站点、模板名，单击【保存】按钮即可创建一个空模板文件。

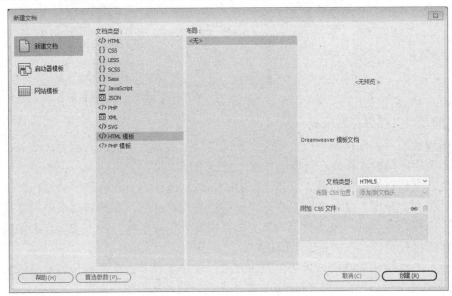

图 12-3 "新建文档"对话框

方法二：通过"资源"控制面板创建空模板。在打开的文档窗口中，单击"窗口"→"资源"命令打开"资源"控制面板，单击【模板】按钮，此时列表为模板列表，如图 12-5 所示。单击面板最下方的【新建模板】按钮，直接创建一个空模板，然后，为新建的空模板命名，如图 12-6 所示。

图 12-4 "另存模板"对话框

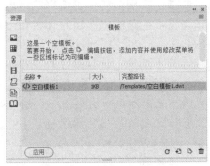

图 12-5 "资源"控制面板

方法三：使用【创建模板】按钮创建空模板。在 Dreamweaver 文档窗口中，单击"插入"面板"常用"类别中的【模板】按钮，在打开的列表中单击【创建模板】按钮，打开"另存模板"对话框，指定用于保存模板的站点、模板名，单击【保存】按钮即可创建模板。

方法四：在"资源"控制面板的"模板"列表中单击鼠标右键，在弹出的快捷菜单中选择"新建模板"命令，如图 12-7 所示。

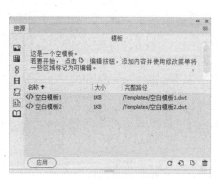

图 12-6　新创建的模板

图 12-7　"新建模板"菜单命令

2．将现有文档保存为模板

利用现成的网页创建新模板，实际上就是借助已有站点中的经典网页，或者在现有的网页基础上生成模板，以便在后期制作网页过程中使用。

将现有文档存为模板的具体方法：在 Dreamweaver 中打开已有的网页文档，选择"文件"→"另存为模板"菜单命令，打开"另存模板"对话框，在该对话框中的"站点"下拉列表中选择站点名称，在"另存为"文本框中输入模板名称，单击【保存】按钮保存模板。新建的模板会出现在"资源"面板中。

提示：不要将保存的模板移动到 Templates 文件夹之外，或者将任何非模板文件放在 Templates 文件夹中，也不要将 Templates 文件夹移动到本地根文件夹之外，否则会出现错误。

12.1.3　定义模板的可编辑区域

在默认情况下，新创建的模板所有区域都处于被锁定状态。使用模板生成网页文档时，用户只能在可编辑区域中修改网页效果，不能修改网页模板中的锁定区域，所以，创建模板时需要指定模板文档中可编辑的区域，否则，将无法通过该模板编辑网页。

定义模板的可编辑区域具体操作步骤如下。

Step01 在"资源"面板的"模板"列表中选择要定义可编辑区域的模板，单击控制面板右下方的【编辑】按钮 或双击模板名后，就可以在文档窗口中编辑该模板了。

Step02 在文档窗口中选择要设置为可编辑区域的网页元素，然后用以下方法之一，均能启用如图 12-8 所示的"新建可编辑区域"对话框。

● 选择"插入"→"模板"→"可编辑区域"菜单命令。

● 单击"插入"面板"常用"类别中的【模板】

图 12-8　"新建可编辑区域"对话框

下拉式按钮，在打开的列表中单击【可编辑区域】按钮 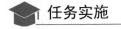。

● 按<Ctrl+Alt+V>组合键。

Step03 在"新建可编辑区域"对话框中，"名称"后面的文本框中显示出默认的可编辑区域名称，用户可以为可编辑区域输入新的名称，单击【确定】按钮，创建的可编辑区域在模板中用高亮显示的矩形框围绕，并在矩形框左上角显示出可编辑区域的名称。

提示：插入可编辑区域之前，要将文档另存为模板，否则会出现警告提示。另外，如果在文档中插入空白的可编辑区域，该区域的名称会出现在该区域内部。

定义可编辑区域时需要注意以下问题。

● 为可编辑区域命名时，不能对一个模板中的多个可编辑区域使用相同的名称。
● 可编辑区域的名称不能使用特殊字符。
● 在普通网页文档中插入一个可编辑区域时，系统会警告该文档将自动另存为模板。
● 不能嵌套插入可编辑区域。

提示：如果要重新锁定已经定义的某个可编辑区域，可以选中可编辑区域左上角的标签，单击鼠标右键，在弹出的快速菜单中选择"模板"→"删除模板标记"菜单命令取消可编辑区域。

在模板中可以定义重复区域。重复区域是文档中重复显示的部分，例如，表格的行可以重复显示多次。在模板中定义重复区域，可以让用户在网页中创建可扩展的列表，并可保持模板中表格的设计不变。在模板中可以插入两种重复区域：重复区域和重复表格。可以将整个表格或者一个单元格定义为重复区域，但是不可以一次将多个单元格定义为重复区域，因为重复区域是不可编辑区，如果在重复区域中编辑不同的内容，必须在重复区域中插入可编辑区域。创建重复区域的方法：选中要设置为重复区域的文本或内容，然后选择"插入"→"模板"→"重复区域"菜单命令，或者单击"插入"面板"常用"选项卡中的【模板】下拉按钮，在展开的列表中单击【重复区域】按钮 。

任务实施

微课视频

12.1.4　创建基于模板的网页

创建模板后，就可以使用模板创建新的网页文档。下面通过具体操作，介绍如何创建基于模板的时尚礼品网。

Step01 首先利用现成的网页创建新模板。在 Dreamweaver 中打开已有的网页文档（ch12\ch12-1\12-1sucai.html），如图 12-9 所示。

Step02 选择"文件"→"另存为模板"菜单命令，打开"另存模板"对话框，在该对话框中的"站点"下拉列表中选择站点名称，在"另存为"文本框中输入模板名称 template.dwt，单击【保存】按钮保存模板。新建的模板出现在"资源"面板中，如图 12-10 所示。

Step03 定义模板的可编辑区域。在文档窗口中选择要设置为可编辑区域的网页元素，这里选择页面左侧的鲜花图片，打开"新建可编辑区域"对话框，删除"名称"后面文本框中默认的可编辑区域名称，输入新的名称"left"，单击【确定】按钮，创建的可编辑区域在模板中用高亮显示的矩形框围绕，并在矩形框左上角显示出可编辑区域的名称，如图 12-11 所示。

Step04 用同样的方法，为页面右侧的内容定义可编辑区域"right"，如图 12-12 所示。

图 12-9　打开的网页文档

图 12-10　新建的"template"模板

图 12-11　定义的可编辑区域

图 12-12　定义的两个可编辑区域

Step05 创建基于模板的网页。选择"文件"→"新建"菜单命令，打开"新建文档"对话框，单击"网站模板"标签，在"站点"列表中选择存放模板的站点 ch12-1，在"站点'ch12-1'的模板"列表中，选择模板 template，如图 12-13 所示，单击【创建】按钮创建基于模板的新文档。

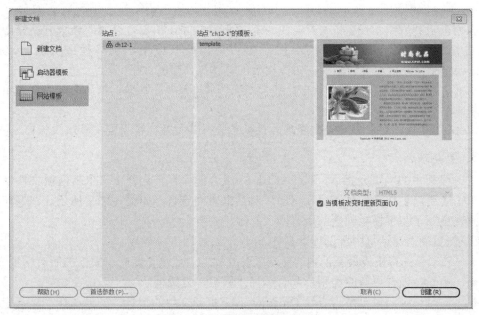

图 12-13 "新建文档"对话框

Step06 在基于模板的新网页文档中，分别选中各个可编辑区域，然后向各个可编辑区域内添加新的网页内容。

Step07 添加完毕，单击"文件"→"保存"菜单命令，保存新创建的网页文档。

Step08 按<F12>键预览网页效果。基于模板的网页效果如图 12-1 和图 12-2 所示。

提示：也可以使用"模板"面板创建基于模板的网页。方法是：新建一个 HTML 文档，选择"窗口"→"资源"菜单命令，启用"资源"控制面板，单击"资源"控制面板左下方的【模板】按钮，在模板列表中选择模板"template"，单击控制面板下面的【应用】按钮，即在文档中应用了选择的模板。然后向各个可编辑区域内添加新的网页内容，添加完毕，单击"文件"→"保存"菜单命令，保存新创建的文档。

任务拓展

12.1.5 管理模板

创建模板后，可以对模板进行重命名、修改、更新或删除等操作。

1. 重命名模板文件

Step01 在"资源"控制面板中，单击左下侧的【模板】按钮，控制面板右侧显示本站点的模板列表。

Step02 在模板列表中，单击需要重命名的模板，或者单击鼠标右键，在弹出的快捷菜单中选择"重命名"命令，均可为模板输入一个新名称。

Step03 按<Enter>键重命名生效，此时弹出"更新文件"对话框，如图 12-14 所示，如果更新网站中所有基于此模板的网页，单击【更新】按钮，否则单击【不更新】按钮。

2．修改模板文件

因为模板和应用了模板的文档之间保持着链接关系，所以，在修改模板并将修改后的模板进行保存时，Dreamweaver 会提示是否更新所有应用了该模板的页面，这就是 Dreamweaver 网站批量更新功能。修改模板的具体操作步骤如下。

Step01 在"资源"控制面板中，单击左下侧的【模板】按钮，控制面板右侧显示本站点的模板列表。

Step02 在模板列表中双击要修改的模板文件将其打开，根据需要修改模板内容即可。

3．更新站点

更改模板中的网页元素后，按下<Ctrl+S>组合键保存，会弹出"更新模板文件"对话框，单击【更新】按钮打开"更新页面"对话框自动更新，如图 12-15 所示。在保存模板的同时也更新了基于模板创建的所有网页。

"更新页面"对话框中各选项含义如下。

● 查看：选择模板最新的内容是更新整个站点，还是更新应用模板的所有网页文件。

● 更新：设置更新的类别，此时选择"模板"复选框。

● 显示记录：设置是否查看 Dreamweaver 更新文件的记录。如果选择"显示记录"复选框，Dreamweaver 将提供关于其试图更新的文件信息，包括是否成功更新的信息。

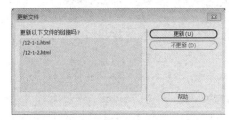

图 12-14 "更新文件"对话框

图 12-15 "更新页面"对话框

4．删除模板文件

在"资源"控制面板中，单击左下侧的【模板】按钮，控制面板右侧显示本站点的模板列表。在列表中选中要删除的模板，单击控制面板下方的删除按钮 🗑，并确认要删除该模板，将选中的模板文件从站点中删除掉。

任务 **12.2** 应用库项目

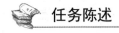 **任务陈述**

很多网页带有相同的内容，但是又不希望从同一模板中派生这些文档，此时就可以将

这些文档中的共有内容定义为库项目，然后放置到文档中。在需要更新时，只要改变库项目，就可以使整个站点相关页面同时得到更新。通过本任务的学习，掌握通过库项目如何从局部上维护网页文档的风格。

任务目标：

（1）认识库项目；

（2）掌握创建库、应用库的方法。

相关知识与技能

12.2.1　库概述

前面介绍的模板是从整体上控制了网页文档的风格，这里介绍的库项目则从局部上维护了文档的风格。在 Dreamweaver 中，用户可以把网站中需要重复使用或者经常更新的页面元素（如文本、图像、表格、表单、插件、版权声明、站点导航条等）存入库中，存入库中的元素称为库项目。

在站点内的网页文档中插入库项目后，Dreamweaver 将在文档中插入该库项目的 HTML 源代码的一份复件，并且创建一个链接外部库项目的参考信息，正是这个参考信息才能让网页更新。当对库项目进行了修改，就可以实现对站点内所有放入该库项目的文档进行更新。

Dreamweaver 会自动将库项目存放在每个本地站点根目录中的 Library 文件夹中，并以.lbi 作为扩展名。和模板一样，库项目应该始终在 Library 文件夹中，并且不要在该文件夹中添加任何其他类型文件。Dreamweaver 需要在网页中建立来自每一个库项目的相应链接，以确保原始库项目的存储位置。

在 Dreamweaver 中，对库项目的创建、删除、编辑、重命名等操作主要是通过"库"面板来实现的。打开"库"面板的方法是：选择"窗口"→"资源"菜单命令，打开"资源"面板，单击左侧的【库】按钮 📖，即可切换到"库"面板。

创建库项目后，双击创建的库项目，或者选择"窗口"→"属性"菜单命令，或者按<Ctrl+F3>组合键，均能打开库项目"属性"面板，如图 12-16 所示。

图 12-16　库项目"属性"面板

库项目"属性"面板各项含义如下。

● Src：显示库项目的文件名和路径。

● 【打开】按钮：单击该按钮，将打开库项目的源文件，可以对库项目进行再编辑。

● 【从源文件中分离】按钮：单击该按钮，可以修改页面上高亮显示的元素，从而断开该元素和库项目之间的链接。断开后页面元素将不会随库项目的更新而更新。

● 【重新创建】按钮：单击该按钮，用当前选定的内容覆盖库中的已有项目。如果该库项目不存在或者被重命名和修改了，使用这个按钮将会在"库"选项中重新创建一个库项目。

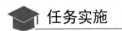任务实施

12.2.2 创建库项目

Step01 在 Dreamweaver 中打开网页文档（ch12\ch12-2\12-2sucai-1.html），如图 12-17 所示。

Step02 选择文档中需要保存为库项目的页面内容，本任务选择页面顶部的导航条。

Step03 单击"库"面板右下角的【新建库项目】按钮，在"库"面板中创建一个库项目，并为其命名为 top，这样，选择的网页元素就保存到库面板中了，如图 12-18 所示。

Step04 用同样的方法，将图 12-17 左侧的图片也保存到库面板中，如图 12-19 所示。

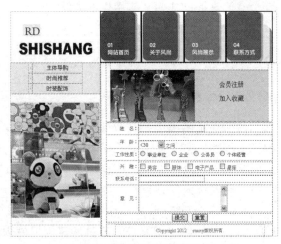

图 12-17 打开的网页文档

图 12-18 新建的 top 库项目

图 12-19 新建的 left 库项目

提示： Dreamweaver 保存的只是对被链接项目的引用，原始文件必须保留在自动的位置，这样才能保证库项目的正确引用。库项目也可以包含行为，但是在库项目中编辑行为有一些特殊的要求，生成的库项目不能包含样式表，因为这些元素的代码是 head 的一部分而不是 body 的一部分。

12.2.3 在网页中应用库项目

Step01 在 Dreamweaver 中打开要应用库项目的网页文档（ch12\ch12-2\12-2sucai-2.html），

如图 12-20 所示，单击"文件"→"另存为"菜单命令，将打开的网页文档另存为 12-2.html。

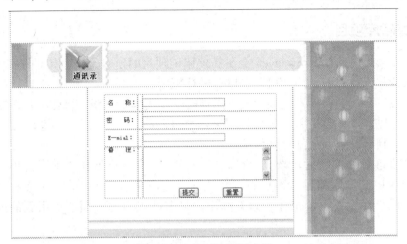

图 12-20　打开的网页文档

Step02 从页面中可见，页面缺少导航条和一个图片，这正好与刚才创建的库项目相对应。将光标置于页面顶部的单元格中，选择"窗口"→"资源"菜单命令，打开"资源"面板，单击左下侧的【库】按钮📖切换到"库"选项，选中需要的库项目 top.lbi，单击面板下面的【插入】按钮，在光标处插入选择的库项目。

Step03 用同样的方法，在页面的左侧插入 left.lbi 库项目，效果如图 12-21 所示。添加完毕，单击"文件"→"保存"菜单命令，保存修改后的网页文档。

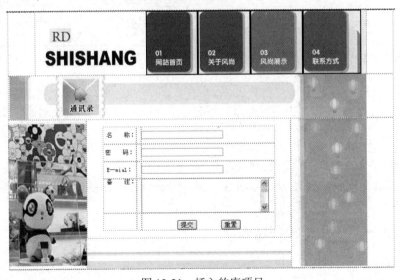

图 12-21　插入的库项目

Step04 按<F12>键预览网页效果。

用同样的方法，可以为打开的另外的多个网页应用相同的库项目。由于篇幅所限，这里不再一一介绍，请学习者自行练习。

💡 任务拓展

12.2.4　更新库项目

当修改库项目时，Dreamweaver 会更新使用该项目的所有文档。如果选择不更新，那么文档将保持与库项目的关联，可以在以后进行更新。

在"资源"面板的"库"选项中选中库项目，单击鼠标右键，弹出如图 12-22 所示的快捷菜单，可以对库项目进行多种操作，包括编辑、插入、重命名、删除、更新当前页、更新站点、复制到站点和在站点定位等。

对库项目进行修改之后，选择"更新当前页"命令，只更新当前页的库项目，站点中其他页面应用到的库项目不被更新；若选择"更新站点"命令，打开如图 12-23 所示的"更新页面"对话框，单击【开始】按钮，整个站点中的页面所引用到的库项目都被修改。

图 12-22　库项目快捷菜单

图 12-23　"更新页面"对话框

单元实训 12.3　使用模板创建网页及在网页中应用库项目

本节重点练习创建基于模板的网页，在网页中应用库项目。通过熟练掌握创建基于模板的网页，以及在网页中合理应用库项目，提高网页设计制作的效率。

12.3.1　实训一　使用模板创建网页

1. 实训目的

- 掌握创建模板、定义可编辑区域、保存模板的方法。
- 掌握创建基于模板的网页技能。

2. 实训要求及网页效果

Step01 新建 ex12-1 站点，在该站点中创建空白模板文件 template.dwt，在模板中布局页面，并定义可编辑区域，如图 12-24 所示，然后保存模板。

图 12-24　创建的模板

Step02 制作应用模板的网页，网页参考效果分别如图 12-25 和图 12-26 所示。

图 12-25　应用模板的网页效果一

图 12-26　应用模板的网页效果二

12.3.2　实训二　在网页中应用库项目

1．实训目的

● 掌握如何在网页中应用库项目。

● 理解通过库项目能够提高网页设计制作效率。

2．实训要求及网页效果

打开网页文档 ex12-2sucai.html，如图 12-27 所示。根据网页所需，在网页中应用库项目，并练习库项目的更新等操作。本实训应用本单元任务 2 中定义的库项目，应用库项目后的网页效果如图 12-28 所示。请对库项目进行修改，并更新页面，观察引用库项目的网页变化情况。

图 12-27　打开的网页文档

图 12-28　应用库项目的网页效果

思政点滴

基于网站模板去设计网页，要避免引发使用他人网站模板出现侵权问题。通常情况下，购买的网站模板，或者允许免费传播使用的网站模板，不属于侵权。

下面通过一则小故事，让我们一起领悟遵循行业职业道德的重要意义。

一家软件开发公司招聘软件工程师，待遇非常丰厚，求职者纷至沓来。张明原来是一家网络公司的程序员，因公司效益不好离职了，他也在求职的队伍之中。

张明对自己的技术水平和业务能力满怀信心，笔试也是轻松过关。当他来到最后的面试环节，一个貌似技术主管的人突然发问："听说你原来就职的公司已经开发出了一项网络维护的软件包，你是否参加过研发？"

张明愣了一下，回答说："是的"。

技术主管接着问："你能把这项技术的核心内容介绍一下吗？"

张明确实参加了整个研发过程，回答这个问题并不难。但此时的他有点犹豫了，他摸不准主管的意图。他是在考我的技术？还是想打探这项技术的秘密呢？

技术主管见张明没有立刻回答，又接着问道："如果你加入我们公司，需要多长时间为我们公司开发出一样的软件？"

张明终于明白了，原来他关心的是这个技术。说还是不说，此时他十分纠结。不说的话，自己肯定会丢掉这次机会，但是说的话，他觉得心里似乎有个坎过不去，张明脑海如万马奔腾般做着激烈的思想斗争。虽然原公司效益不好，自己也失去了工作，但是这项软件技术是公司花了整整两年时间才开发出来的，我和原来一起工作的同事夜以继日，拼命努力，可谓是付出了很多才得到的成果。现在它还没有上市，公司里还有几百名同事在惨淡经营，指望这项技术获得新的发展机会，打个翻身仗。如果自己现在把这项技术透露出去，原公司连最后一点希望也没有了，那些同事们的努力也付诸东流，我不能这么干！

想到这里，张明似乎拿定了主意。他毅然站起来，说："对不起，我不能回答这个问题，如果贵公司为此而让我获得这个工作机会，我宁愿放弃。"说完，张明起身离开了考场。

接下去的日子里，他已经忘记了这段考试的经历。在半个月后的某一天，他突然接到该公司人事部门的通知，他被录用了，他被告知：那只是一项考试的内容，他的表现和行为已经交了一份很满意的答卷。

作为一家企业的员工来讲，要遵循最起码的职业道德，不能只为了自己的前途，毫无顾忌地出卖原公司的利益，这样的人即使再有能力，企业也是不敢用的。这家公司主管对张明提的问题实际上是在考验他，因为作为程序员他如果能把原公司的核心技术透露给第三方，那谁又能保证他会不会把现有公司的技术机密透露给别人呢？

单元练习题

一、填空题

1. Dreamweaver 模板是一种特殊类型的文档，其扩展名为_____。

2. 模板由_____和_____两部分区域组成。在默认情况下，新创建的模板所有区域都处于被锁定状态，因此，要使用模板，必须将模板中的某些区域设置为_____。

3. Dreamweaver 将制作的模板保存在_____文件夹中。

4.Dreamweaver 会自动将库项目存放在每个本地站点根文件夹内的_____文件夹中，并以_____作为扩展名。

二、选择题

1．编辑基于模板创建的网页时，以下说法正确的是（　　）。

    A．可以修改锁定区域的内容

    B．只能修改可编辑区域中的内容

    C．可编辑区域中的内容和锁定区域的内容都可以修改

    D．可编辑区域中的内容和锁定区域的内容都不能修改

2．在 Dreamweaver 文档窗口，单击"插入"面板"模板"列出的（　　）按钮，创建空模板。

    A.   B.   C.   D.

3．在新创建的模板中定义可编辑区域，使用"（　　）"→"模板"→"可编辑区域"菜单命令来完成定义。

    A．插入   B．修改   C．命令   D．编辑

4．在"资源"控制面板中，单击左侧的"库"按钮（　　）切换到"库"面板。

    A.   B.   C.   D.

三、简答题

1．什么是模板？制作风格统一的大型网站应用模板有什么好处？

2．什么是库项目？在网站中应用库项目有什么好处？

单元13
网站的发布与推广

网站建设完毕，只有将其上传到 Internet 的服务器上，才能被用户访问。在上传网站之前，首先需要通过 ISP 注册域名和空间，并进行备案，通过 FTP 工具将网站上传到服务器，这样才能被浏览访问。网站后期要进行宣传和推广，以吸引更多的浏览者访问网站。

本单元学习要点：

❑ 注册域名；
❑ 申请服务器空间；
❑ 发布网站；
❑ 宣传、推广网站。

任务 13.1　免费空间的申请及使用

 任务陈述

网站上传到 Internet 之前，需要注册域名和申请网络空间。空间是在 Internet 服务器上存放网站文件的场所，相当于网站的"家"。通过在浏览器中输入网站域名，用户就可以浏览网站。域名相当于网站的地址。

任务目标：

（1）掌握域名基本概念及分类；
（2）了解域名注册的方法和步骤；
（3）掌握空间的申请方法；
（4）掌握网站发布的步骤。

相关知识与技能

13.1.1　FTP 上传工具

FTP（File Transfer Protocol，文件传输协议）是 Internet 上用来传送文件的协议。FTP 工具通过 FTP 协议实现对网络文件的管理。常见 FTP 工具有 FlashFXP、LeapFTP、CuteFTP，合称 FTP 三剑客。国产简体中文版目前有 8UFTP。

1. CuteFTP

CuteFTP 是商业级 FTP 客户端程序，其加强的文件传输系统能够完全满足文件传输需求。通过构建于 SSL 或 SSH2 安全认证的客户机/服务器系统进行传输，为 WAN、Extranet 开发管理人员提供最经济的解决方案。CuteFTP 还提供了 Sophisticated Scripting、目录同步、自动排程、同时多站点连接、多协议支持（FTP、SFTP、HTTP、HTTPS）、智能覆盖、整合的 HTML 编辑器等功能特点以及更加快速的文件传输系统。

2. FlashFXP

FlashFXP 是一款功能强大的 FXP/FTP 软件，集成了其他 FTP 软件的优点，支持文件夹的传输，并且能够实时记录站点密码，便于管理。FlashFXP 简化了用户界面，方便用户操作。

3. 8UFTP

8UFTP 是国产的 FTP 软件，操作界面简洁，传输速率快，完全免费，不需要任何复杂的注册手续，只要下载下来就能直接使用。

4. Dreamweaver FTP 工具

Dreamweaver CC 自带简单的站点上传和下载工具，使站点的管理简单快捷。用户不需要安装第三方 FTP 工具，只需要在 Dreamweaver 中通过简单的配置，即可以实现本地站点和服务器站点的同步管理，使网站管理和维护更加高效。

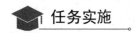 任务实施

13.2.2　申请免费空间

网络空间分为免费和收费两种，对于非商业用户，可以申请免费空间。目前，网上有很多提供免费空间的服务商，现以 free.3v.do 为例，介绍在网上申请和使用免费空间的操作步骤。

Step01 打开浏览器，在地址栏中输入 http://free.3v.do/，打开该网站，如图 13-1 所示。

图 13-1　free.3v.do 网站首页

Step02 如果尚未注册，单击【注册】按钮，打开会员注册页面，如图 13-2 所示。

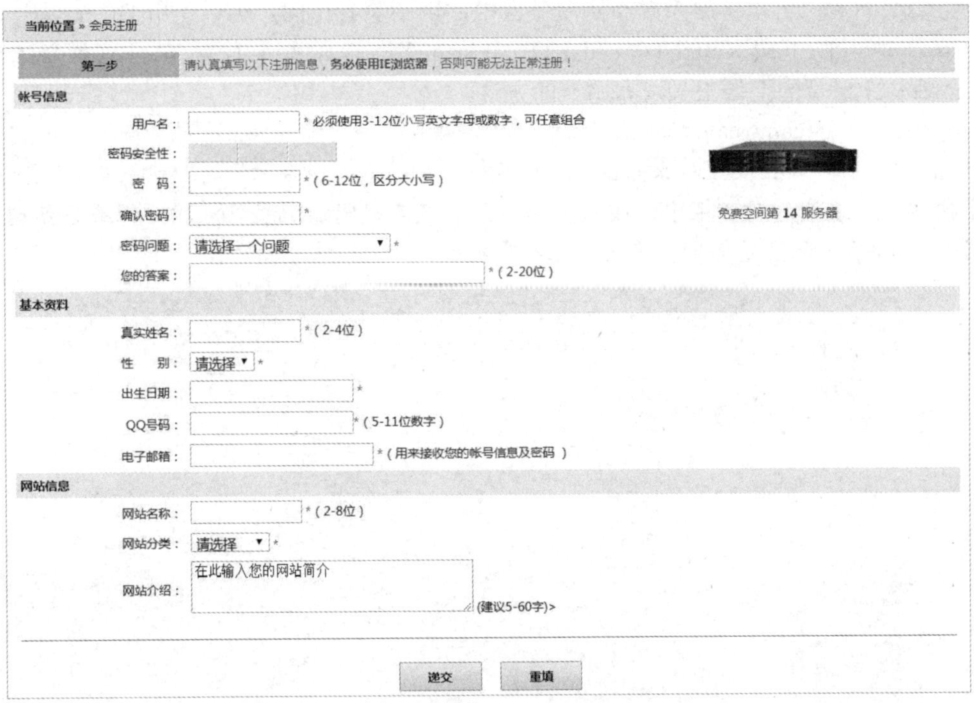

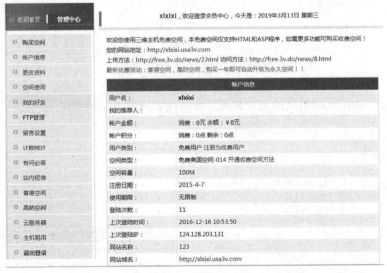

图 13-2 free.3v.do 会员注册页面

Step03 填写账号信息、基本资料、网站信息等注册信息后，单击【递交】按钮完成免费的空间和域名注册。

Step04 注册完毕后，即可登录个人空间管理中心，对空间进行配置。系统自动为网站分配了访问地址，免费空间的网站域名不是独立域名。

图 13-3 管理中心

13.2.3 发布站点

申请空间后，可以将站点发布到服务器中，供浏览者访问。可以使用 Dreamweaver 上传站点，也可以下载 CuteFTP、8UFTP、FlashFXP 等软件上传站点。下面介绍使用 Dreamweaver 自带的上传工具发布站点的方法。

Step01 在 Dreamweaver 的菜单栏中选择"站点"→"管理站点"菜单命令，新建站点"school"，弹出"站点设置对象 school"对话框，切换到"服务器"选项卡，单击左下角的【＋】按钮，在展开的对话框中，按照申请的免费域名空间，配置站点的远程服务器属性，如图 13-4 所示，配置完毕后，单击【保存】按钮。

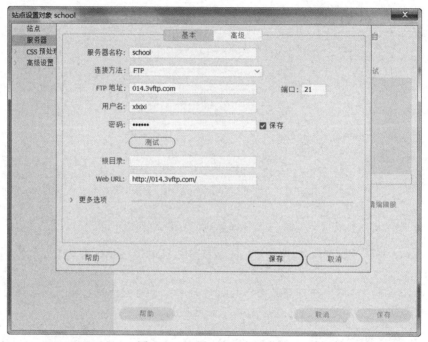

图 13-4 配置远程服务器参数

Step02 配置好信息后，在 Dreamweaver 中的"文件"面板中选择要发布的站点"school"，如图 13-5 所示。

Step03 单击鼠标右键，在弹出的快捷菜单中选择"发布"命令，或者单击"文件"面板中的 按钮，进行链接测试并上传站点。上传进度如图 13-6 所示。

图 13-5 "文件"面板

图 13-6 上传站点

Step04 链接测试无误后，Dreamweaver 自动将网站上传到服务器上。上传完毕，在 IE 浏览器中输入该网站域名，即可浏览网站，如图 13-7 所示。

图 13-7　在 IE 浏览器中浏览站点

免费空间美中不足是网站空间有限、提供服务质量一般、空间不是很稳定、不能绑定独立域名。对于公司网站，通常需要申请收费空间，以获得高质量的服务，有条件的话，可在企业内部建立专门的网络服务器，以提升网站的服务质量。

任务 **13.2**　域名注册及收费空间的申请

 任务陈述

大部分企业都要使用独立的域名及功能更强大的收费空间。本任务通过具体案例，介绍登录阿里云申请域名，通过互易中国 ISP 租用 Web 空间，使用 CuteFTP 上传网站并访问站点的步骤。

任务目标：

（1）注册域名；
（2）租用 ISP 空间；
（3）网站备案；
（4）使用 CuteFTP 工具上传网站。

13.2.1 域名

域名是用于识别和定位互联网上计算机层次结构的字符标识，与该主机的 IP 地址相互对应。域名和 IP 地址相比，更容易理解和记忆。域名服务（Domain Name Service）是互联网的一项基本服务。

1．域名的分类

域名可分为不同级别，包括顶级域名、二级域名等。

顶级域名又分为两类：一是国家顶级域名，目前 200 多个国家都按照 ISO 3166 国家代码分配了顶级域名，例如中国是 cn，美国是 us，日本是 jp 等；二是国际顶级域名，如表示工商企业的 com，表示网络提供商的 net，表示非营利组织的 org 等。

二级域名是指顶级域名之下的域名，在国际顶级域名下，它是指域名注册人的网上名称，如 ibm、yahoo、microsoft 等；在国家顶级域名下，它是表示注册企业类别的符号，如 com、edu、gov、net 等。

我国在国际互联网络信息中心正式注册并运行的顶级域名是 cn，这也是我国的一级域名。在顶级域名之下，我国的二级域名又分为类别域名和行政区域名两类。类别域名共 6 个，包括用于科研机构的 ac，用于工商金融企业的 com，用于教育机构的 edu，用于政府部门的 gov，用于互联网络信息中心和运行中心的 net，用于非营利组织的 org。而行政区域名有 34 个，分别对应于我国各省、自治区和直辖市。三级域名用字母（A～Z，a～z）、数字（0～9）和连接符（–）组成，三级域名的长度不能超过 20 个字符，各级域名之间用实点（.）连接。如无特殊原因，建议采用申请人的英文名（或者缩写）或者汉语拼音名（或者缩写）作为三级域名，以保持域名的清晰性和简洁性。

例如，新浪中国的域名 www.sina.com.cn，其中，cn 是中国顶级域名，com 是二级域名，sina 是新浪公司申请的三级域名。

2．域名注册原则

域名的注册遵循先到先得原则，管理机构对申请人提出的域名是否违反了第三方的权利不进行任何实质审查。同时，每一个域名都是独一无二、不可重复的，因此，在网络上域名是一种相对有限的资源，它的价值随着注册企业的增多而逐步为人们所重视。

在注册域名的时候，要遵循两个基本原则。

● 域名应该简明易记，便于输入。这是判断域名好坏最重要的因素。一个好的域名应该短而顺口，便于记忆，最好让人看一眼就能记住，而且读起来发音清晰，不会导致拼写错误。例如，淘宝网的域名 taobao。此外，域名选取还要避免同音异义词。

● 域名要有一定的内涵和意义。用有一定意义和内涵的词或词组作域名，不但便于记忆，而且有助于实现企业的营销目标。如企业的名称、产品名称、商标名、品牌名等都是不错的选择，这样能够使企业的网络营销目标和非网络营销目标达成一致。例如，联想以其商标 lenovo 作为域名。

13.2.2 网站空间

网站空间也称为虚拟主机空间，是存放网站内容的空间。通常企业都不会自己架设服务器作为空间，而是选择虚拟主机。对于中小企业来说，每年投入几百元就可以通过 ISP 租用虚拟主机。网站空间按照形式、语言、操作系统等分为不同类型。

1．按空间形式分类

（1）虚拟空间。90%以上的企业网站都采取这种形式，主要是空间提供商提供专业的技术支持和空间维护，且成本低廉，一般企业网站空间成本可以控制在 100～1000 元/年。

（2）合租空间。中型网站可以采用这种形式，一般是几个或者几十个人合租一台服务器。

（3）独立主机。安全性能要求极高以及网站访问速度要求极高的企业网站可以采用，成本较高。

2．按开发语言分类

网站开发语言包括 ASP.NET、PHP、JSP 等，数据库选择 Access、MySQL、SQLServer 等。虚拟主机因此也分为相应类型。选择空间前应明确开发语言和采用的数据库技术。

3．按操作系统分类

ISP 提供的主机所运行的操作系统通常分为 Windows Server 系列和 UNIX 系列。

（1）Windows Server 系列基于 Microsoft 公司的 ASP 或 ASP. NET，用于创建服务器端的 Web 应用程序。

（2）UNIX 主机系列的操作系统以 BSD 和 Linux 居多，支持 PERL、PHP 等语言，数据库使用 MYSQL。稳定是 UNIX 虚拟主机的优势之一。

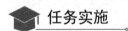 任务实施

13.2.3 注册域名

企业或个人选择了心仪的域名，应尽快完成注册。可以通过 ISP 提供的域名注册网站注册域名。目前，国内提供域名注册的 ISP 主要有阿里云、腾讯云、美橙互联、西部数码等。下面以阿里云为例，介绍注册域名的步骤。

Step01 准备申请资料。com 域名目前无须提供身份证、营业执照等资料；cn 域名目前个人注册需要身份证，企业要申请则需要提供企业营业执照。

Step02 寻找域名注册商。由于 com、cn 域名等不同后缀均属于不同注册管理机构所管理，如要注册不同后缀域名，则需要通过注册管理机构寻找经过其授权的顶级域名注册服务机构。如 com 域名的管理机构为 ICANN，cn 域名的管理机构为 CNNIC（中国互联网络信息中心）。若注册商已经通过 ICANN、CNNIC 双重认证，则无须分别到其他注册服务机构申请域名。

Step03 查询域名。在注册商网站查询域名，选择要注册的域名，并注册。例如，登录阿里云并查询域名信息。打开浏览器，在地址栏中输入网址 https://wanwang.aliyun.com/，登录阿里云网站（若没有账号，需要先注册一个账号）。单击导航栏中的【域名注册】按钮，注册域名。输入准备注册的中文域名，并选择域名后缀，检索该域名是否可以注册，如图 13-8 所示。

图 13-8　使用阿里云注册域名

Step04 选择想要注册的域名，单击【加入清单】按钮，在右侧的"域名清单"栏显示选中的域名。单击【立即结算】按钮，跳转到结算页面。结算后可以进入"管理控制台"，在左侧选中"域名"标签，管理所注册的域名，如图 13-9 所示。

图 13-9　管理域名

13.2.4　租用服务器空间

不同的 ISP 所提供的服务器空间大小、支持的程序和数据库都是有所不同的。目前国内有很多优秀的服务器提供商，例如万网、互易中国等。

Step01 打开浏览器，在地址栏中输入网址 https://www.huyi.top/，输入用户名密码，登录互易中国网站（若没有互易中国的账号，需要先行注册）。在导航栏中单击"云主机"标签，在弹出的导航菜单中选择需要申请的主机类型，如图 13-10 所示。

图 13-10　申请虚拟主机

Step02 选择好空间参数后，通过网银或支付宝等进行付费，完成空间注册。进入会员中心，单击"虚拟主机管理"图标，可对虚拟主机进行管理，如图 13-11 所示。

图 13-11　虚拟主机信息

Step03 单击"控制面板"图标，可对虚拟主机信息进行维护和管理，如图 13-12 所示。重要的模块有 FTP 设置、域名绑定、默认首页等。其中在"域名绑定"模块输入在阿里云申请的域名。

Step04 网站备案。网站备案是按照国家法律法规要求，网站的所有者向国家有关部门申请备案，主要是指 ICP 备案。域名如果绑定指向到国内网站空间就要备案。如果域名只是纯粹注册，用作投资或者暂时不用，是无须备案的。

图 13-12　虚拟主机管理

网站备案可以登录工业和信息化部 ICP/IP 地址/域名信息备案管理系统 http://beian.miit.gov.cn 自行完成，也可以由网络服务提供商 ISP 协助完成。

Step05 域名和空间申请完毕，且完成了网站备案，就可以将网站上传到服务器。打开

CuteFTP 软件，输入申请虚拟主机的 IP 地址、账号、密码，端口为 FTP 默认端口 21，单击【连接】按钮，连接到所申请的服务器。选择本地磁盘上的网站文件，单击鼠标右键，在弹出的快捷菜单中选择"上传"命令，将网站传到服务器上，如图 13-13 所示。

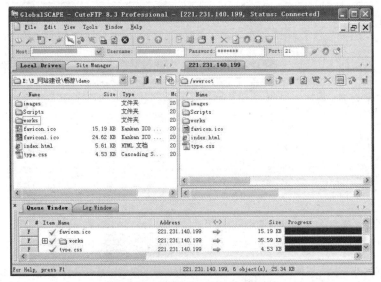

图 13-13　使用 CuteFTP 上传网站

Step06 在浏览器地址栏中输入网址 http//www.cheeryou.cn，即可浏览网站，如图 13-14 所示。

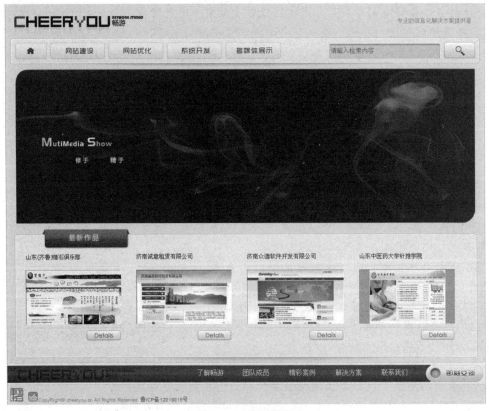

图 13-14　浏览网站

任务 **13.3** 网站的宣传与推广

 任务陈述

建好网站后，为了吸引更多的浏览者，很重要的后续工作是网站的宣传和推广。网站的宣传和推广是提高网站知名度、充分发挥网站功效的重要手段。宣传手段多种多样，下面介绍几种最常用也是最有效的方法。

任务目标：

（1）掌握登录搜索引擎的步骤；
（2）掌握论坛推广的流程；
（3）能够使用网络广告等手段进行网站宣传和推广。

相关知识与技能

微课视频

13.3.1 网站推广的作用

网站推广就是借助各种平台和网络媒体，吸引浏览者访问网站，以实现提升网站知名度、促进流量转化为商业价值的营销方式。对于一个企业网站，推广是网站运营的关键环节，对提升网站知名度、吸引流量具有决定意义的作用。

1. 帮助吸引更多新的客户

企业想要在互联网中有更好的发展，不能完全依靠于老客户，没有新客户的企业无法长久发展。一个好的网站能够帮助企业在众多同行中脱颖而出，成为其中的佼佼者，留住老客户，吸引更多的新客户。

2. 提高网站的知名度

提升网站知名度的方式有很多，最重要的方式是网络推广，它能够帮助网站更好地提升知名度。

3. 缩短媒体投放周期

一般情况下，用户在传统媒体进行市场推广需要经过市场开发期、市场巩固期和市场维持期三个阶段，这三个阶段每一个阶段的开展都需要企业投入大量的时间，而互联网将这三个阶段合并在一次信息发布中实现：消费者看到网络宣传，点击后获得详细信息，并填写资料或直接参与企业的市场活动，大大降低了媒体投放的周期。

4. 锁住现有的客户

在网络推广的过程中，好的推广方式能够帮助企业提升对客户的服务效率，可以随时回答大多数客户经常向您提出的问题，可以帮助与老客户建立及时联系，实现稳定的沟通交流以及长期合作，从而增加客户对企业的黏性，帮助企业更有效地锁住原有客户。

5. 延长营业时间

营业的时间越久，业务量自然会不断地增加，利润也会随之而来。企业网站能够为企业 24 小时不间断地服务，且不会出现迟到、早退或请假的情况，让用户随时都可以了解到企业及旗下产品与服务，为企业赢得更多获取利润的机会。

13.3.2　网站推广的方法

1. 提交搜索引擎

搜索引擎（Search Engine）是指根据一定的策略、运用特定的计算机程序从互联网上搜集信息，对信息进行组织和处理后，为用户提供检索服务，将用户检索的相关信息展示给用户的系统。

在网络推广中，应该重视搜索引擎的作用。网站正式发布后应尽快提交到主流搜索引擎，并关注企业网站是否被搜索引擎收录，是否在搜索相关关键词时获得比较靠前的排名位置。利用搜索引擎进行营销已经成为目前中小企业网站推广的首要方法。

目前主流搜索引擎包括百度、搜狗、360 搜索等。

2. 友情链接

友情链接可以给一个网站带来稳定的客流，还有助于网站在搜索引擎中提升排名。

最好能链接一些流量比自己高的、有知名度的网站，或者是和自己内容互补的网站；或者是同类网站，链接同类网站时要保证自己网站有独特、吸引人之处。

为其他网站设置友情链接时，要做到链接和自身网站风格一致，保证链接不会影响自己网站的整体风格。同时也要为自己的网站制作链接 Logo 以供交换链接。

3. 网络广告

网络媒介的主要受众是网民，有很强的针对性，借助于网络媒介的广告是一种很有效的宣传方式。目前，网络上广告铺天盖地，足以证明网络广告在宣传推广方面的威力。网络广告投放虽然需要一定花费，但是给网站带来的流量却是很可观的，不过如何花最少的钱，获得最好的效果，就需要许多技巧。

（1）低成本，高回报。怎样才能做到如此效果呢？如果希望尽快提升网站知名度，可以到门户网站投放广告，但价格通常很昂贵。如果只是为了增加网站流量，可以选择一些名气不大但流量大的专业性网站。在这些网站上投放广告，价格一般都不贵，但是每天可以带来几百次的点击率，比起竞价排名实惠多了。如图 13-15 所示是国内某专业论坛网站，该网站浏览群体相对固定，大都是网站建设爱好者，抓住这点，投放具有针对性的广告，可以达到良好的宣传效果，并且价格比门户网站要低很多。

（2）高成本，高收益。这个收益不是流量，而是收入。对于一个商务网站，客流的质量和客流的数量一样重要。此类广告投放要选择的媒体非常有讲究。首先，要了解网站潜在客户群的浏览习惯，然后寻找客户群浏览频率比较高的网站投放广告。价格稍微高些，但是客户针对性较高，所以带来的收益也比较高。比如，卖化妆品的网站在某著名女性网站投放广告，价格虽然稍高，但是效果肯定很好，浏览者成为自己网站客户的也比较多，因此可获得很好的收益。对于商业网站，高质量的客流很重要，广告投放一定要有目标性。

图 13-15 国内某专业论坛网站上的广告

如图 13-16 所示是某门户网站上的广告，这是一个专门针对女性的网站，流量很大，并且用户群固定，在此类网站上进行网站推广，效果自然不错。

图 13-16 某门户网站上的广告

4. 广告邮件

使用广告邮件，用户针对性强，节省费用，但广告邮件大都被视为垃圾邮件，主要的原因是因为邮件地址选择、邮件设计等原因。广告邮件要精心设计，发给特定的用户群，才能发挥其功效。

在制作广告邮件时，邮件标题要吸引人、简单明了。在内容上，最好采用 HTML 格式，排版一定要清晰，同时要保证广告内容的真实性。广告邮件不宜盲目地乱发，否则可能会取得适得其反的效果。

5. 使用论坛、博客

在访问流量较高的论坛或博客时，可以考虑在这个网站的留言板上留下正面的留言，

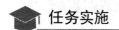

并把自己网站的简介、地址留下，以达到网站宣传推广的目的。

任务实施

13.3.3　将网站提交给百度搜索引擎

搜索引擎在网络上的作用越来越大。将网站提交给百度等知名搜索引擎，可以提高网站访问量。现在以百度为例，介绍如何将网站提交搜索引擎。

Step01 在浏览器地址栏中输入 http://www.baidu.com/search/url_submit.html，打开百度登录网页，填写要提交的网站信息，如图13-17所示，单击【提交网站】按钮。

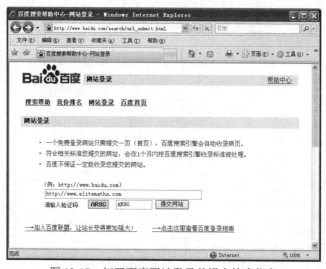

图13-17　打开百度网站登录并提交搜索信息

Step02 大约两个星期后，通过审核的网站就可以被搜索引擎搜索到。通常，搜索引擎是通过网站的<title><meta name=keywords>等标记来确定搜索的关键字的,检索结果如图13-18所示。

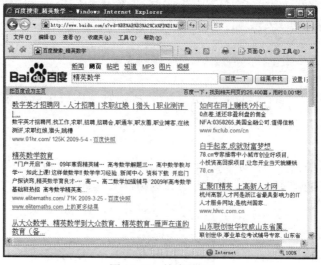

图13-18　检索结果

13.3.4 使用论坛推广网站

论坛推广是利用论坛的超高人气，有效地为企业提供营销传播服务。而由于论坛话题的开放性，几乎企业的所有营销诉求都可以通过论坛传播得到有效的实现。论坛活动具有强大的聚众能力，利用论坛作为平台举办各类灌水、贴图、视频等活动，调动网友与品牌之间的互动。下面以百度贴吧为例，介绍论坛推广的步骤。

Step01 筛选论坛。可通过业界推荐或者 hao123 等分类导航网站搜索人气论坛，选择用户群精准、行业相关性高的论坛，外链的质量会相对更高。百度贴吧是目前人气较旺的论坛，为推广某网络公司的门户网站，选择"网站建设"贴吧，如图 13-19 所示。

图 13-19　百度"网站建设"贴吧

Step02 注册账号。多数论坛基本上整合 QQ、微信等一键登录功能。可以使用 QQ 等通信软件快速绑定注册。可以在一个论坛多注册一些账号，既可以赚积分，又可以对自己的文章进行互相点评、加分。

Step03 帖子软文书写。帖子是论坛推广的重中之重，软文写作一定要兼顾搜索引擎和用户体验两个方面。首先是掌握发帖时间，发帖最佳的时间段包括周一至周五早上 8:30~11:30，下午 14:00~17:00，晚上 19:00~22:30。在论坛发帖时，关键是如何巧妙植入企业信息。软文撰写完毕后，单击图 13-19 右侧的发帖按钮即可发帖。百度贴吧的发帖界面如图 13-20 所示。

Step04 积极参与互动。发布的帖子最好每隔 15 分钟或者每隔 3~5 个人评论就要把帖子顶上去，以提升人气，可采用引用楼上的评论进行回复。注意回帖时千万不要用简单的几句话去回复（如谢谢，感谢大家支持，谢谢围观等千篇一律的客套话），这样显得对评论者不太重视，会被认为是敷衍或骗回复，多一些创意或人性化的回复更可以加深对方的印象。

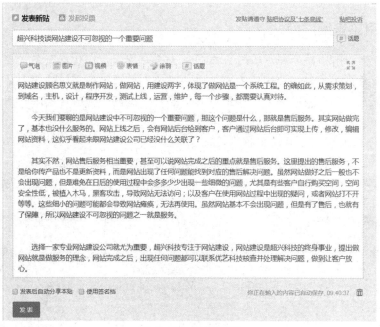

图 13-20　发帖界面

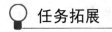任务拓展

13.3.5　搜索引擎优化

搜索引擎优化（Search Engine Optimization，SEO），是通过研究各类搜索引擎如何抓取互联网页面和文件，及研究搜索引擎进行排序的规则，来对网页进行相关的优化，使其有更多的内容被搜索引擎收录，并针对不同的关键字获得搜索引擎更高的排名，从而提高网站访问量，最终提升网站的销售能力及宣传效果。

现在每个企业均有网站，如果企业网站按照搜索引擎的规则建设，对后期 SEO 帮助会非常大。随着搜索引擎技术的不断成熟，一个网站想要获得好的排名，不是靠设置几个关键词就可以的，需要对网站整体进行优化。如果在建设网站时没有考虑到 SEO 因素，可能最终导致网站内容收录不佳，排名增长缓慢。搜索引擎优化时应该注意的因素包括以下方面。

（1）选择适合 SEO 的域名。所谓域名后缀就是我们经常看到的 com、cn、net 等域名。按权重排序，依次是 gov＞edu＞org＞com＞cn。在申请域名时，尽量申请 com 或 cn 域名。

（2）选择适合 SEO 的空间。首先要选择速度快的空间，网站空间的速度快慢对于用户来说非常重要，一个网页 6 秒之内打不开，大部分用户就会直接关闭；其次是选择稳定的空间，一个网站即使内容再好，优化技术再高超，但时不时地打不开、不稳定，搜索引擎蜘蛛就会减少网站访问量，甚至不进行访问。

（3）选择适合 SEO 的网站系统。网站建设的三要素为域名、空间、网站程序。基于现有网站系统进行二次开发是目前大多数企业建站首选，选择知名度高、性能好的建站程序，能够利于后期的 SEO 工作。

单元实训 13.4 通过论坛推广网站

1．实训目的

● 掌握网站推广的方法。
● 掌握通过论坛推广网站的步骤。

2．实训要求

指定某企业（如食品公司、机械公司等）网站，选择与该行业相关度高的论坛，注册账号，并撰写推广软文。

思政点滴

小李毕业去某 IT 公司实习，他负责公司网站的宣传与推广事宜，包括维护公司的百度贴吧和微博等平台。每日一贴的工作量让他越来越难以找到文案的灵感，于是他只好从网上搜索相关帖子并进行修改后发帖。

不料几天后，他的某帖子因抄袭被用户举报，被贴吧进行相应处罚，为公司的声誉带来了负面影响，小李也因为工作疏漏受到公司的处分。"诚信"历来是中华民族的传统美德，是一切道德赖以维系的前提，是企业的生存之本，也是个人成长的基石。作为网站推广人员，网站宣传要实事求是，讲求诚信，力求原创，切忌弄虚作假，照搬抄袭。

单元练习题

一、填空题

1．域名是用于识别和定位互联网上计算机层次结构的字符标识，与该主机的＿＿＿＿＿相互对应。

2．顶级域名分为两类：一是＿＿＿＿＿，二是＿＿＿＿＿，如表示工商企业的 com，表示网络提供商的 net，表示非营利组织的 org 等。

3．网站宣传的方法主要有＿＿＿＿＿、＿＿＿＿＿、＿＿＿＿＿等。

二、选择题

1．提供域名服务的基本互联网服务的英文简称是（　　）。
    A．FTP   B．HTTP   C．DNS   D．ISP

2．下列哪项不是国际顶级域名（　　）。
    A．edu   B．org   C．com   D．cn

3．以下哪个工具不是上传站点的工具（　　）。
    A．Dreamweaver   B．Fireworks   C．FlashFTP   D．CuteFTP

三、简答题

1．如何通过 Dreamweaver 发布站点？
2．比较几种常见的网站推广方式，分析其利与弊。
3．搜索国内著名的 ISP，并总结其提供的虚拟主机的类型及特点。

单元14
综合实战项目

网站按照主题分为个人网站、政府网站、教育网站、公司网站、电子商务网站等，不同类型的网站有不同的风格。为了展示公司形象、介绍公司业务范围和产品的网站通常是静态网站，没有后台数据库，更新频率较低。本单元重点介绍静态网站的建设流程及静态页面的设计步骤，以期对网页布局形成整体认识，提升网页设计制作水平。

本单元学习要点：

☐ 网站建设的流程；
☐ 工作室类型静态网站的设计制作；
☐ 企业类静态网站的设计制作。

任务 14.1　设计制作工作室网站

 任务陈述

畅游工作室是一家专门从事网站建设、网站宣传与推广的小型互联网公司。公司网站是公司的名片，网站设计对公司的业务拓展尤为重要。

任务目标：

（1）掌握小微型公司网站建设流程；
（2）能够进行网站需求分析；
（3）能够根据需求进行网站原型设计；
（4）设计并制作网站首页和栏目页。

相关知识与技能

微课视频

14.1.1　网站建设流程

网站的风格各异，建站需求也不尽相同，网站建设却遵循相同的流程。大体来说，网站建设的流程主要包括需求分析、原型设计、交互设计、界面设计、程序编写、网站发布等，如图 14-1 所示。

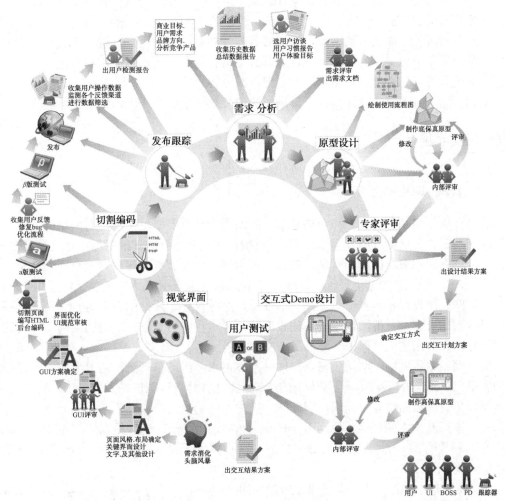

图 14-1　网站建设流程

（1）需求分析。需求分析首先要明确客户建站的诉求，通常基于针对特定商业目标的调研活动，主要内容是获取竞争对手及自身优势劣势、用户品牌方向信息。通过收集调研数据，形成调研报告；通过用户访谈获取用户习惯及用户体验目标，最终形成需求文档，并进行需求评审。

（2）原型设计。根据需求分析绘制系统业务流程图，主要表现形式是原型界面。以此供内部评审使用，内部评审通过后，送专家评审，在此基础上形成设计方案。

（3）交互式 Demo 设计。根据原型设计方案完成交互式 Demo，交互式 Demo 可以使用 Axure 等软件设计，或使用 Excel 设计，以此模拟网站要实现的全部功能和业务流程，给客户以直观的效果展示。

（4）视觉界面。对于大部分中小型网站来说，原型设计和 Demo 设计可能会被忽略，但是页面效果图的设计是必不可少的，首页效果图的设计需要由具有一定专业水准的平面设计人员完成，他必须深刻了解用户的需求，具有很好的整体把握能力。视觉界面设计主要包括页面风格及布局确定、关键界面设计、文字及其他元素设计等，设计完毕后进行 GUI 评审，直至方案确定。

（5）代码切割。使用 Photoshop 等图像处理软件，按模块将网页效果图进行切割，并以此设计静态页面，通过浏览器展示给用户，根据用户体验，收集 bug 并进行进一步优化。

（6）发布跟踪。测试后的网页，通过服务器发布并提交给用户，进一步收集用户操作数据，监测各个反馈渠道的信息，并在此基础上进行数据筛选，形成用户检测报告。若有问题，再进入需求分析阶段，循环以上步骤，直至客户满意。

由此可见，对于网站设计来说，最重要的环节是网站需求分析和界面设计。

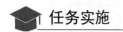 任务实施

14.1.2　网站需求分析

需求分析是网站建设成功与否的基石。网站需求分析要立足实际，对网站的背景、现状等内在因素和客户特点进行详细调查，然后根据网站要达到的功能对网站进行整体规划。

为了进行网站需求分析，有条件的话，可以进行问卷调查，通过对调查问卷结果的分析，得出结论，撰写需求分析报告，供相关人员参阅。网站整体需求主要包括以下几个方面。

（1）网站建设背景。主要包括网站的性质、服务对象、网站的背景等，以及通过网站建设要达到的目标；分析同领域网站建设现状，并进行归纳总结，找出同类网站建设的优点和不足，在后期建设过程中弥补不足，发挥优势。

（2）网站整体风格。网站风格是在网站整体需求分析的基础上，通过明确网站设计的目的和用户需求、访问者的特点等得出的结论。本任务是设计制作畅游网络工作室的网站，注重个性化设计和高端客户需求，因此确定其主色调为黑白灰、红色，版式为规整的骨骼型结构。根据网站主题风格，使用 Illustrater 软件设计网站 Logo。根据工作室特点，拟采用文字和图片两种 Logo 方案，充分考虑用户在不同场合对 VI 的需求。Logo 设计效果如图 14-2 所示。

（3）拟采取的建站技术。确定建站所使用的技术，是采用静态网页技术还是动态网页技术，采用何种数据库技术等。

图 14-2　Logo 设计效果

（4）资金及人员投入情况。确定网站建设规模，申请域名，确定是购置服务器还是租用空间；通过建站需求、模块划分确定建站资金和人员投入情况；核算建站所需时间；针对网站的规模及特点，确定是公司内部专门人员还是网络公司技术人员对网站进行后期维护。

14.1.3　网站原型设计

1.视觉界面的作用

视觉界面设计的好坏，直接影响到整个网站的质量。通过设计视觉界面，网页设计师可以把对网站的理解形象地表达出来，以此为依据让客户审核，客户也可以通过对效果图的审核，提出自己的意见和建议，让设计师进行修改，最终达到客户满意的效果。

（1）网站视觉界面是网站需求的集中体现。视觉界面的设计是在需求分析的基础上完成的，网站的 VI 决定网站版式设计和配色的整体风格，网站模块划分集中体现在网站导航栏的设计，网站功能决定网站首页内容的编排。

（2）网站视觉界面是技术和艺术的结合。大多数客户对网站的感知是理性的。优秀的设计者能够将客户感性的理念转化为理性的思维，以专业的视角解析客户实际需求，具备整体的把握能力和细节的领悟能力。网页设计师同时要精通平面设计相关理论和技术，能将用户抽象的描述通过作品形象展示。艺术的领悟能力和表现力是最重要的，令客户欣喜的视觉震撼是设计师永恒的追求。

（3）网站视觉界面是设计师和客户沟通的桥梁。客户的需求只能通过语言的描述或线条的勾勒抽象地表达，设计师则需要将抽象的信息转化为图形界面。对于客户和设计师来说，如何进行最有效的沟通往往是网站建设成功与否的关键。网站视觉界面自身的特点，决定了它是沟通的桥梁。网站需求通过视觉界面展示，对于客户来说对其更具备话语权，而设计师需要对视觉界面的设计进行合理解释，对客户进行适当的引导。

2. 首页效果图的设计

网站效果图设计是通过专业的图像处理软件完成的。比较著名的有 Adobe 公司的 Photoshop、Illustrator、Fireworks 等。其中 Photoshop 是位图处理软件，而 Illustrator 和 Fireworks 是矢量图处理软件。通常可以选择一种软件作为网页设计的工具。本任务使用 PhotoshopCS6 设计工作室网站首页效果图，如图 14-3 所示。

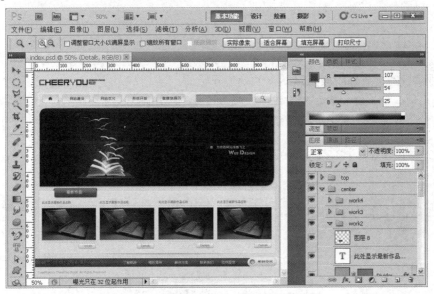

图 14-3　使用 Photoshop 设计首页效果图

在 Photoshop 中，可以使用切片工具对图像进行切割，并将其导出为符合 Web 标准的图像格式。单击"文件"→"存储为 Web 和设备所用格式"菜单命令，在弹出的对话框中进行相应设置，具体参数如图 14-4 所示。

提示： 建议使用 Photoshop 作为网站效果图设计软件。Photoshop 作为专业图像处理软件，以其强大的图像处理功能及对 Web 的支持，受到业界好评。使用 Photoshop 的"存储为 Web 和设备所用格式"功能可以直接生成 Web 页。

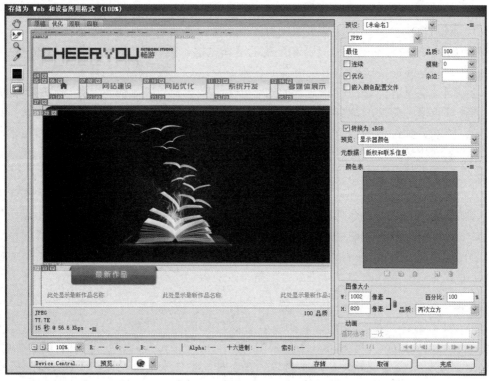

图 14-4 存储切片为 Web 格式

14.1.4 创建站点

网站建设的实质性阶段是从站点的创建开始的。

Step01 在 Dreamweaver 中，选择"站点"→"新建站点"菜单命令，弹出"站点设置对象 Studio"对话框，在"站点"选项卡中，输入站点名称 studio，配置站点路径 E:\ studio，如图 14-5 所示。

Step02 继续选择"高级设置"→"本地信息"选项卡，设置"默认图像文件夹"的路径，默认文件夹为 E:\studio\images，如图 14-6 所示，将切割的图片复制到 images 文件夹中。

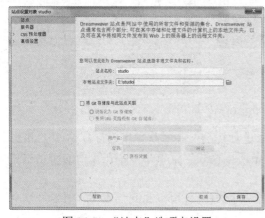

图 14-5 "站点"选项卡设置

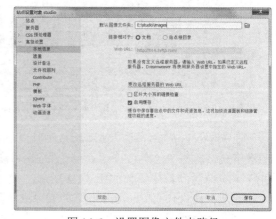

图 14-6 设置图像文件夹路径

Step03 单击【保存】按钮，站点设置完毕。

14.1.5 网站首页设计

网站首页采用 Div+CSS 布局，根据首页效果图，设计网站首页布局效果如图 14-7 所示，其中"#banner"等是 Div 标签的 ID。

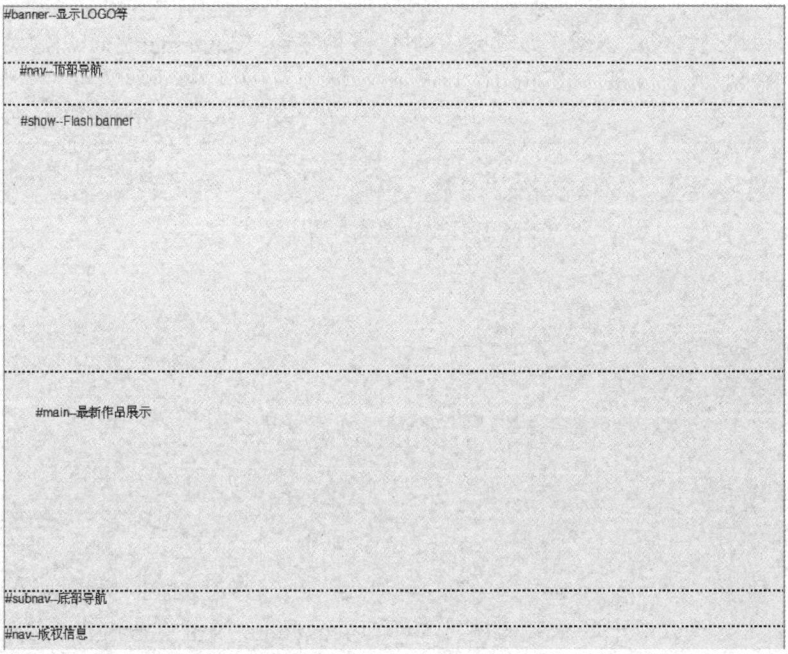

图 14-7 首页布局效果

1．设置固定宽度且居中版式

网页布局方式通常分为自适应和固定宽度且居中两种版式。自适应指网页随着浏览器窗口进行等比例缩放，固定宽度的网页则不随浏览器窗口大小的改变而改变。本任务采取固定宽度且居中的版式设计。

Step04 新建 index.html 网页文档，为网页输入标题内容"畅游工作室"，保存网页在站点根目录下。选择"文件"→"新建"菜单命令，在弹出的"新建文档"对话框中选择"CSS"选项，单击【确定】按钮，创建 CSS 样式文件，将其命名为"type.css"，并保存在站点根目录下。

Step05 切换到 index.html，在"CSS 设计器"面板左上角单击【附加现有的 CSS 文件】按钮，打开"使用现有的 CSS 文件"对话框，设置附加样式表的路径，如图 14-8 所示。

Step06 链接完毕，在 index.html 的"代码"视图中查看生成的代码，如下所示：

```
<link href="type.css" rel="stylesheet" type="text/css" />
```

Step07 在<body>标签中插入 Div 标签"container"作为网页内容的容器，如图 14-9 所示。

图 14-8　"使用现有的 CSS 文件"对话框　　　　图 14-9　"插入 Div"对话框

Step08 切换到"type.css"，通过设置<body>标签和"container"的 CSS 样式，实现固定宽度且居中的版式，效果如图 14-10 所示。

图 14-10　固定宽度且居中版式

CSS 样式定义如下。

```
html,body{
    margin:0px;
    background:#b5b5b6;
    font-size:12px;
    font-family:Arial, Helvetica, sans-serif;
}
#container{
    margin:0 auto;
    width:1002px;
    height:auto;
    background:#e5e5e5;
}
```

提示： 固定宽度且居中的版式的关键在于为#container 设置"margin:0 auto;"，即上、下间距为 0px，左、右间距为 auto。

2. 顶部 banner 设计

网页顶部 banner 由网页 Logo 和一段文字组成。

Step01 在 ID 为 container 的标签中插入 Div 标签"banner"，如图 14-11 所示。

也可以切换到"代码"视图，手工输入 Div 标签的代码，如下所示：

图 14-11　插入 Div 标签"banner"

```
<div id="banner"> </div>
```

Step02 设置"banner"的 CSS 样式并保存，效果如图 14-12 所示。

```
#banner{
    width:1002px;
    height:70px;
    margin:0px;
    background:url(images/01.jpg) no-repeat 0px -6px;
}
```

CHEERYOU 畅游

图 14-12　设置 banner 的 CSS 样式效果

Step03 切换到"代码"视图，在"banner"中插入 span 标签"infoshow"并输入文字，在 CSS 样式表中设置其样式。效果如图 14-13 所示。

```
#infoshow{
    position:relative;
    left:820px;
    top:30px;
    font-size:12px;
    color:#999;
}
```

图 14-13　在 banner 中输入文字效果

至此，网页顶部 banner 制作完毕。

3. 导航栏设计

在网页中，通常使用<ul>标签制作导航栏。

Step01 在"banner"的下部，插入 ID 为"nav"的 Div 标签，并设置其 CSS 样式如下：

```
#nav{
    height:52px;
    background:url(images/04.jpg) no-repeat;
    padding-left:20px;
}
```

Step02 将光标定位在"nav"内部，插入项目列表，并设置其 CSS 样式。

导航栏的 HTML 代码如下：

```
<ul class="navigator">
    <li class="li1"><a href="index.html"></a></li>
    <li class="li0"><a href="webDesign.html"></a></li>
    <li class="li01"><a href="seo.html"></a></li>
    <li class="li02"><a href="sysDev.html"></a></li>
    <li class="li2"><a href="MultiMedia.html"></a></li>
    <li class="li3"><input type="text"　class="txtSearch"
    onfocus= "changeclass('onfocus');" onblur="changeclass ('txt　Search');"
value= "请输入检索内容" onclick="this.value=""/></li>
    <li class="li4"><a href="#"></a></li>
</ul>
```

CSS 样式设置如下：

```
#nav{
    height:52px;
    background:url(images/04.jpg) no-repeat;
    padding-left:20px;
}
.navigator{
    margin:0px;
    padding:0px;
    margin-top:9px;
    float:left;
    list-style:none;
}
.li0,.li01,.li02{
    float:left;
    width:115px;
    margin-right:8px;
}
.li1{
    float:left;
    width:65px;
```

```
    margin-right:8px;
}
.li2{
   float:left;
   width:115px;
   margin-right:100px !important;
   margin-right:90px;
}
.li3{
   float:left;
   width:231px;
   margin-right:8px;
}
.li4{
   float:left;
   width:63px;
}
.li1 a{
   display:block;
   width:66px;
   height:33px;
   background:url(images/nav.png);
}
.li1 a:hover{
   display:block;
   width:66px;
   height:33px;
   background:url(images/nav2.png);
}
.li0 a{
   display:block;
   width:116px;
   height:33px;
   background:url(images/nav.png) -80px;
}
.li0 a:hover{
   display:block;
   width:116px;
   height:33px;
   background:url(images/nav2.png) -80px;
}
.li01 a{
   display:block;
   width:116px;
   height:33px;
   background:url(images/nav.png) -210px;
}
.li01 a:hover{
   display:block;
   width:116px;
   height:33px;
   background:url(images/nav2.png) -210px;
}
.li02 a{
   display:block;
   width:116px;
   height:33px;
   background:url(images/nav.png) -340px;
}
.li02 a:hover{
   display:block;
   width:116px;
   height:33px;
   background:url(images/nav2.png) -340px;
}
.li2 a{
   display:block;
   width:116px;
```

```
    height:33px;
    background:url(images/nav.png) -470px;
}
.li2 a:hover{
    display:block;
    width:116px;
    height:33px;
    background:url(images/nav2.png) -470px;
}
.txtSearch{
    background:url(images/nav.png) -630px;
    width:231px;
    height:32px;
    border:none;
    padding-left:4px;
    line-height:32px;
    color:#666;
}
.onfocus{
    background:url(images/nav2.png) -630px;
    width:231px;
    height:32px;
    border:none;
    padding-left:4px;
    color:#ddd;
    line-height:32px;
}
.li4 a{
    display:block;
    width:67px;
    height:33px;
    background:url(images/nav.png) -870px;
}
.li4 a:hover{
    display:block;
    width:67px;
    height:33px;
    background:url(images/nav2.png) -870px;
}
```

使用<ul>制作导航栏的关键是，设置<ul><li>标签的"margin"和"padding"属性值都为"0"，以消除间距；设置<li>标签的"float"属性值为"left"，以实现水平排列。使用<a>标签的"hover"状态实现导航栏图像的切换。注意<a>标签使用"background"属性设置背景图像，通过"display"属性值为"block"设置其区块显示。背景图像定位是目前 CSS 网页设计常用的技术，技巧是使用 background-position 设定背景图像的位置。在浏览器中预览效果如图 14-14 所示。

4. 插入 Flash 动画

在网页中适量使用动画效果可以增强其表现力，提升网页整体视觉效果。

图 14-14　网页导航栏效果

Step01 在"nav"下方插入 ID 为"show"的 Div 标签。继续在"show"标签内插入 ID 为"flv"的 Div 标签，设置其 CSS 样式如下：

```
#show{
    width:982px;
    height:323px;
    background:url(images/29.jpg) no-repeat;
    padding-top:11px;
    padding-left:21px;
}
#flv{
    width:961px;
    height:312px;
}
```

Step02 在 flv 标签中，单击"插入"→"HTML"→"FLASH SWF"菜单命令，插入 Flash 文件"banner.swf"。保存文件，弹出"复制相关文件"对话框，如图 14-15 所示。单击【确定】按钮，将播放 Flash 的相关文件复制到站点根目录下，效果如图 14-16 所示。

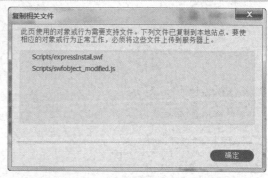

图 14-15　"复制相关文件"对话框

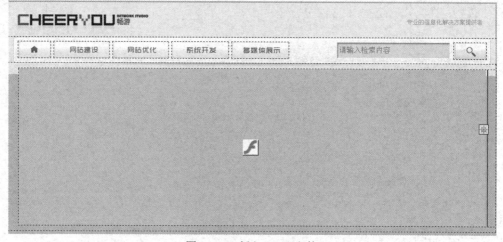

图 14-16　插入 Flash 文件

5. "最新作品"模块设计

"最新作品"模块用于展示工作室的最新作品，作品信息由作品名称、缩略图和【查看详情】按钮组成。使用 Div 标签定义每个作品的样式，具体操作步骤如下。

Step01 在"show"标签下方，插入 ID 为"main"的 Div 标签。

Step02 在"main"标签内部插入 Div 标签，定义其 class 为"works"。

Step03 在 Div 标签内部插入段落标签<p>并输入相应文字，作为案例的名称，设置其 class 为"works_title"；插入图像标签<img>，并设置其 class 为"example"，用于放置图像；插入<a>标签，作为超链接样式。

Step04 复制 class 为"works"的 Div 标签及其内容，并将其复制两份，将最后一个 Div 的 class 设置为"works_end"。

设置"最新作品"模块 CSS 样式如下：

```
#main{
    margin:0px;
    padding:40px;
    width:922px;
    height:192px;
    background:url(images/33.jpg) 16px 0px no-repeat;
}
```

```css
.works{
  margin:0px;
  padding:0px;
  float:left;
  width:223px !important;
  width:213px;
  height:192px;
  margin-right:10px !important;
  margin-right:9px;
}
.works_end{
  margin:0px;
  padding:0px;
  float:left;
  width:223px !important;
  width:213px;
  height:192px;
}
.works_title{
  margin:0px;
  padding:0px;
  line-height:36px;
  color:#333;
}
.example{
  padding-top:7px;
  padding-bottom:7px;
  border-top:1px dotted #c4c4c4;
  border-bottom:1px dotted #c4c4c4;
  margin:0px;
  width:200px;
  height:110px;
}
.works a,.works_end a{
  background:url(images/40.jpg) no-repeat;
  display:block;
  width:95px;
  height:21px;
  float:right;
}
.works a:hover,.works_end a:hover{
  background:url(images/40_1.jpg) no-repeat;
  display:block;
  width:95px;
  height:21px;
}
```

该模块效果如图 14-17 所示。

图 14-17 "最新作品"模块效果

6. 底部导航栏设计

底部导航栏和网站顶部导航栏的设计思路相同，效果如图 14-18 所示。具体设计方法不再详述。

图 14-18　底部导航栏效果

7. 版权信息模块设计

版权信息模块用来放置网站版权信息。实现该模块具体操作步骤如下。

Step01 在底部导航模块之后插入 ID 为"footer"的 Div 标签。

Step02 在 Div 标签内部插入<p>标签，并输入版权信息。

Step03 设置"footer"及<p>标签的 CSS 样式如下。

```
#footer{
   width:1002px;
   height:40px;
   margin:0px;
   padding:0px;
   float:left;
   background:#e5e5e5;
}
#footer p{
   text-align:left;
   margin:0px;
   padding:0px;
   margin-left:10px;
   margin-top:14px;
   color:#979797;
   font-size:10px;
   font-family:Arial, Helvetica, sans-serif;
   float:left;
}
```

至此，工作室网站首页制作完毕，按<F12>键预览效果，如图 14-19 所示。

图 14-19　网站首页最终效果

14.1.6　栏目页设计

由于教材篇幅所限，畅游工作室网站栏目页详细制作过程不再赘述，用户可以根据首页效果自行完成栏目页的设计制作。其中的"网站建设"二级页参考效果如图 14-20 所示，其他的二级页面制作效果请参考本教材提供的站点素材（ch14\studio）。

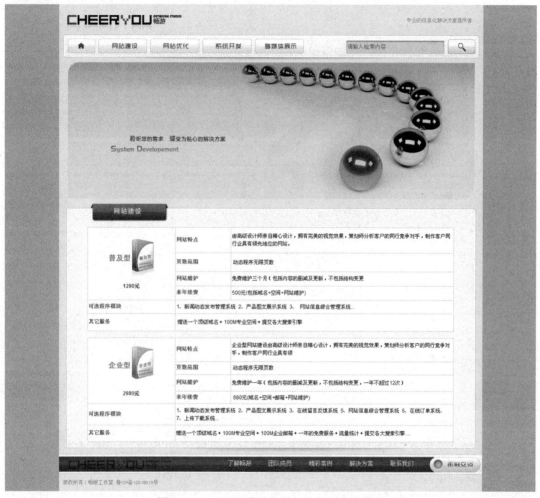

图 14-20　"网站建设"栏目二级页参考效果

💡 任务拓展

14.1.7　type.css 参考代码

```css
@charset "utf-8";
/*CSSDocument Index 的样式*/
html,body{
    margin:0px;
    background:#b5b5b6;
    font-size:12px;
    font-family:Arial, Helvetica, sans-serif;
}
```

```css
img{
    border:none;
}
#container{
    margin:0 auto;
    width:1002px;
    height:auto;
    background:#e5e5e5;
}
/*banner*/
#banner{
    width:1002px;
    height:70px;
    margin:0px;
    background:url(images/01.jpg) no-repeat 0px -6px;
}
#infoshow{
    position:relative;
    left:820px;
    top:30px;
    font-size:12px;
    color:#999;
}
/* 在 IE6.0 中，nav 使用 margin-left 会产生兼容性问题，故改为 padding-left*/
#nav{
    height:52px;
    background:url(images/04.jpg) no-repeat;
    padding-left:20px;
}
.navigator{
    margin:0px;
    padding:0px;
    margin-top:9px;
    float:left;
    list-style:none;
}
.li0,.li01,.li02{
    float:left;
    width:115px;
    margin-right:8px;
}
.li1{
    float:left;
    width:65px;
    margin-right:8px;
}
.li2{
    float:left;
    width:115px;
    margin-right:100px !important;
    margin-right:90px;
}
.li3{
    float:left;
    width:231px;
    margin-right:8px;
}
.li4{
    float:left;
    width:63px;
}
.li1 a{
    display:block;
    width:66px;
    height:33px;
    background:url(images/nav.png);
}
.li1 a:hover{
```

```
    display:block;
    width:66px;
    height:33px;
    background:url(images/nav2.png);
}
.li0 a{
    display:block;
    width:116px;
    height:33px;
    background:url(images/nav.png) -80px;
}
.li0 a:hover{
    display:block;
    width:116px;
    height:33px;
    background:url(images/nav2.png) -80px;
}
.li01 a{
    display:block;
    width:116px;
    height:33px;
    background:url(images/nav.png) -210px;
}
.li01 a:hover{
    display:block;
    width:116px;
    height:33px;
    background:url(images/nav2.png) -210px;
}

.li02 a{
    display:block;
    width:116px;
    height:33px;
    background:url(images/nav.png) -340px;
}
.li02 a:hover{
    display:block;
    width:116px;
    height:33px;
    background:url(images/nav2.png) -340px;
}
.li2 a{
    display:block;
    width:116px;
    height:33px;
    background:url(images/nav.png) -470px;
}
.li2 a:hover{
    display:block;
    width:116px;
    height:33px;
    background:url(images/nav2.png) -470px;
}
.txtSearch{
    background:url(images/nav.png) -630px;
    width:231px;
    height:32px;
    border:none;
    padding-left:4px;
    line-height:32px;
    color:#666;
}
.onfocus{
    background:url(images/nav2.png) -630px;
    width:231px;
    height:32px;
```

```
    border:none;
    padding-left:4px;
    color:#ddd;
    line-height:32px;
}
.li4 a{
    display:block;
    width:67px;
    height:33px;
    background:url(images/nav.png) -870px;
}
.li4 a:hover{
    display:block;
    width:67px;
    height:33px;
    background:url(images/nav2.png) -870px;
}
/*show*/
#show{
    width:982px;
    height:323px;
    background:url(images/29.jpg) no-repeat;
    padding-top:11px;
    padding-left:21px;
}
#flv{
    width:961;
    height:312px;
}
/*main*/
#main{
    margin:0px;
    padding:40px;
    width:922px;
    height:192px;
    background:url(images/33.jpg) 16px 0px no-repeat;
}
.works{
    margin:0px;
    padding:0px;
    float:left;
    width:223px !important;
    width:213px;
    height:192px;
    margin-right:10px !important;
    margin-right:9px;
}
.works_end{
    margin:0px;
    padding:0px;
    float:left;
    width:223px !important;
    width:213px;
    height:192px;
}
.works_title{
    margin:0px;
    padding:0px;
    line-height:36px;
    color:#333;
}
.example{
    padding-top:7px;
    padding-bottom:7px;
    border-top:1px dotted #c4c4c4;
    border-bottom:1px dotted #c4c4c4;
    margin:0px;
    width:200px;
```

```
    height:110px;
}
.works a,.works_end a{
    background:url(images/40.jpg) no-repeat;
    display:block;
    width:95px;
    height:21px;
    float:right;
}
.works a:hover,.works_end a:hover{
    background:url(images/40_1.jpg) no-repeat;
    display:block;
    width:95px;
    height:21px;
}
/*subnav*/
#subnav{
    width:1002px;
    height:45px;
    background:url(images/36.jpg) no-repeat;
    margin:0px;
    float:left;
}
#navbar{
    width:876px;
    height:45px;
    margin:0px;
    padding:0px;
    float:left;
}
/*在 IE6.0 中，nav 使用 margin-left 会产生兼容性有问题，故设置为 IE7 以上使用!important;*/
.nav2{
    margin:0px;
    padding:0px;
    margin-top:14px;
    margin-left:360px !important; margin-left:340px;
    list-style:none;
}
.nav2 li{
    float:left;
    margin:0px;
    margin-left:40px;
    }
.nav2 a{
    font-size:14px;
    text-decoration:none;
    color:#ddd;
    }
.nav2 a:hover{
    font-size:14px;
    text-decoration:none;
    color:#7bc100;
    }
#qq{
    float:left;
    width:126px;
    height:45px;
    margin-top:4px;
}
#qq a{
    background:url(images/38.jpg);
    display:block;
    width:123px;
    height:37px;
    }
#qq a:hover{
    background:url(images/38_1.jpg);
```

```
        display:block;
        width:123px;
        height:37px;
}
/*footer*/
#footer{
        width:1002px;
        height:40px;
        margin:0px;
        padding:0px;
        float:left;
        background:#e5e5e5;
}
#footer p{
        text-align:left;
        margin:0px;
        padding:0px;
        margin-left:10px;
        margin-top:14px;
        color:#979797;
        font-size:10px;
        font-family:Arial, Helvetica, sans-serif;
        float:left;
}
```

任务 **14.2**　设计制作企业类网站

任务陈述

　　企业类网站不同于其他网站，整个页面的设计不仅要体现出公司鲜明的形象，而且还要注重对企业业务和产品的宣传，方便浏览者从网上了解企业性质，吸引客户。

任务目标：

（1）掌握企业类网站设计风格；

（2）掌握企业类网站的实现方式；

（3）掌握使用 Div+CSS 布局网页的方法。

相关知识与技能

14.2.1　企业类网站首页的布局规划

　　不同的企业网站拥有不同的企业文化背景，因而页面的用色应该有较大的区别。需要通过合理的页面色彩设计来体现网站的特色和企业文化。而且，色彩也是消费者把众多品牌区别开的重要方法，例如看到红色会想到可口可乐，看到蓝色就想到百事可乐一样。

　　企业类网站页面布局设计不要太复杂，也不宜有太多的文字叙述，能够体现出大方、简洁的风格，这样才能体现出企业类网站的真正意义。

　　搭建一个既经典又有特色的企业类网站，网站的首页布局尤其重点。本节以晓闻家纺公司网站设计为例，介绍网站首页布局与实现的方法。首页效果如图 14-21 所示。

图 14-21　"晓闻家纺"网站首页效果图

任务实施

14.2.2　布局网站首页

采用 Div+CSS 布局方式，网站首页布局结构如图 14-22 所示。

实现网站首页布局的代码如下：

```
<body>
  <div class="littlemain" id="littlemain">
    <div class="main" id="main">
      <div class="head" id="head" >
        <div class="daohang" id="daohang"></div>
      </div>
      <div class="headdown" id="headdown"></div>
      <div class="banner" id="banner"></div>
```

```
            <div class="middmain" id="middmain">
                <div class="middmainleft" id="middmainleft">
                    <div class="middmainleftcontent" id="middmainleftcontent">
                        <div class="leftcon" id="leftcon" ></div>
                    <div class="leftcon" id="leftcon" >
                    <div class="title2" id="title2"></div>
                    <div class="liul" id="liul">
                        <p class="title2" id="title2"> </p>
                    </div>
                </div>
                <div class="leftcon" id="leftcon">
                    <div class="title2" id="title2">
                        <div class="liul" id="liul"> </div>
                    </div>
                </div>
                <div class="midd" id="midd">
                    <div style="float:left; padding-top:3px;"></div>
                </div>
                <div class="buttom" id="buttom">
                    <div class="leftbuttom" id="leftbuttom"> </div>
                    <div class="rightbuttom" id="rightbuttom"> </div>
                </div>
            </div>
        </div>
    </div>
</body>
```

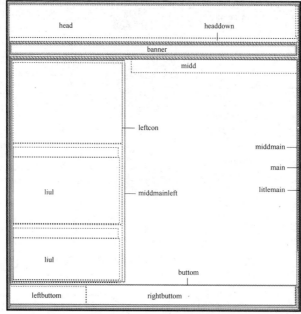

图 14-22   网站首页 Div+CSS 布局结构

　　最外层 Div 引用的 CSS 样式是 "littlemain"，第二层 Div 引用的 CSS 样式是 "main"，它们分别用来控制整个页面的样式。通过 "body" 标签，定义了整个网站的文字大小、字体，以及内容对齐方式等。CSS 代码如下：

```
body{
    font-size: 13px;
    font-family: "宋体";
    margin: 0px;
    text-align: left;
}
.littlemain{
    padding-top: 5px;
```

```
    width: 744px;
    float: left;
    height: auto;
    padding-left: 5px;
    margin-right: auto;
    margin-left: auto;
    }
.main{
    width: 741px;
    float: left;
    background: #FFF;
    margin-right: auto;
    margin-left: auto;
}
```

14.2.3 搭建首页页头的 Div

首页的页头部分包含网站 Logo 和网站的导航部分，页头部分的效果如图 14-23 所示。

图 14-23 首页页头设计效果图

页头的关键代码如下：

```
<div class="head">
    <div class="daohang">
        <a href="index.html" target="_self">首页</a>
        <a href="cpjs.html" target="_self">产品介绍</a>
        <a href="#"> 网上订购</a>
        <a href="#"> 顾客反馈</a>
        <a href="#"> 会员注册</a>
        <a href="#"> 联系我们</a>
    </div>
</div>
```

上面的代码中，引用了名为"head""daohang"的两个 CSS。其中，"head"定义了页头的大小，并为页头添加了带有网站 Logo 的背景图片；"daohang"只定义了页头导航的 padding 属性和文字大小，CSS 代码如下：

```
.head{
    height: 81px;
    float: left;
    width: 738px;
    background-image: url(images/head.jpg);
}
.daohang{
    float:left;
    padding-left:3px;
    padding-top:58px;
    font-size:14px;
}
```

从图 14-23 中可见，当鼠标指向导航菜单时，导航菜单文字变为灰色，产生互动效果。这是通过定义超链接的 CSS 样式实现的，CSS 代码如下：

```
a,a:link,a:visited{color:#000; text-decoration:none;}
a:hover{color:#999;text-decoration:none}
```

14.2.4　搭建"公司简介"部分的 Div

"公司简介"部分的 Div ID 是"banner"，效果如图 14-24 所示。

图 14-24　"公司简介"部分效果图

这部分的内容比较简单，实现代码如下：

```html
<div class="banner" id="banner">
  <span class="title-text">
    <img src="images/dian.jpg" width="15" height="13" />公司简介
  </span>
  <span class="banner-text"><br /> 晓闻家纺自成立以来，一直致力于以芯类产品、套件类产品……
    <a href="#">更多&gt;&gt;</a>
  </span>
</div>
```

上面的代码中，引用了名为"banner""title-text""banner-text"的三个 CSS，CSS 代码如下：

```css
.banner{
  width: 727px;
  height: auto;
  float: left;
  padding: 5px;
  font-family: "宋体";
  font-size: 13px;
  margin-top: 5px;
  background-image: url(images/01.jpg);
}
.title-text {
  font-family: "宋体";
  font-size: 16px;
  font-weight: bold;
  color: #DC5E6A;
}
.banner-text {
  font-family: "宋体";
  line-height: 24px;
}
```

14.2.5　首页主体部分的 Div

网站首页的主体 Div ID 名称是"middmain"，在它的内部嵌套了"middmainleft""midd""buttom"三个子 Div。实现的 HTML 代码在 14.2.2 小节中已经列出，下面主要介绍引用的 CSS 样式。middmain 的 CSS 代码如下：

```css
.middmain{
  width: 738px;
  height: auto;
  float: left;
  margin-top: 6px;
}
```

1．正文部分的 Div

左侧的 Div ID 名称是"middmainleft"，它的内部嵌套了一个 ID 名称是"middmainleft content"的子 Div，在该子 Div 中又嵌套了三个 ID 名称都是"leftcon"的子 Div。引用的 CSS 代码如下：

```
.middmainleft{
   width: 293px;
   float: left;
   height: auto;
}
.middmainleftcontent{
   width: 275px;
   height: 660;
   border-top-width: 5px;
   border-right-width: 5px;
   border-bottom-width: 5px;
   border-left-width: 5px;
   border-top-style: solid;
   border-bottom-style: solid;
   border-left-style: solid;
   border-top-color: #FAB8D4;
   border-right-color: #FAB8D4;
   border-bottom-color: #FAB8D4;
   border-left-color: #FAB8D4;
   padding: 5px;
}
.leftcon{
   width: 280px;
   padding-top: 5px;
   float: left;
   margin-top: 3px;
   height: 195px;
}
```

左侧以"产品品质"和"成长历程"为标题的两部分内容，分别嵌套在"leftcon"子 Div 中。"产品品质"和"成长历程"的 ID 名称分别是"title2"，"产品品质"下面对应内容的 ID 名称是"liul"，"成长历程"下面对应内容的 ID 名称是"liu2"。引用的 CSS 代码如下：

```
.title2{
   line-height: 24px;
   height: auto;
   width: 270px;
   float: left;
   margin-top: 4px;
}
#liul{
   width: 273px;
   float: left;
   height: auto;
}
#liu2 {
   float: left;
   height: auto;
   width: 255px;
   padding-left: 20px;
}
```

右侧的 Div ID 名称是"midd"，引用的 CSS 代码如下：

```
.midd{
   width: 415px;
   float: right;
   height: auto;
```

```
    border-top-width: 5px;
    border-right-width: 5px;
    border-bottom-width: 5px;
    border-left-width: 5px;
    border-top-style: solid;
    border-bottom-style: solid;
    border-left-style: solid;
    border-top-color: #FAB8D4;
    border-right-color: #FAB8D4;
    border-bottom-color: #FAB8D4;
    border-left-color: #FAB8D4;
    margin-left: 5px;
    padding-top: 8px;
    padding-right: 5px;
    padding-bottom: 5px;
    padding-left: 5px;
}
```

2. 页脚部分的 Div

最下面的 Div 是页脚部分，其 ID 名称是"buttom"，它的内部嵌套了两个子 Div，ID 名称分别是"leftbuttom""rightbuttom"。引用的 CSS 代码如下：

```
.buttom{
    width:741px;
    float:left;
    height:50px;}
.leftbuttom{
    font-size: 11px;
    color: #e2dada;
    text-align: center;
    padding-top: 10px;
    width: 200px;
    height: 38px;
    float: left;
    background-color: #FE82CA;
    margin-top: 6px;
}
.rightbuttom{
    padding-top: 15px;
    padding-left: 35px;
    width: 506px;
    height: 35px;
    float: left;
    background-color: #F8E3F6;
    padding-bottom: 5px;
}
.rightbuttom li{
    line-height:32px;
    text-align:center;
    float:left;
    width:85px;
    list-style-type:none;
}
```

14.2.6 栏目页设计

以"产品介绍"栏目为例，介绍栏目页的设计，页面效果如图 14-25 所示。在该页面中，使用 Flash 动画向浏览者展示公司的产品，并设置了"产品系列"和"最新产品"模块的内容。

"产品介绍"栏目页面的 Div+CSS 布局方式和网站首页布局方式基本一致，不同的是，在 ID 是"banner"的 Div 中插入的是 Flash 动画，在页面左侧的"mainleft"中设置"产品系列"列表项。栏目页 Div+CSS 布局结构如图 14-26 所示。

图 14-25　产品介绍页面效果图

实现"产品介绍"栏目页面的代码如下：

```
<div class="littlemain">
  <div class="main">
    <div class="head"> </div>
    <div class="cpjsbanner" id="banner"> </div>
    <div class="middmain">
      <div class="mainleft" id="mainleft">
        <div class="leftcon" id="leftcon"> </div>
      </div>
      <div class="mainright" id="mainright">
        <div style="float:left; padding-top:3px;"> </div>
      </div>
      <div class="buttom">
        <div class="leftbuttom"> </div>
        <div class="rightbuttom"> </div>
```

```
        </div>
      </div>
    </div>
  </div>
```

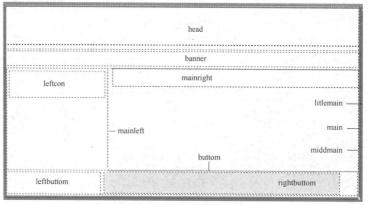

图 14-26　栏目页 Div+CSS 布局结构

14.2.7　Flash 动画展示部分的 Div

Flash 技术在网页设计和网络广告中的应用非常广泛。在网页中插入 Flash 动画元素，由于它具有良好的视觉效果，能够大大增加网页的艺术效果，对于展示产品和企业形象具有明显的优越性。

在"banner"的 Div 中，插入 SWF 格式的 Flash 动画，效果分别如图 14-27 和图 14-28 所示。

图 14-27　Flash 动画效果 1

引用的 CSS 代码如下：

```
.cpjsbanner{
    width: 738px;
    height: 30px;
    float: left;
    padding: 0px;
    font-family: "宋体";
    font-size: 13px;
    margin-top: 5px;
}
```

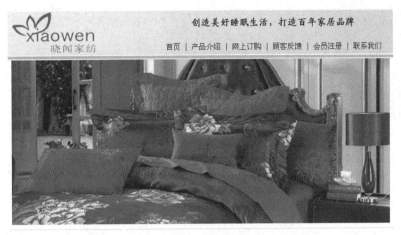

图 14-28　Flash 动画效果 2

14.2.8　搭建"产品系列"部分的 Div

页面左侧的"产品系列"效果如图 14-29 所示。

引用的 CSS 代码如下：

```css
.mainleft{
    width: 200px;
    height: 690px;
    float: left;
    border-top-width: 1px;
    border-right-width: 1px;
    border-bottom-width: 1px;
    border-left-width: 1px;
    border-top-style: solid;
    border-bottom-style: solid;
    border-left-style: solid;
    border-top-color: #FAB8D4;
    border-right-color: #FAB8D4;
    border-bottom-color: #FAB8D4;
    border-left-color: #FAB8D4;
    padding: 5px;
    border-right-style: solid;
    margin-left: 3px;
}
.leftcon {
    float: left;
    height: auto;
    width: 200px;
    margin-top: 5px;
    padding-top: 3px;
}
```

图 14-29　产品系列

在 leftcon 中实现超链接的 CSS 样式如下：

```css
.liu{
    width: 195px;
    float: left;
    height: auto;
}
.liu li{
    list-style-type: none;
    padding-left: 22px;
    line-height: 22px;
    width: 170px;
    float: left;
```

```
    height: 23px;
    background-color: #F8E3F6;
    border-bottom-width: 1px;
    border-bottom-style: solid;
    border-bottom-color: #FAB8D4;
    padding-top: 5px;
}
```

　　由于篇幅所限，网站其他栏目页的设计制作不再赘述，学习者可以根据上面介绍的栏目页及网站首页设计效果，自行完成其他栏目页的设计制作。